# 雪峰隆起周缘页岩气
# 地质条件与勘查方向

陈孝红 岳 勇 刘 安 李 海 等 著

科 学 出 版 社

北 京

# 内 容 简 介

本书系统分析雪峰隆起地区沉积-构造演化对页岩气成藏条件的制约；介绍雪峰隆起北缘和西缘下古生界及南缘涟源凹陷石炭系天鹅坪组页岩分布发育特征、岩石组合、地球化学特征、储层物性，以及页岩气保存条件和含气性；讨论不同构造背景条件下页岩成因和有机质富集机理、页岩埋藏-生烃演化史、页岩气赋存机理和保存富集模式；阐明雪峰隆起周缘页岩气分层选区和地质条件、经济技术和生态环境"三位一体"页岩气资源潜力评价参数，提出雪峰隆起周缘下一步页岩气勘探开发方向和建议。

本书可供从事页岩气、天然气勘探开发和理论研究的科研人员阅读，也可供高校油气地质相关专业师生参考。

**图书在版编目（CIP）数据**

雪峰隆起周缘页岩气地质条件与勘查方向/陈孝红等著. —北京：科学出版社，2023.7

ISBN 978-7-03-075730-2

Ⅰ.① 雪… Ⅱ.① 陈… Ⅲ.① 山-油页岩-油气勘探-研究-湖南 Ⅳ.① P618.130.8

中国国家版本馆 CIP 数据核字（2023）第 104407 号

责任编辑：孙寓明/责任校对：高　嵘
责任印制：彭　超/封面设计：耕者设计

**斜 学 出 版 社** 出版

北京东黄城根北街 16 号
邮政编码：100717
http://www.sciencep.com

**武汉精一佳印刷有限公司印刷**
科学出版社发行　各地新华书店经销

\*

开本：787×1092　1/16
2023 年 7 月第 一 版　印张：13 1/2
2023 年 7 月第一次印刷　字数：318 000
定价：**188.00 元**
（如有印装质量问题，我社负责调换）

# 前　言

　　雪峰隆起从桂北、黔东南，经湘西、赣北延伸至皖南，在大地构造位置上处于华南板块中部，扬子陆块和华夏陆块结合部位的西段。雪峰隆起及其周缘主体由西向东分为苗岭段、雪峰段、九岭段。其中雪峰段是雪峰隆起主体地区，整体构造呈不对称的扇形，西北区域形成了广阔的川-渝-湘-鄂-黔推覆-滑覆构造带，具有显著的南东强北西弱的递进变形特征，而且构造变形有显著的规律性。深入开展雪峰隆起及周缘页岩气地质条件和构造保存特征研究，对创新复杂构造带页岩气成藏理论具有重要的理论和实践意义。

　　本书是在"雪峰古陆周缘页岩气地质调查"项目（中国地质调查局南方页岩气地质调查工程二级项目）成果基础上，结合中国地质调查局武汉地质调查中心2014年以来开展雪峰隆起周缘页岩气地质调查和科研成果的系统总结，以翔实的资料，系统介绍雪峰隆起地区沉积-构造演化和构造变形对页岩气成藏条件的制约；阐明雪峰隆起北缘（或洞庭盆地西缘）和西缘（或沅麻盆地）下古生界及雪峰隆起南缘湘中涟源凹陷石炭系天鹅坪组页岩分布发育特征、岩石组合、地球化学、储层物性及页岩气保存条件和页岩含气性；讨论半开放条件下中-低成熟页岩岩石矿物、地球化学、物性和含气性的热演化特点，以及不同构造背景条件下页岩成因和有机质富集机理、页岩埋藏-生烃演化史特点及页岩气流动特点、赋存机理和保存富集模式；阐明雪峰隆起周缘页岩气地质条件、经济技术和生态环境资源潜力评价方法、参数体系和分层选区评价结果，以及雪峰隆起周缘下一步页岩气勘探开发工作方向和建议。

　　本书由陈孝红策划、审定和修改。全书共五章。第一章介绍雪峰隆起周缘页岩气地质研究概况、区域地质特点，重点分析构造演化对页岩气成藏的制约。第二章介绍雪峰隆起周缘寒武系牛蹄塘组、志留系龙马溪组和石炭系天鹅坪组页岩气形成富集的地质条件，包括页岩有机地球化学特点、储集特点、页岩气保存条件和含气性。第三章介绍页岩气形成富集的主控因素与富集模式，包括有机质富集机理、页岩气赋存方式和富集机理及页岩气控藏模式。第四章介绍页岩气资源潜力综合评价，包括页岩气远景区、有利区选区评价参数和资源潜力，雪峰隆起周缘页岩气勘探开发经济技术条件、环境条件及页岩气资源潜力-经济技术-生态环境综合评价结果。第五章介绍页岩气勘探方向，包括勘探层系和勘探区优选。

　　参与本书撰写的主要有陈孝红、岳勇、刘安、李海、张淼、田巍、李培军、罗胜元和祝乐。其中第一章第一节~第三节、第三章、第四章第四节及第五章第一节由陈孝红、张淼执笔；第一章第四节、第五节及第五章第二节由岳勇执笔；第二章第一节、第二节由李海、李培军、田魏执笔，第二章第三节、第四节由罗胜元执笔；第四章第一节由刘安、李培军、田巍和李海执笔，第四章第二节~第三节由刘安执笔。全书由陈孝红和张淼统稿。本书相关项目实施过程中武汉地质调查中心李旭兵、陈林、白云山、蔡全升等参加了部分野外工作。中国地质科学院成都探矿工艺所、湖南省煤田地质局第一勘探队（现为湖南省工程地质矿山地质调查监测所）承担了相关钻探任务。湖南省煤田地质局物探测量队（现为湖南省水文地质环境地质调查监测所）和长江大学承担了二维地震勘探和二维地震精细解释工作。自然资源部中南矿产资源监督检测中心、数岩科技（厦门）股份有限公司承担了样品分析测试工作。中国地质调查局、湖南省自然资源厅、常德市自然资源局领导对项目的实施给予了大力支持和协助。谨此致谢！

　　由于作者水平及研究时间有限，书中不足之处敬请读者批评指正。

陈孝红

2022 年 6 月于武汉

# 目　　录

# 第一章 页岩气形成地质背景

## 第一节 区域基本概况

雪峰隆起从桂北、黔东南，经湘西、赣北延伸至皖南。雪峰隆起北缘与洞庭盆地相接，西缘发育沅麻盆地，南缘发育湘中拗陷。古生代以来雪峰隆起主体区的地层大多隆升剥蚀，不具备页岩气保存条件。雪峰隆起北缘洞庭盆地西部的太阳山凸起、西缘沅麻盆地周缘及南缘涟源凹陷是本书研究的重点地区。

雪峰隆起北缘与洞庭盆地西部的太阳山凸起一带在行政上属湖南省常德市管辖。常德地区西部正向构造太阳山为一断块山，负向构造为剥蚀残余的太浮山。西南部紧邻雪峰山残留余脉。整体呈现西高、东平、北高、南高、中间低的地貌轮廓，沅江、澧水向东流经常德。

雪峰隆起西缘沅麻盆地及周缘在行政上属湖南省怀化市管辖。怀化南接广西桂林、柳州，西连贵州铜仁、黔东南，与湖南邵阳、娄底、益阳、常德、张家界和湘西土家族苗族自治州等地接壤。怀化处于武陵山脉和雪峰山脉之间，沅江自南向北贯穿怀化市全境。

雪峰隆起南缘涟源凹陷在行政上属湖南省娄底市管辖。娄底市位于湖南省的地理几何中心，北接益阳市，南接邵阳市，西临怀化市，东临湘潭市。娄底市境内地势西高东低，呈阶梯状倾斜。在大地貌格局中，娄底市下辖的新化县、冷水江市、涟源市的西南部属湘西山地区，涟源市的中部、东部及娄星区、双峰县属湘中丘陵区。娄底地区属于云贵高原向江浙丘陵递降的过渡带。西部雪峰山脉从新化西部风车巷蜿蜒入境。

## 第二节 以往地质工作概述

雪峰山地区油气勘探工作主要集中在沅麻盆地、洞庭盆地常桃凹陷、澧县凹陷和湘中拗陷地区，该地区海相油气勘探始于1958年。根据勘探对象和勘探技术手段，大致可以将雪峰山地区油气勘探划分为4个阶段：①区域普查勘探阶段（1958～1970年）；②复向斜及潜山勘探阶段（1970～1985年）；③天然气勘探评价阶段（1985～2010年）；④非常规油气勘探阶段（2010年至今）。

# 一、区域普查勘探阶段（1958～1970年）

该期区内油气普查工作主要集中在洞庭盆地。1958年初，湖北省石油地质队首先在洞庭盆地边缘开展1：100万路线踏勘。1958年11月～1962年6月，湖南省石油地质大队、湖南省物探大队、地质部航磁大队先后分别完成盆地及周缘1：20万石油地质概况普查、1：20万重力普查和1：100万航空磁测工作，建立了盆地边缘地层系统，揭示了洞庭盆地基底结构、划分次级构造单元，优选了沅江凹陷和汉寿地区古近系油气远景区。

同期，相关单位在雪峰山腹地沅麻盆地深冲湾地区钻浅井3口，进尺1 447.94 m，开展了以二叠系为主要目的层的地面地质、重磁普查和局部构造详查，在地面和井下均见到油气显示。相比之下，雪峰山南缘湘中拗陷的油气地质工作较少。1964年，中国石化集团茂名石油化工有限公司地质处湘中研究队对湘中地区上古生界海相地层的含油气性进行了调查研究。

# 二、复向斜及潜山勘探阶段（1970～1985年）

该阶段工作主要集中在雪峰北缘洞庭湖盆和南缘湘中拗陷地区。1970年中～1973年初，原石油部江汉油田地震队对洞庭盆地进行地震概查，并对沅江凹陷黄茅洲地区万子湖—杨柳湖水域进行了地震详查。地质部第四物探大队对澧县凹陷、常桃凹陷展开地震概查工作。1971年湖南省石油地质大队在常桃凹陷常1井、常2井两口浅井的古近系中首次发现裂隙含油显示，从而坚定了在洞庭盆地找油的信心。由于古近系主要发育在沅江凹陷，1973年后的油气勘探工作主要围绕沅江凹陷开展，勘探工作集中投入沅江凹陷，油气勘探的目的层确定为古近系沅江组下部。同时，在澧县凹陷、常桃凹陷和湘阴地堑也做了少量的地震和浅钻工作。经过上述工作，初步认识了盆地基底特征和盆地的形成及演化史，以及盆地内部新生代地层的分布、发育特征，并在沅江凹陷、澧县凹陷、常桃凹陷发现了20个局部构造。钻井和地面地质调查获得了大量的油气显示信息，但未获得工业性油气流。地矿部中南石油地质局地质大队一分队于1983年编写了《湖南省洞庭拗陷古近系油气普查总结报告》，系统地总结了洞庭湖盆地历年来的油气勘探情况：与我国其他一些陆相含油气盆地相比，洞庭湖盆地油气地质条件较为逊色，油气成藏条件复杂，有利的勘探区带尚不明朗。自此，洞庭盆地油气勘探工作搁浅。

在雪峰隆起南缘湘中拗陷地区，中国有色金属总公司湖南有色地质勘探局246队在冷水江锡矿山地区锑矿勘探工作中，先后发现12个钻孔见天然气显示。原国家地质总局组织开展了"湘中石油地质会战"，在湘中涟源凹陷展开遥感、重力、航磁等地球物理勘探工作，还部署实施49口浅钻井，其中28口井有气喷和少量见油。在此基础上，系统地开展了构造、沉积相、地球化学特征、油气苗有机地球化学对比工作。1977～1979年江汉石油管理局第一勘探指挥部对湘中拗陷范围内的涟源凹陷、邵阳凹陷、零陵凹陷、桂阳凹陷等地区开展了以上古生界中泥盆统—下石炭统为目的层的油气勘探工作，踏勘局部构造25

个，面积约 267.90 km²，详查局部构造 8 个，面积约 117.68 km²，调查油气苗 4 处。在涟源凹陷、新化凹陷、邵阳凹陷三个地区选择小范围区域进行地震方法攻关试验，共布置测线 5 条，总长 92.627 km（方法试验未过关）。对姜家背斜、安坪背斜等 5 个背斜共钻探井 5 口，总进尺 10 749.36 m，并在姜 1 井、安 1 井见气显示。1978～1982 年，地矿部第五、第四石油地质普查勘探大队、第五物探大队，对涟源凹陷开展下石炭统天然气控制因素研究，在凹陷内钻深井 3 口、中深井 9 口，总进尺 15 734.77 m。对涟页 1 井、邵 5 井和邵 10 井开展含气性测试，在邵 10 井获得低产稳定天然气流。

# 三、天然气勘探评价阶段（1985～2010 年）

1988～1989 年，江汉石油管理局勘探开发研究院组成专门的研究队伍，对洞庭等盆地进行了野外地质调查，采集烃源岩、原油、水样等样品进行分析化验、研究，并于 1990 年编写了《洞庭、鄱阳、麻阳盆地成油气地质条件及远景评价》研究报告，报告中除对洞庭盆地古近系进行总结评价外，还对盆地周缘古生界，特别是二叠系、志留系油气地质条件进行了调查、油源对比研究，明确了二叠系具有良好的生烃潜力，对洞庭盆地油气勘探前景持较乐观的态度。历年来整个洞庭盆地共部署实施地震测线约 5 700 km，普查面积达 4 080 km²。这些勘探工作主要分布在沅江凹陷，共部署实施地震测线 3 399 km。另外在澧县凹陷部署实施二维地震测线 755 km、在常桃凹陷部署实施二维地震测线 646.7 km、在湘阴地堑部署实施二维地震测线 68.3 km。但是多数的二维地震剖面成像品质普遍较差，大多数二维地震剖面深层反射缺失，仅反映出湖盆古近系断陷结构现象，这对前白垩系基底沉积充填结构特征及基底深层构造式样的确定都带来了困难或不确定性。全洞庭盆地共钻井 111 口，以浅井为主，总进尺为 130 725 m，沅江凹陷探井相对集中，其他凹陷勘探程度较低。纵向上，以古近系沅江组勘探程度最高，有 90 余口井钻遇古近系，其中有 46 口钻穿，但钻遇白垩系厚度大于 500 m 的井仅 9 口，仅在盆地边缘区有 8 口井钻遇前白垩系基底岩系（澧 1 井、沅 14 井、沅 19 井、沅 24 井、湘深 26 井、湘深 28 井、湘深 29 井、阴 7 井）。通过上述工作，初步推测洞庭盆地古近系沅江组下段—桃源组上部为含油层系，白垩系为可能含油层系。在具有不同类型、不同程度油气显示的 39 口井中，古近系有 35 口，白垩系有 4 口，其中显示较好的有湘深 10 井、湘深 11 井、湘深 21 井，对这 3 口井分别进行了试油，湘深 10 井、湘深 11 井都获得了少量油流。

1994～1995 年冷水江市天然气开发指挥部、地矿部中南石油局，在冷水江市东北锡矿山一带钻探井 2 口（冷浅 1 井、湘冷 1 井），见气涌、气喷，层位为下石炭统岩关阶陡岭坳组和大塘阶石磴子组，冷浅 1 井于井深 133～240 m 钻遇天然气层，酸化测试，获得稳产天然气量 613.9 m³/日。为了了解在构造圈闭范围内的天然气产能，于 2001 年在杨家佬背斜圈闭面积的南部部署实施了湘中 1 井，终孔深度 950 m，发现下石炭统大塘阶石磴子组（$C_1d^1$）和下石炭统岩关阶陡岭坳组（$C_1y^3$）有多层含气层或含气异常层。由于在被认为是湘中成油气地质条件最好的下石炭统碳酸岩含气区没有取得试气的成功，2004 年中石化股份有限公司中南分公司编写了《湘中拗陷老井复试立项报告》，并得到了中石化股份有限公司的认可。根据冷水江地区所有的气喷井的产气层位、气层深度、井身结构、固井质量及地层污染程度等具体情况，经过比较筛选，最终选择湘中冷 1 井进行复试。2001 年 5 月采用修正等时测井技术对冷 1 井进行了天然气测试，通过十一关十二开测试，获工业天然气流，日产天然气 575 $m^3$。上述工作系统总结了涟源凹陷地区天然气地质条件，初步认为该地区优越的岩相、适宜的构造、发育的孔隙-裂缝复合型储集岩及特定的盖层和圈闭条件是区内天然气富集的主控因素。

## 四、非常规油气勘探阶段（2010 年至今）

2011 年，国土资源部启动了"全国页岩气资源潜力调查评价及有利区优选"项目，在中扬子地区开展了页岩气资源调查与选区。2012 年湖南省煤田地质局物探队在湖南常德完成页岩气二维地震勘探测线 1 条，长度为 7.5 km，初步获得了常德太阳山凸起地质构造特征。部署实施了以寒武系牛蹄塘组为目的层的湘常页 1 井，钻获页岩厚度为 674.5 m。

2012 年 10 月，在全国第二轮页岩气探矿权招投标会上，湖南华晟能源投资发展有限公司、湖南省页岩气开发有限公司、神华地质勘查有限责任公司、中煤地质工程总公司、中国华电工程（集团）有限公司等央企分别中标雪峰山西侧湘西地区龙山、永顺、保靖、桑植、花垣 5 个页岩气区块勘探权，并先后投入大量物探和钻探工作，初步查明了区块内的沉积-构造特征和页岩气地质条件。其中湖南华晟能源投资发展有限公司部署实施的龙参 2 井完钻井深 1 998 m，钻获五峰—龙马溪组页岩 33 m，含气量为 1.3～2.0 $m^3/t$，经压裂试气，初期产气量约为 1 200 $m^3$/天。神华地质勘查有限责任公司实施的保页 1 井完钻井深 2 813 m，钻遇五峰—龙马溪组页岩 30 m，含气量达 2 $m^3/t$，压裂返排过程中气体点火火焰达 1 m。上述发现为区域页岩气调查评价奠定了良好的基础。同期中国地质调查局油气资源调查中心先后在石门—慈利、桑植茨岩塘地区分别部署实施二维地震勘探 50 km，以及慈页 1 井和桑页 1 井的钻探工作。其中慈页 1 井完钻井深 3 008 m，目的层牛蹄塘组页岩解吸气点火成功。桑页 1 井完钻井深 1 710 m，钻遇五峰—龙马溪组页岩 18 m，页岩解吸气点火成功。中国地质调查局武汉地质调查中心在涟源凹陷部署实施涟页 1 井、涟页 2 井、涟页 3 井等浅层页岩气调查评价井，获得了二叠系小江边组、石炭系测水组页岩气评价参数，并在涟页 2 井测水组获得良好的页岩气显示。上述项目的实施初步查明了雪峰隆起及周缘页岩气分布发育的基本特点。

根据中国地质调查局的统一部署，中国地质调查局武汉地质调查中心从 2015 年开始对雪峰隆起及周缘页岩气地质条件进行了系统调查。先后开展了"中扬子地区页岩气基础地质调查"（2015 年）、"中扬子地区古生界页岩气地质调查"（2016～2018 年）、"湘中拗陷上古生界页岩气战略选区调查"（2016～2018 年）及"雪峰古陆周缘页岩气地质调查"等项目，在雪峰山地区、洞庭盆地和湘中拗陷共部署实施了二维地震勘探 205 km，二维地震重新处理解释 1 320 km，大地电磁（magnetotelluric，MT）剖面测量 306 km，调查井 16 口，参数井 2 口（图 1-2-1），基本查明了雪峰隆起及周缘页岩的时空分布发育规律、储层地球化学特征、物性特征和含气性特点，在吉首地区寒武系牛蹄塘组、涟源凹陷泥盆系上统佘田桥组、石炭系天鹅坪组获得了页岩气的重要发现，为区内页岩气的勘探突破奠定了基础。

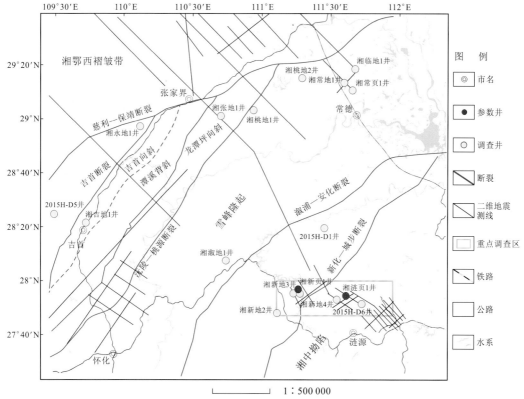

图 1-2-1　雪峰隆起及周缘工作程度图

# 第三节　区域地质概况

　　雪峰隆起北缘、西缘和南缘分属武陵山地层分区、雪峰山地层分区和湘中地层分区。其中武陵山地层分区出露地层有中－新元古界变质岩、南华系碎屑岩、震旦系－奥陶系碳酸盐岩、下古生界志留系和上古生界泥盆系海相碎屑岩，以及中生界白垩系和新生界古近系陆源碎屑沉积。石炭系—三叠系和侏罗系在调查区缺失。其中寒武系牛蹄塘组、奥陶系五峰组和志留系龙马溪组、石炭系天鹅坪组为富有机质页岩，是区内页岩气调查评价的主要目的层系。

　　雪峰隆起西缘雪峰山地层分区出露地层有中元古界—新元古界变质岩、南华系碎屑岩、震旦系－志留系黑色页岩、硅质岩、碳酸盐岩和砂岩、泥岩，上古生界泥盆系、石炭系碳酸盐岩和砂泥岩及中生界上三叠统、侏罗系与白垩系陆相沉积。其中寒武系牛蹄塘组为分布全区、厚度较大的富有机质页岩。

　　雪峰隆起南缘湘中地层分区出露地层有元古界—下古生界变质岩，上古生界－下三叠统海相沉积，以及少量的上三叠统－下侏罗统、白垩系陆相砂泥质沉积。其中泥盆系佘田桥组、孟公坳组、石炭系天鹅坪组、测水组、二叠系小江边组、龙潭组和大隆组富有机质页岩厚度大，是页岩气调查的主要目的层系。鉴于泥盆系佘田桥组、石炭系测水组调查程度较高，二叠系页岩层系分布有限，本书以泥盆系孟公坳组和石炭系天鹅坪组为重点调查层系。

# 一、雪峰隆起北缘地层特征

## （一）青白口系

青白口系自下而上划分为冷家溪群和板溪群。冷家溪群主要岩性为一套灰色、灰绿色绢云母板岩、条带状板岩、粉砂质板岩与岩屑杂砂岩、凝灰质砂岩组成复理石韵律特征的浅变质岩系，局部地段夹有变质基性-酸性火山岩系，总厚度大于 3 651 m。板溪群为一套类磨拉石建造特征的区域浅变质砂泥质夹火山碎屑岩系，其底界以武陵运动角度不整合为界面，顶界以南华系底部寒冷事件-冰期沉积物的出现为标志，总厚度大于 5 000 m。

## （二）南华系

南华系广泛出露于雪峰隆起区，为一套冰期及间冰期沉积，由下而上依次划分为江口组、湘锰组、洪江组 3 个岩石地层单位。

江口组以雪峰山南段湖南洞口—通道一带最发育，厚度约 4 000 m，主要岩性以暗绿色变粒岩、粗粒长石石英砂岩夹含冰碛砾岩板岩为主。该组厚度变化较大，在雪峰山北段张家界、古丈凤凰等地厚度只有 10 m 左右，含砾石层较多，落石特征明显，向南至沅陵、安化、桃源一带，岩性相变为以含冰碛砾石的长石石英砂岩为主夹含冰碛砾石的板岩和粉砂岩，厚度为 10～100 m。该组底部与前南华基底呈假整合接触，属正常海洋与海洋冰川混合沉积。

湘锰组代表间冰期的沉积，在雪峰山南侧下部为黑色碳质板状页岩夹含锰灰岩，上部为黑色碳质板状页岩、砂质板状页岩及砂岩，厚度以 1～30 m 居多，与下伏江口组呈整合接触。

洪江组以灰黑色、深灰色冰碛砾泥岩、冰碛砾粉砂岩，夹少量灰绿色或黑色板状页岩、砂质板状页岩为主。冰碛砾石发育，落石特征明显。在湘西北地区厚度为 40～200 m，向东南向厚度逐渐减薄，与下伏湘锰组呈整合接触。

## （三）震旦系

震旦系广泛出露于雪峰山隆起北部地区，自下而上划分为陡山沱组和灯影组/留茶坡组两个岩石地层单位。

陡山沱组自下而上可划分 4 段：陡一段（盖帽白云岩段）、陡二段（黑色页岩段）、陡三段（白云岩及灰岩段）和陡四段（黑色页岩段）。总体上该组下部为一套灰-深灰色、灰黑色薄板状泥质条带灰泥岩、含碳质页岩；上部为灰色中层灰泥岩夹结晶白云岩，含硅质扁豆体和磷、钒等元素；顶部为黑色碳质页岩。底部常见厚 2～5 m 细晶白云岩（盖帽白云岩）。总体属浅海台地-盆地边缘环境沉积，与下伏南沱组呈平行不整合接触，厚度为 58～296 m。

灯影组在湘西北地区为一套厚度较大的碳酸盐岩岩系，与下伏陡山沱组呈整合接触。总体属台地边缘浅滩相沉积，厚度为 189～716 m。留茶坡组分布在安化—溆浦一带，以硅质岩为主，局部夹少量灰岩、白云岩透镜体，厚度为 40～100 m。

## （四）寒武系

寒武系在雪峰山隆起北段有较广泛的出露，横向岩性岩相变化较大。大致以慈利—保靖断裂为界，南北可分为扬子台地和江南过渡区两大相区，其中南部江南过渡区是本书的重点研究区，寒武系地层发育齐全，地层间均为整合接触。

### 1. 下寒武统（纽芬兰统）

下寒武统（纽芬兰统）牛蹄塘组为一套以黑色页岩为主、夹细粉砂岩及粉砂质页岩。顶部夹深灰色中层状灰岩，底部为黑色薄层硅质岩夹灰岩透镜体。属较深水陆棚-盆地边缘相沉积。与下伏灯影组/留茶坡组呈整合-平行不整合接触，厚度为100~200 m。

### 2. 中寒武统（第二统）

中寒武统（第二统）自下而上划分为杷榔组和清虚洞组。

杷榔组下部以青灰、灰绿色页岩为主，局部夹少量黑色碳质页岩及砂质页岩，上部为深灰-灰绿色粉砂质页岩、灰质页岩夹泥灰岩、灰岩薄层。总体属浅海陆棚沉积。厚度一般约为200 m。

清虚洞组主要以灰色薄层泥质条带灰泥岩为主，中上部夹厚中层状灰岩、泥质斑块灰岩、泥质灰岩，顶部在桑植—石门复向斜为中层状浅灰色白云岩及泥质白云岩，属台地边缘滩-开阔海台地相沉积，在雪峰隆起区为台缘斜坡相区。厚度自北部台地相区向南部的斜坡相区逐渐减小，一般为200~300 m。

### 3. 上—顶寒武统（苗岭统—芙蓉统）

上—顶寒武统（苗岭统—芙蓉统）在雪峰隆起区以斜坡相为主。上统自下而上划分为敖溪组、花桥组（车夫组下部）。芙蓉统自下而上划分为车夫组、比条组和追屯组。

敖溪组为薄层泥质白云岩、白云岩夹少量中厚层状灰质白云岩。下部夹30~40 m碳泥质微粒白云岩，风化后似页岩。厚度为200~400 m。

花桥组下部为青灰色、暗灰色泥质薄层灰岩，上部为薄层泥质条带灰岩夹厚层角砾状灰岩及竹叶状灰岩及夹少量碳质页岩。厚度为229~354 m。

车夫组由薄层泥质条带灰岩夹厚层角砾状灰岩、竹叶状灰岩及白云岩组成。底部以一层厚30~40 m具砂质斜交层构造的白云岩与下伏花桥组分界。厚度为223~266 m。

比条组由青灰色厚层-块状致密灰岩及细晶灰岩组成。下部灰岩具斑块状或条带状构造、假鲕状灰岩。上部灰岩层具斜交的泥质纹层，夹数层中-粗粒结晶白云岩。厚度为247~846 m。

追屯组由灰白色厚层细-粗晶白云岩组成，厚度为100~300 m。

### （五）奥陶系

奥陶系大致以桃源—沅陵一线为界，该线以北属扬子台地相区，以南至湘中地区属江南地层区，二者在雪峰隆起区存在比较明显的过渡地带。台地相区是本书研究重点，沿用宜昌地区地层名称，各组岩性基本特征如下。

### 1. 下奥陶统

下奥陶统自下而上划分为南津关组、分乡组、红花园组和大湾组（下部）。

南津关组为灰白-深灰色厚层灰岩、结晶灰岩夹白云岩、白云质灰岩及生物碎屑灰岩。往东部桃源东一带灰岩多具泥质条带，局部地段含白云质，少见白云岩；西部大庸一带白云岩、白云质灰岩增多，灰岩局部夹硅质团块及条带。厚度为100~350 m。

分乡组为灰-深灰色厚层灰岩夹青灰色、灰黄色页岩或页状泥灰岩。在慈利—永顺一带，灰岩部分层段含白云质，局部夹鲕状灰岩及薄层灰岩，东部石门一带出现较多的生物碎屑灰岩，页岩往往局限在该组上部。该组厚度具有往东增厚的特点，厚度一般为 16~33 m。

红花园组为灰色-深灰色厚层状生物灰岩、生物屑灰岩夹含硅质团块灰岩。厚度横向变化大，为 10~110 m。其中桑植—花垣地区厚度较大，往东至慈利—石门地区厚度减小。

**2. 中奥陶统**

中奥陶统自下而上划分为大湾组（中上部）、牯牛潭组。

大湾组（中上部）由紫红色薄-中层状瘤状泥灰岩、泥质灰岩夹灰绿色瘤状泥灰岩及少许生物碎屑灰岩组成，夹灰绿色钙质页岩及瘤状白云质灰岩，厚度为 20~130 m。

牯牛潭组为青灰紫及黄绿色薄-中厚层状瘤状泥灰岩、泥质灰岩，局部夹龟裂纹灰岩，常具瘤状构造，厚度为 17~45 m。

**3. 上奥陶统**

上奥陶统自下而上划分为宝塔组、临湘组和五峰组。

宝塔组为一套灰黄、灰绿、浅紫、灰色等厚层状及中厚层状龟裂纹灰岩，岩性稳定、特征明显。下部常见少许泥质灰岩夹层或中-薄层状瘤状泥灰岩。该组厚度为 18~49 m，部分地区可大于 50 m。

临湘组为灰、灰黄、灰绿色中-厚层状瘤状灰岩、泥质灰岩或瘤状泥灰岩，顶部往往为灰、灰黄色泥岩或深灰色泥灰岩，部分地区夹龟裂纹灰岩。该组厚度为 4~15 m。

五峰组由黑色页岩、碳质页岩及黑色薄层硅质岩、硅质页岩组成。风化后呈灰白、灰黄、灰紫色，并略含粉砂质。该组整体厚度较薄，桃源九溪剖面厚度可达 40 m。在慈利—保靖断裂沿线及其以北的桑植—石门复向斜区，五峰组顶部缺失较多，残余厚度一般小于 5 m。

**（六）志留系**

雪峰隆起及南北两侧志留系差异较大，整体厚度具有自南向北逐渐减小的特征。岩性上，南侧涟源凹陷西部、北部志留系表现为在黑色页岩之上发育大套的深水相复理石沉积，而隆起北缘地区则表现为相对稳定，为一大套浅海陆棚-潮坪沉积。自下而上可划分为龙马溪组、罗惹坪组/小河坝组和纱帽组。层位均为下志留统。

龙马溪组下部为黑色、灰黑色页岩、碳质页岩、硅质岩和硅质页岩，富含笔石，下部硅质岩较多，上部碳质、粉砂质、砂质成分较多，中部见一层 0.1~0.3 m 深灰色硅质灰岩或黄色泥质灰岩。主体属浅海滞流盆地-陆棚环境沉积，与下伏奥陶系呈平行不整合-整合接触，厚度为 0~60 m。上部以灰绿色、黄绿色页岩、含粉砂质页岩夹泥质粉砂岩为主，局部夹薄层灰岩透镜体，厚度一般大于 500 m。

罗惹坪组/小河坝组为灰绿色、黄绿色页岩、粉砂质页岩、粉砂岩夹细砂岩，下部泥质粉砂岩较发育，间夹钙质泥岩或泥灰岩透镜体，中部为灰绿色泥岩、粉砂质泥岩，顶部常夹数层紫红色粉砂质泥岩。该组厚度为 500~1 000 m。

纱帽组下部为灰白色厚层、中厚层中-细粒石英砂岩、粉砂岩，夹灰绿色粉砂质页岩；上部灰绿色夹紫红色石英砂岩、细砂岩、粉砂岩。顶部为灰绿色含虫管构造的泥质粉砂岩、砂岩等。该组厚度为 200~400 m。

# 二、雪峰隆起南缘涟源凹陷地层特征

雪峰隆起南缘湘中拗陷是在下古生界变质岩系为基底的基础上发展起来的，以上古生界—中三叠统碳酸盐岩夹碎屑岩为特征的准地台型沉积拗陷区。依据其岩性纵向上的变化（表1-3-1），以下石炭统大塘阶测水组煤系、二叠系乐平统龙潭组煤系和上三叠统—下侏罗统（$T_3 \sim J_1$）煤系地层为区域性盖层，可划分出 $D_2 \sim C_1$、$C_2 \sim P_2$ 和 $T_1 \sim$（$T_3 \sim J_1$）三大含油气组合。但因 $T_1 \sim$（$T_3 \sim J_1$）和 $C_2 \sim P_2$ 含油气组合在湘中地区已大面积剥蚀，其含油气组合已被破坏，基本已失去了油气勘探的意义。由于存在测水组煤系地层的覆盖保存，且在湘中地区连片分布，$D_2 \sim C_1$ 含油气组合具有重要的勘探意义。基本沉积特征简要叙述如下。

表 1-3-1　湘中地区泥盆系—下侏罗统划分简表

| 地层系统 | | | 代号 | 厚度/m | 岩性特征 |
|---|---|---|---|---|---|
| 白垩系 | | | K | — | 紫红色砂砾岩，不整合于前白垩系之上 |
| 侏罗系 | 中侏罗统 | 阳路口组 | $J_2y_1$ | 77.0～940.0 | 灰白-灰黄、紫红色-厚层状长石石英砂岩、粉砂岩与紫红色粉砂质泥岩组成韵律层，底部夹砂砾岩 |
| | | 跃龙组 | $J_2y$ | 119.7～561.0 | 上段：为紫红色粉砂质泥岩与黄绿色粉砂质泥岩互层，夹长石石英砂岩透镜体；下段：以黄绿色粉砂质泥岩为主，夹黄绿色粉砂岩及少量长石石英砂岩 |
| | 下侏罗统 | 高家田组 | $J_1g$ | 78.0～578.5 | 砂岩、粉砂岩为主，夹黄灰-灰黑色粉砂质泥岩、泥岩、局部夹透镜状薄煤层 |
| | | 石康组 | $J_1sh$ | 35～138 | 浅灰-灰黑色粉砂质泥岩、砂质泥岩、砂岩夹煤层；底部为砾岩或含砾砂岩 |
| 三叠系 | 上三叠统 | 造上组 | $T_3z$ | 32～221 | 灰白-灰黑色砂岩、粉砂质泥岩、泥岩夹煤层或煤线 |
| | | 三丘田组 | $T_3s$ | 32.6～569 | 灰-灰白色砂岩、粉砂质泥岩、泥岩夹煤线或煤层、底部为砂砾岩 |
| | 中三叠统 | 麒麟山组 三宝坳组 | $T_2q$ $T_2s$ | 0～261.5 0～598.3 | $T_2q$：灰-黄褐色钙质粉砂岩、钙质页岩夹薄层砂质泥灰岩、底部含砾；$T_2s$：由白云岩、白云质灰岩、灰岩、泥岩、钙质粉砂岩组成 |
| | 下三叠统 | 嘉陵江组 管子山组 | $T_1j$ $T_1g$ | 33.8～216.8 0～729 | $T_1j$：厚层块状白云岩、灰质白云岩、白云质灰岩；$T_1g$：砂岩、粉砂岩、泥质粉砂岩、页岩夹少量泥灰岩 |
| | | 大冶组 张家坪组 | $T_1d$ $T_1zh$ | 30.0～696.9 0～544 | $T_1d$：浅灰-深灰色薄层状灰岩、泥质灰岩、泥灰岩、中厚状灰岩、间夹钙质灰岩；$T_1zh$：灰、深灰色泥质灰岩、泥灰岩；黄-灰绿色页岩夹砂岩、粉砂岩 |
| 二叠系 | 乐平统 | 大隆组 长兴组 | $P_3d$ $P_3ch$ | 30.0～167.8 17.5～400 | $P_3d$：灰-灰黑色硅质岩夹硅质灰岩或页岩，局部地区底部含有锰矿层；$P_3ch$：灰-浅灰色中-厚层状灰岩、硅质团块或条带灰岩 |

续表

| 地层系统 | | | 代号 | 厚度/m | 岩性特征 |
|---|---|---|---|---|---|
| 二叠系 | 乐平统 | 龙潭组 海相岩段 | P₃l | 45.5~916 | 钙质泥岩夹硅质条带、粉砂岩薄层 |
| | | 含煤段 | | | 钙质泥岩、泥岩、粉砂岩、细砂岩，夹煤2~4层，底部为一厚层细砂岩 |
| | | 不含煤段 | | | 细粒泥岩夹菱铁矿组合，夹灰黑色钙质页岩、泥炭岩 |
| | 阳新统 | 茅口组 灰岩段 / 当冲组 含硅质段 / 含泥质段 (硅质岩) | P₂m P₂d | 286~644 / 34~125 | P₂m：灰-深灰色薄-中层状含大量硅质条带灰岩及厚层块状灰岩；P₂d：灰黑-棕褐色含铁锰质硅质岩、硅质页岩夹钙质页岩、硅质灰岩 |
| | | 栖霞组 上段 / 下段 | P₂q | 8.3~282 | 灰-灰黑色中-厚层状灰岩、泥质团块灰岩和生物碎屑灰岩，含大量燧石团块及条带。局部底部发育夹灰黑色钙质页岩、泥炭岩，偶含煤线 |
| 石炭系 | 船山统 / 上石炭统 | 壶天群 | C₂P₁ | 308.9~939.8 | 上部：灰白色厚层灰岩夹白云质灰岩或白云岩；下部：浅白色巨厚层块状白云岩或白云质灰岩夹灰岩 |
| | 下石炭统 | 梓门桥组 | C₁z³ | 12.5~342 | 灰-浅灰色白云质灰岩、灰岩、泥灰岩，部分地区含石膏矿层 |
| | | 测水组 | C₁c | 10~171 | 灰白-黄灰色砂岩、粉砂岩、含砾砂岩、夹页岩、煤层 |
| | | 石磴子组 | C₁s | 11.8~362.8 | 浅灰-灰黑色中-厚层状灰岩、泥质灰岩夹泥灰岩、钙质页岩 |
| | | 陡岭坳组、天鹅坪组、马栏边组 | C₁ | 141~390 | 灰-深灰色中-厚层状灰岩、泥质灰岩夹泥灰岩、钙质页岩 |
| 泥盆系 | 上泥盆统 | 孟公坳组 | D₃m | 84.0~237.5 | 深灰色灰岩、白云质灰岩、泥灰岩夹砂质页岩或砂岩 |
| | | 欧家冲组 | D₃o | 11.2~153.2 | 砂岩、粉砂岩、钙质页岩局部夹灰岩 |
| | | 锡矿山组 | D₃x | 155.5~570.5 | 灰-黄灰-深灰色泥灰岩、泥质灰岩、灰岩、白云质灰岩夹鲕状赤铁矿 |
| | | 佘田桥组 | D₃s | 110.0~1 575.8 | 灰-深灰色中厚层状灰岩夹白云质灰岩，斜坡-盆地地区可相变为泥灰岩、硅质页岩 |
| | 中泥盆统 | 棋梓桥组 | D₂q | 91.0~766.1 | 灰-深灰色中厚层状灰岩夹白云质灰岩，局部可相变为泥灰岩 |
| | | 跳马涧组 | D₂t | 95.5~491 | 紫红色、浅灰色石英砂岩、粉砂岩、夹砂质泥页岩、含更新状示铁矿，底部为含砾砂岩或砾岩 |
| | | 半山组 | D₂b | 0~198.0 | 紫红色、浅灰色砂岩，底部为砂砾岩 |
| 前泥盆系 | | | | | 变质碎屑岩 |

（一）泥盆系

湘中涟源凹陷泥盆系发育中—上泥盆统。

**1. 中泥盆统**

中泥盆统自下而上划分为半山组、跳马涧组和棋梓桥组。半山组以灰绿色、黄灰色砂岩、粉砂岩沉积为主，平均厚度为 150 m 左右。跳马涧组以碎屑岩潮坪相沉积为主，岩性为紫红色、浅灰色石英砂岩、粉砂岩为特征，平均厚度为 200 m 左右。棋梓桥组为碳酸盐岩夹（互）钙质页岩、泥灰岩。

**2. 上泥盆统**

上泥盆统自下而上划分为佘田桥组、锡矿山组、欧家冲组和孟公坳组。佘田桥组发育台地相碳酸盐岩和斜坡-盆地相硅质页岩、泥灰岩。台地相碳酸盐岩厚约 400 m，斜坡-盆地相硅质页岩、泥灰岩最大厚度可达 1 500 余米。锡矿山组以薄层灰岩为主，由北向南依次发育三角洲相、碎屑岩潮坪相和混积潮坪相。欧家冲组主要由页岩、粉砂岩及砂岩组成，局部夹灰岩。孟公坳组主要为厚层状灰黑色泥页岩，夹灰岩、粉砂岩。

（二）石炭系

**1. 下石炭统**

下石炭统以台地碳酸盐岩沉积为主，累积厚度近 1 000 m，自下而上划分为马栏边组、天鹅坪组、陡岭坳组、石磴子组、测水组和梓门桥组。其中前四组的沉积相展布特征相似，由凹陷边缘向中心依次发育潮坪相、台坡相和台洼相。

测水组在涟源凹陷可分上、下两段。其中下段为含煤段，为砂泥岩互层夹煤层，是我国南方早石炭世维宪期重要的含煤构造。上部以泥页岩为主夹砂岩。涟源凹陷上段底部发育一层砂砾岩，是上、下两段的分界标志。湘中拗陷的测水组煤系以涟源凹陷最发育，冷水江金竹一带最厚达 171 m，平均为 147 m。

梓门桥组由灰岩、白云岩、泥灰岩、钙质泥岩、石膏在垂向上互相交替而成，一般含石膏或硬石膏 3～5 层，单层厚度一般为 1～3 m，石膏层在涟源凹陷横向分布广且比较稳定。该段具有一系列潮坪环境的特征，如准同生白云石、石膏石、鸟眼构造、干裂构造、石盐假晶及鲕粒灰岩等，为蒸发潮坪相沉积。

**2. 上石炭统—二叠系船山统**

上石炭统—二叠系船山统壶天群上部为灰白色厚层灰岩夹白云质灰岩或白云岩，下部为浅白色巨厚层块状白云岩或云灰岩夹灰岩。

（三）二叠系

二叠系船山统与上石炭统岩性不好区分。二叠系阳新统大致从栖霞组开始。二叠系阳新统—乐平统自下而上划分为栖霞组、茅口组/当冲组、龙潭组和大隆组/长兴组。

栖霞组由一套灰黑色中厚层状灰岩、泥质团块灰岩和生物碎屑灰岩为主的浅海相碳酸盐岩组成，含有大量燧石团块，局部地区底部可见有砂页岩并偶夹煤线。厚度变化较大，一般为 8.3～282 m，生物化石丰富。

茅口组与当冲组为相变关系，大致以北纬 27°30′为界。北侧及雪峰山以北，为茅口组分布范围，以南则分布着当冲组。茅口组以灰岩为主，主要分布在涟源地区，厚度为 286～644 m。当冲组以硅质岩为主，主要分布在邵阳和零陵地区，厚度为 34～125 m。

龙潭组主要由砂岩、粉砂岩、砂质页岩及碳质页岩、煤层等组成，夹煤 2～4 层，可采1～2 层，厚度为 45.5～916 m。

大隆组主要由深黑色硅质页岩、硅质岩组成，夹有钙质页岩和硅质灰岩，局部地区底部含有锰矿层，地层厚度一般为 30～167.8 m。

长兴组主要为灰-浅灰色中-厚层状灰岩、硅质团块或条带灰岩，厚度为 17.5～400 m。

# 三、区域构造特征

## （一）大地构造位置

工作区及邻区在大地构造上属华南板块中北部，处于扬子陆块与华夏陆块相邻的过渡地带。北部属中上扬子湘鄂西-黔东北断褶带北段湘鄂西褶皱带，南部属湘桂褶皱带的湘中拗陷，中部为雪峰隆起的雪峰隆起带北段（图 1-3-1）。

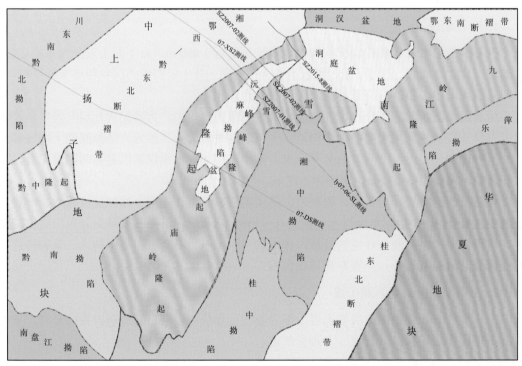

图 1-3-1　雪峰隆起周缘构造区划简图

## （二）次级构造单元划分

雪峰隆起自北向南发育慈利—保靖断裂、沅陵—桃源断裂、安化—溆浦断裂及城步—新化断裂 4 条主要断裂（图 1-2-1）。以这些断裂为界，可以将雪峰隆起划分三个三级构造单元（表 1-3-2）。涟源凹陷经过多期次的构造变形，形成了现今复杂的构造格局。以集云断裂带和凤冠山断裂带为界，可将涟源凹陷进一步划分为西部断褶带、中部褶皱带、东部褶皱带三个四级构造单元。

表 1-3-2　雪峰隆起周缘构造区划表

| 二级构造单元 | 三级构造单元 | 四级构造单元 |
| --- | --- | --- |
| 湘鄂西褶皱带 | 桑植—石门复向斜 | — |
| 雪峰隆起带 | 古丈—松桃逆冲褶皱带 | — |
| | 沅陵—桃源基底冲断带 | — |
| | 安化基底反冲带 | — |
| 湘中拗陷 | 涟源凹陷 | 西部断褶带 |
| | | 中部褶皱带 |
| | | 东部褶皱带 |
| | 龙山凸起 | — |
| | 邵阳凹陷 | — |
| | 关帝庙凸起 | — |
| | 零陵凹陷 | — |

**1. 湘鄂西褶皱带**

雪峰隆起带以慈利—保靖断裂作为与湘鄂西褶皱带的边界断裂，倾向南东。作为构造单元的分化性断裂，未切穿上元古界底界。真正具有分化性断裂意义的深大断裂却发育在慈利—保靖断裂的下方，倾向北西，并将其错断，但不穿越古生界。该断裂属于隐伏型基底断裂，其西北侧未见有上元古界的地震发射同相轴，古生界直接披覆在中元古界之上，且中元古界厚度较小，可见该单元曾为古隆起，而东南侧的地层沉积较连续，说明该断裂对本区的沉积和构造起着重要的控制作用。湘鄂西褶皱带南部的桑植—石门地区深部向南东的逆冲推覆作用相当活跃，其向上已切穿志留系的底界，但地表未见出露，主体有两套叠瓦式逆冲构造叠合呈类双重构造系统，底板逆冲和顶板逆冲出现在冷家溪群和寒武系，这与其由软弱的千枚岩、泥页岩构成有关。浅部向北西推覆的逆冲断裂仅在志留系内滑动，因此志留系也是一重要的滑脱层。

桑植—石门复向斜主体构造表现为一北东东走向的复向斜特征，呈线状。复向斜背斜为宽缓的箱状背斜形态，主要剥蚀出露寒武系—奥陶系；复向斜向斜却较狭窄，且卷入变形的最新层系为侏罗系。桑植—石门复向斜线性紧闭且褶皱两翼不对称。

**2. 雪峰隆起带**

雪峰隆起带介于慈利—保靖断裂与城步—新化断裂之间，大致以其中部的安化—溆浦断裂为界划分为南北两部分。安化—溆浦断裂，倾向北西，为一岩石圈型断裂，岩体一般分布在该断裂东南侧，西北侧基本少见。安化—溆浦断裂表现为强烈的逆冲推覆性质，向南可以与四堡断裂、三江—融安断裂等相连，呈扫帚状撒开。其在地表呈现出的逆冲性质，说明后期的构造运动对其影响强烈。另外，中华山岩体被其错开，呈右行走滑特征。中元古界顶面作为一区域性的滑脱面的特征在该构造段也十分突出，其上为一套由东往西的逆冲构造，将上元古界推覆至地表。其下为一套由西往东的冲断系，至安化—溆浦断裂结束，呈鱼骨刺状展布。可见安化—溆浦断裂，以及滑脱面之上的逆冲推覆系对雪峰山的隆升起着决定性作用。雪峰隆起带现今构造系统是在挤压应力作用下，主体构造自南东向北西以坡坪、叠瓦逆冲推覆构造为主，浅表向北西扩展，而深部却表现出向南东推进的特点。其次为走滑构造，走向北东，甚至一些逆冲断裂也具有压扭性质。由其地震大剖面不难发现，鱼刺状构造下方西倾的断裂在雪峰隆起区穿越中元古界顶部，且止于安化—溆浦断裂，而西倾的安化—溆浦断裂与东倾的浅层冲断系组成的扇形背冲构造将元古界推覆至地表。因此，雪峰隆起北段总体结构特征是以安化—溆浦断裂为中心，呈扇状向南北缘逆冲。但是这种逆冲的特点，在南缘止于城步—新化断裂，在涟源凹陷又恢复为自南东向北西叠瓦式逆冲的特点。雪峰隆起带及其东南侧主体为叠加于加里东期构造上的印支期变形构造系，印支期的动力源自华夏与扬子陆内造山作用，西侧湘鄂西地区主体为燕山期滑脱推覆褶皱带，志留系是重要的滑脱层。雪峰隆起带自南向北可以划分三个次级单元：安化基底反冲带、沅陵—桃源基底冲断带、古丈—松桃逆冲褶皱带（表1-3-2）。

（1）安化基底反冲带介于城步—新化断裂与安化—溆浦断裂之间，地表出露以中上元古界浅变质岩为主，南部出露有震旦系—志留系等。上古生界零星分布，偶见有泥盆系角度不整合于前泥盆系不同地层之上，并呈湘中泥盆系沉积特点。该段构造变形以强烈的基底地层组成的断片为主，主断裂面多倾向西北，与安化—溆浦断裂带具有相似的特点。在剖面上表现为自南东向西北的基底逆冲推覆断裂的反冲断裂系统。区内构造走向以北东—北东东向为主，部分呈近东西走向，显示了构造叠加的特点。分析认为，东西向构造可能为加里东期构造变形的产物，而北东—北东东为印支—燕山期的构造。

（2）沅陵—桃源基底冲断带介于沅陵—桃源断裂与安化—溆浦断裂之间，地表出露主要为中上元古界浅变质岩，少量出露震旦系—寒武系，北部地区地表覆盖沅麻盆地的白垩系等。沅陵—桃源断裂位于沅麻盆地的中北部，是一个深切岩石圈的基底大断裂，断层走向北东东，断面南倾。上切至白垩系，说明该断裂是一个多期活动性断裂。在沅麻盆地白垩系之下，以中上元古界为主，地层分布不连续，地震反射杂乱，推测是由一系列南东倾的逆冲断裂所组成的断片构造，与安化基底反冲构造带一起组成雪峰隆起北段扇状结构的基底隆起核部，该带向东延伸被洞庭盆地所覆盖。

（3）古丈—松桃逆冲褶皱带位于雪峰隆起带的西北翼部，介于慈利—保靖断裂与沅陵—桃源断裂之间，在大型基底滑脱断裂之上，形成构造相对简单的冲断褶皱带，地表出露地层为上元古界—志留系，浅层断裂及褶皱发育，形成一系列斜列状分布的背斜和向斜构造，总体构成一个以四都坪背斜为中心的复式背斜带，以四都坪背斜为核心，两翼分布有多个震旦系—奥陶系的残留向斜，构成该地开展寒武系页岩气勘察的主要场所。如北翼主要有芙蓉向斜、慈利向斜、张家界向斜等；南翼在沅麻盆地北缘分布的有草堂向斜等。这些向斜核部地层出露以志留系—奥陶系为主，下寒武统页岩埋藏深度适中，构造变形相对较弱，是页岩气调查的有利区。

### 3. 湘中拗陷

湘中拗陷东邻衡山凸起，南接桂中拗陷，湘中拗陷具有"三凹二凸"的构造格局，龙山凸起将北部涟源凹陷和中部邵阳凹陷分割，南部关帝庙凸起将邵阳凹陷和零陵凹陷分隔。涟源凹陷以城步—新化断裂作为与雪峰隆起带的边界断裂。该断裂是一条极其重要的区域性基底断裂，对湘中拗陷的沉积建造、构造变形及岩浆活动都有明显的控制作用。该断裂北起桃江，往南经过邵阳至广西融江。断裂倾向南东，表现为强烈的逆冲性质，在洞口附近，其将泥盆系推覆至侏罗系之上。根据地表岩体位置及地层展布，该断裂还表现出左行走滑的特点。根据地球物理资料，它是一条深达软流圈的岩石圈断裂，两侧构造形迹完全不同，其西侧为一组与安化—溆浦断裂同倾向的断裂构造系统，由于地质构造相当复杂，在地震剖面上表现不明显，以杂乱反射为主。在城步—新化断裂的东侧，湘中拗陷内的断裂构造为一套由东向西的坡坪式逆冲断裂构成的叠瓦扇，且前缘反冲断裂活跃，与前者组成对冲构造组合。另外，湘中拗陷带断裂相关褶皱发育，属于断展褶皱，并且该断裂沿泥盆系底滑移了约 6 km。因此，泥盆系底界的角度不整合面和石炭系可以作为湘中拗陷的滑脱层。涟源凹陷在断裂和构造结构上可分为西部断褶带、中部褶皱带、东部褶皱带（表 1-3-2）。

（1）西部断褶带走向呈北东向，面积达 1 540 km²，主要由北东向一系列等间距排列逆断层组成，由南东向北西逆冲，并将西部构造带内泥盆系—石炭系切割成北东向断块，在其中夹有紧密线形褶皱，在平面上组成断块—断褶式组合。

（2）中部褶皱带总体走向呈北北东向，面积约为 2 700 km²，中部褶皱带主要发育隔挡式褶皱和层间滑动断层，由西而东发育锡矿山、车田江、安坪两高背斜、桥头河向斜、石山冲背斜和恩口—斗笠山向斜。

（3）东部褶皱带与衡阳盆地相接，发育一系列逆冲断层和张扭性断层，主要由洪山殿向斜、聚福桥背斜、香花井背斜组成，面积为 1 760 km²。受南北两侧凸起的制约影响，东部褶断带构造轴线呈现发散状。

# 第四节　周缘地球物理特征及北缘断裂体系

## 一、雪峰隆起周缘地球物理测线分布

雪峰隆起及周缘已有二维地震测网大多分布于雪峰隆起及湘鄂西褶皱带上（图 1-2-1）。为获得雪峰隆起北缘下寒武统牛蹄塘组、下志留统龙马溪组黑色页岩层的反射波组特征，以及为调查区二维地震勘探线的重新解释奠定基础，在雪峰隆起北缘实施了二维地震勘探（图 1-4-1），以便通过地震资料的解释和分析，查明工作区内地层展布特征、区域构造-断裂-褶皱发育情况，评价页岩气保存条件。

在雪峰隆起北缘实施的二维地震线位于洞庭湖平原交会过渡地带。工作区部署两条测线 Tys19-L2 东西和 Tys19-L1 南北，工作区域施工面积约为 1 170 km²。工作区地表以丘陵为主，19-L1 线小号段经过太浮山，该地段峡谷交错，海拔落差大，海拔高程为 20～580 m。

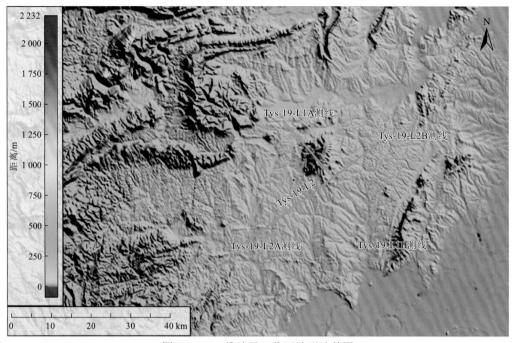

图 1-4-1  二维地震工作区地形地貌图

## 二、雪峰隆起北缘岩层波阻抗特征

雪峰隆起北缘洞庭盆地周缘下寒武统牛蹄塘组下部地层为硅质页岩，上部为深灰色粉砂质页岩，含少量钙质。上覆清虚洞组为灰色灰岩夹条带状泥灰岩。牛蹄塘组粉砂质页岩（波速 $V_p \approx 3\,500$ m/s）与上覆地层灰岩（$V_p \approx 5\,500$ m/s）的界面存在明显的波阻抗差异，反射系数约为 0.31，能够产生地震反射波。牛蹄塘组中部粉砂质页岩（$V_p \approx 3\,500$ m/s）与下部黑灰色板状硅质页岩（$V_p \approx 6\,000$ m/s）也存在较大的波阻抗差，反射系数约为 0.34，具有较好的地震反射波组特征。清虚洞组（$V_p \approx 5\,500$ m/s）与上覆地层白云岩（$V_p \approx 6\,150$ m/s）之间有一定的波阻抗差，能产生一组反射波，确定为中寒武统底反射波。由于牛蹄塘组厚度较大，呈现多组强反射波，牛蹄塘组黑色页岩的反射波能量很强，地震波组的反射波能量强，具有 3～6 个强正相位，向斜核部波组延续 500 ms 左右，是本工区最稳定的反射波。反射波的几何形态为平行状，反映构造-沉积环境稳定。牛蹄塘组反射波连续性较好，其主要原因是沉积厚度大，埋藏较深，地质构造相对简单（图 1-4-2）。

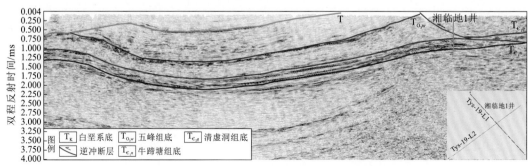

图 1-4-2  Tys-19-L2 南北地震测线地震波组特征

雪峰隆起北缘志留系下统龙马溪组主要由碳质页岩、含碳质泥页岩、泥页岩、粉砂质页岩及泥质粉砂岩、粉砂岩、砂岩组成。其上覆地层为志留系中统罗惹坪组砂岩，下部为奥陶系灰岩。龙马溪组粉砂质页岩（$V_p \approx 3\,500$ m/s）与上覆地层砂岩（$V_p \approx 4\,000$ m/s）、下伏地层灰岩（$V_p \approx 5\,500$ m/s）的界面存在明显的波阻抗差异，反射系数约为 0.31，具有较好的地震反射波组特征。龙马溪组黑色页岩地震波组的振幅能量强，与其上下地层之间存在较大的波阻抗，地震波组的振幅能量强易于分辨，反射波组的地震几何形态呈现亚平行及平行状，反映构造-沉积稳定（图 1-4-2）。

## 三、雪峰隆起北缘断裂体系

雪峰北缘洞庭湖盆过渡带主要位于湖南省常德市所辖的各县境内。雪峰北缘主要发育四组断裂体系：一是北东向的弧形逆冲断裂体系；二是北东东向的左行走滑断裂体系；三是东西向走滑断裂体系+反转断裂；四是南北向反向调节断裂。而且北东东向的左行走滑断裂在一定程度上横向切割北东向先期形成的雪峰隆起断裂带，具体表现为深部地质构造，控制了浅部山系与盆地的形成。地震波组界面和电性界面大多据地表地质推断解释为构造滑移面，地壳岩石圈呈层块结构及浅、中、深构造层之间的互不协调，是通过"上陡下缓"的犁式断层来宏观调整，以实现层块间滑移(或拆离)均衡调节（图 1-4-3）。

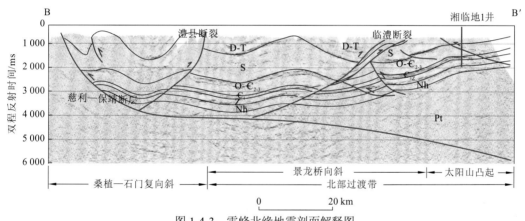

图 1-4-3 雪峰北缘地震剖面解释图

结合地震剖面及雪峰北缘常德—澧县周缘露头剖面推断，雪峰山北缘常德—澧县地区前白垩系/第四系基底具双层结构，下层为元古界变质岩系，上层为震旦系—侏罗系沉积岩系。下层结构中，雪峰山北缘常德—澧县地区太阳山凸起至景龙桥向斜基底未见明显的褶皱变形，仅见板溪群呈断陷结构连续波组反射结构缓坡面向太阳山凸起出露，这也为地表露头所证实。太阳山凸起东部出露最老地层为板溪群，向西依次为震旦系、寒武系—三叠系，地层倾角东陡西缓，上层为震旦系—志留系沉积岩系，存在沿太阳山凸起深层的多层主滑脱面，是控制地壳浅层及地表发生"薄皮构造"变形构成逆掩冲断带的主要根源。雪峰隆起北缘南部主要发育北东东、北东、近东西向断裂体系。以怀化—新晃右行走滑断裂为界将雪峰隆起分为北部的雪峰隆起段和南部的苗岭隆起段，断裂体系交错切割，具有强烈的块体特征。

## （一）北东东向断裂体系

北东向断裂体系全区广泛分布，兼具左行走滑性质，特别是苗岭段左行走滑断裂极为发育。雪峰隆起北缘，断裂体系主体为北东向逆冲断层，表现为强烈的逆冲推覆。区内北东向断裂主要为慈利—保靖断裂，该断裂是控制中扬子南缘早古生代两类不同盆地沉积—构造演变的区域性大断裂，即台地相与台缘斜坡相至海盆相沉积的分界线。在布格重力异常上处于太行山—武陵重力梯度带上，断裂两侧重力明显不同。慈利—保靖断裂现今为逆掩推覆断层，主体倾向南东，总体由西南段的北东向转向北东段的北东东向呈弧形展布，是由一系列空间上大致平行展布、首尾相接、左行斜列断裂组合而成的压扭性断裂带。断裂带主体从北东张家界经慈利、保靖向西南通过大兴，再经玉屏至三都，其主要的分支断裂包括张家界—古丈—凤凰断裂、保靖—松桃—镇远断裂和保靖—花垣—秀山—梵净山北缘断裂。雪峰隆起北缘常德地区地震剖面上，慈利—保靖断裂倾向南东，断开层位从元古界一直延伸至中生界，未切穿上元古界底界，在其下方发育一条倾向北西并将其错断的基底拆离逆断层（图1-4-3）。

## （二）北东向断裂体系

北东向断裂体系主要表现为控制太阳山凸起的东侧边界断裂，被命名为太阳山东断裂（图1-4-3最右侧基底拆离断裂）。作为洞庭盆地隆凹相间的控隆控洼断裂，太阳山东断裂主要发育在沿太阳山凸起深层的多层主滑脱面，形成并控制壳浅层及地表发生"薄皮构造"逆掩冲断带的大型基底拆离断层，更深层的根源是岩石圈地幔的"陆内俯冲"及壳幔间的"拆离"。雪峰北缘常德地区地表地质多为洞庭盆地的覆盖物，且均为第四系覆盖，古生界零星出露，深部地球物理探测解释结果也表明多见呈顺层滑脱与基底滑脱，存在大型拆离断层，且多沿着重要的沉积物理界面展布。

## （三）近东西向断裂体系

近东西向断裂体系主要为雪峰北缘常德地区断裂体系，并作为边界控制了不同构造区域的构造特征。综合研究区已有的地震剖面的地质解释资料和区域地质资料等，综合推断，受雪峰隆起弧形旋转过程中北东向慈利—保靖断裂带弧形延展作用控制，由北雪峰隆起向南划分出三条主干断裂带：澧县断裂带、临澧断裂带和常德断裂带。

### 1. 澧县断裂带

澧县断裂带为多方向叠加的褶皱变形带，为慈利—保靖断裂的东延部分。北部褶皱变形带发育近东西向和近南北向两个方向的褶皱，如花山坪倒转背斜、龙阳湾倒转向斜呈近东西走向，而相邻的铜山背斜和九龙向斜则为近南北走向。澧县断裂带位于澧水。澧县断裂明显控制了澧县箕状断陷的沉降与充填，且是由正断裂活动所形成的断陷盆地。正断裂对洞庭湖盆断陷的控制，显示了燕山—喜山期陆内裂陷在一定程度上对古生代及早中生代在同一空间纵向时间序列的叠加改造。正断裂对断陷的控制，一定程度上是二者在同一空间叠加的自然显示。澧县断裂应为早期逆断层后期发生正反转的深大断裂，与区域雪峰隆起的边界断裂相叠合，后期正反转，为太阳山凸起的北部边界断裂。

**2. 临澧断裂**

临澧断裂与澧县断裂相似，早期为基底滑脱面上反冲逆断裂，后期发生正反转。断裂带内出露奥陶系，临澧断裂及其次一级断裂，由于两侧地层对冲挤压，形成系列反冲构造，在其下方发育一些小型逆冲断层。

**3. 常德断裂带**

因尚无过常德断裂带的地震剖面，该断裂带也是仅仅从区域地质图上研究发现。常德断裂带从区域地质图上表现为太阳山凸起的南部边界断裂。此外，澧县断裂带、临澧断裂带和常德断裂带受雪峰隆起弧形旋转的控制，具有压扭走滑的构造特征，而且在平面上具有一定规模的走滑位移量，横向调节-切割了太阳山凸起，使其具有南北两段结构，横向走滑的位移量较大（可能还受后期断陷湖盆的改造，造成横向的位移调整）。雪峰隆起弧向延展过程中，受太阳山凸起冲断断裂的控制，冲断断层在横向基底拆离滑动的过程中，南段拆离滑动较快，北东拆离滑动较慢，形成调节断裂即横向撕裂断层，即澧县断裂带、临澧断裂带、常德断裂带，横向调节太阳山断裂的横向走滑位移。

（四）南北向断裂体系

南北向断裂体系即太阳山西断裂，地震调查显示存在北东向太阳山断裂的另一种反向调节断裂，在地震剖面上表现为"Y"字形断裂（图 1-4-3）。2019 年中国地质调查局武汉地质调查中心部署实施页岩气大口径井湘临地 1 井，钻遇南北向太阳山断裂的反向调节断裂，表现在寒武系花桥组地层出现重复。由于北东向反向调节断裂的作用，该口井加深 700余米。该反向调节断裂具有一定的规模，在一定程度上控制了太阳山凸起的左翼边界，使太阳山凸起呈断块凸起形态。

根据地表调查及深部地球物理探测解释结果，雪峰北缘常德—澧县区域内存在 4 组断裂体系，发育为北东东、北东、近东西、南北向断裂体系。其中北东东、北东、近东西向断裂系受雪峰隆起弧向旋转，发育大型主滑脱面，形成基底层的"拆离"断裂体系出露地表。北东东向断裂体系主要为雪峰隆起边界慈利—保靖断裂体系，北东向断裂体系则为太阳山东断裂带。近东西向断裂系主要为北东东向断裂体系受雪峰隆起弧向旋转，存在一定横向走滑位移量，也就是北东向太阳山东逆冲推覆断裂带在基底拆离过程中，存在由北向南"撕裂"断层，南部横向由西向东推覆得快，北部由西向东推覆得慢，横向撕裂太阳山东，并使其产生南北断分。北部东西向澧县断裂带则为雪峰隆起北部边界断裂，后期受中新生界断陷改造，呈正反转构造。南北向断裂则表现为基底拆离断裂的反向调节断裂，使得太阳山呈现断块山特征。

# 第五节  构造演化及其对页岩气成藏的制约

早在 20 世纪后半叶，许多著名的地质学家就已经从不同方面对我国特殊的地质构造及其形成和发展的历史做过论述（张文佑，1973；Lee，1973；黄汲清 等，1962；张伯声，1962）。其中，陆内造山带的形成机制是国际构造地质学的热点问题之一。江南—雪峰隆起是华南板块的核心区域，位于扬子板块和华夏板块宽阔结合部位的西侧，分隔华夏和扬子两大构造块体。雪峰隆起及其周缘总体上具有"隆起东西分段"的结构构造特点，由西向东分为苗岭段、雪峰段、九岭段，不同隆起段南北缘发育不同的构造变形带，其中雪峰段则是雪峰隆起主体地区。雪峰隆起整体构造呈不对称的扇形，分别向北西、南东逆冲推覆，最典型的特征就是在其西北区域形成了广阔的川—渝—湘—鄂—黔推覆-滑覆构造带，具有显著的南东强北西弱的递进变形特征，而且构造变形有显著的规律性。雪峰隆起及周缘构造特征显示雪峰隆起及周缘经历了强烈的板块构造运动、陆内造山构造变形作用，雪峰隆起周缘地质构造演化历程不仅对揭示扬子、华夏板块及板内陆内造山带的形成机制具有十分重要的意义，而且对约束和评价该地区页岩气成藏具有重要的价值。

# 一、地质构造演化阶段

华南地区的地质演化历史漫长，地质记录丰富齐全。雪峰隆起作为华南地区的核心区域，经历了复杂的演化历史。雪峰隆起陆内变形构造系统南以紫云—罗甸断裂带为边界，北边界是江汉盆地南部华容隆起断隆带。雪峰隆起脊带即核部褶皱轴迹整体表现为北东—南西向，整体上呈不对称扇状向两侧穿时扩展的弧形构造系统。雪峰隆起陆内变形构造系统除受到周边板块构造及其远程效应外，主要还受板块内微陆块间构造作用控制，构造成因复杂，但总体可以分为传统板块构造演化和陆内构造演化两个阶段（图1-5-1）。

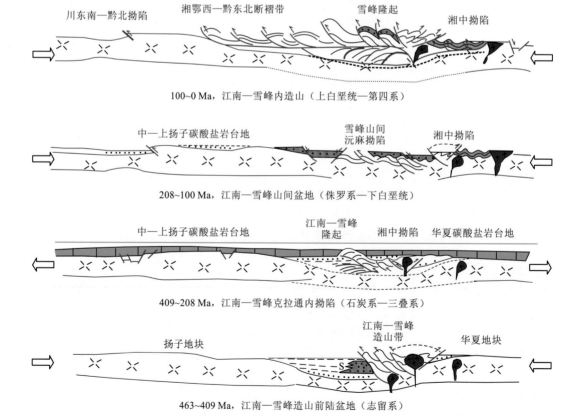

100~0 Ma，江南—雪峰内造山（上白垩统—第四系）

208~100 Ma，江南—雪峰山间盆地（侏罗系—下白垩统）

409~208 Ma，江南—雪峰克拉通内拗陷（石炭系—三叠系）

463~409 Ma，江南—雪峰造山前陆盆地（志留系）

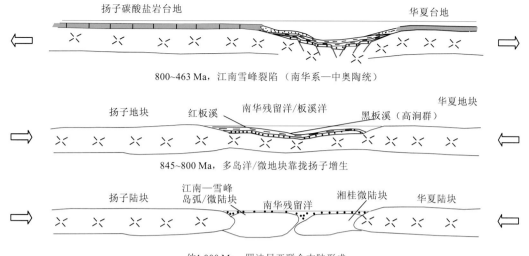

图 1-5-1 中—上扬子南东—北西向大地构造演化剖面

## （一）板块构造演化与基底的形成

华南板块有早期陆壳形成的残存，存在古元古代与太古宙结晶基底，并分布较广，同时还有冥古宙的物质信息。扬子与华夏早期陆壳属于不同的陆壳块体。从目前横跨雪峰隆起的地震大剖面 07-DS 来看，结合地质判断，至少现今的雪峰隆起、雪峰隆起西侧黔北拗陷及雪峰隆起南缘湘中拗陷在太古宙或元古宙可能为不同陆壳块体。据此推测扬子与华夏古陆之间，应有雪峰、湘中微板块，它们是扬子板块与华夏板块碰撞演化成为华南大陆的基础。

### 1. 晋宁早期、中期微板块形成阶段

晋宁早期雪峰隆起走向区域浏阳地区出露中元古代仓溪岩群构造杂岩，为沉积的碎屑岩-火山岩及酸、中、基性侵入岩经绿片岩-角闪岩相变质的岩系，后经历混合化，被新生构造面理强烈置换，指示扬子板块东南缘在中元古代已经进入弧盆演化阶段。广西云开地区以云开群为代表，为一套复理石浅变质岩系夹变质火成岩，局部夹铁、磷矿层。变质程度为绿片岩相，少数为低角闪岩相，广西壮族自治区地质调查院在北流市石窝附近变质火成岩中通过锆石 SHRIMP 法测得该岩系年龄为 1 462 Ma，其地球化学图解具洋脊型拉斑玄武岩特征，说明中元古代云开地区可能存在洋盆，暗示雪峰隆起地区存在洋盆的可能性。

晋宁中期，赣东北所处的赣浙皖交界地带存在以 0.9~1.0 Ga 年龄为主的蛇绿混杂岩带。此外，发现福建武夷山地区新元古界中碎屑岩锆石 U-Pb 年龄峰值普遍为 0.9 Ga（Wang et al.，2013，2005；Yao et al.，2012；向磊 等，2010），这代表华夏板块主体形成的早期构造事件，表明扬子板块与华夏板块可能应是同一拼合带。另外，扬子板块西南缘川滇一带岩浆活动及碎屑锆石残存记录及年龄峰值在 0.9~1.0 Ga，年龄较为集中。华夏与扬子周缘构造事件年龄综合反映了扬子板块、华夏板块在 0.9~1.0 Ga 的拼合记录。过雪峰隆起地震剖面 07-DS 探测揭示雪峰隆起等陆壳岩石圈存在深层的俯冲界面。因此，扬子与华夏新元古代晋宁运动中期的构造拼合应代表扬子板块、华夏板块及湘桂微板块拼合，形成了扬子与华夏之间统一的构造事件。

**2. 晋宁晚期微地块拼贴与扬子增生**

板溪群、冷家溪群及它们相当岩层间的大区域构造角度不整合年龄值主要在 850～820 Ma。扬子陆块东南缘冷家溪群为具有弧后盆地-岛弧特征的碎屑岩夹火山岩建造，大部分都为绿片岩相的变质。变形强烈，还发育了具有大洋岛弧性质的火山岩及与俯冲相关的侵入岩。例如浏阳潘淡和衡山新桥的角斑岩，浏阳文家市一带的蛇绿岩套残片、城步岩体为代表的 845～810 Ma 侵入岩等。随着晋宁晚期运动发生，沿雪峰隆起从皖南九岭、雪峰山至苗岭段一线断续残留同位素年龄集中于 850～820 Ma 蛇绿岩及其相关火山岩。结合区域新元古代中期变质变形特征，以及变质变形地层与上覆新元古代晚期南华纪、震旦纪区域盖层呈角度不整合接触关系，雪峰隆起具有一定的板块拼合带特征，同时这也表明新元古代早期于 0.9～1.0 Ga 分别形成的扬子、雪峰、湘桂与华夏古微板块，于晋宁晚期（850～820 Ma）沿华南中部皖南—雪峰山东缘—苗岭一线最后的碰撞拼合，致使南华纪残留洋/板溪洋进一步萎缩。雪峰、湘桂等微板块向扬子板块靠拢，形成了冷家溪群与上覆板溪群（红板溪）或相当层位高涧群（黑板溪）之间呈角度不整合至平行不整合接触。较为明显的是跨湘鄂西至洞庭盆地的 SZ2015-08 测线，在太阳山凸起一带明显见到高角度不整合，也表明该不整合在扬子陆块边缘发育，往东南雪峰—湘桂—华夏方向则表现为不整合至整合。如在江南地层区雪峰泸溪—安化小区则表现为冷家溪与红板溪呈不整合接触，至湘中拗陷洞口—双峰小区则表现为冷家溪群与高涧群（黑板溪）呈平行不整合接触。晋宁晚期运动控制了冷家溪群与板溪群接触关系，以及扬子板块与华夏板块间南华残留洋/板溪洋盆与板溪群的沉积。

# 二、构造古地理演化及其对富有机质页岩的制约

## （一）南华纪—早古生代伸展阶段

南华纪—早古生代区内以伸展为主的环境，大致经历了两期裂解—关闭过程。

新元古界南华系—震旦系和下古生界各系组有着大致相同的自北而南由碳酸盐岩、硅质岩、泥质岩为主逐渐变为砂、泥质岩为主的趋势，以及厚度也由小变大的趋势。南华系—震旦系和下古生界各系在南部相当长的时间纵向跨度上均保持着活动型沉积，区别于北部稳定型沉积特征。

南华纪初期，罗迪尼亚（Rodinia）超大陆裂解进入原特提斯构造域演化，雪峰由前期微板块拼合的构造历史遗痕而造成结构的不稳定。受全球超大陆裂离影响控制，在 800～635 Ma 形成了裂谷型的盆地。由于受东西向基底构造控制，此时为北隆南拗的构造古地理格局。南部拗陷区域也同时形成了沉积巨厚浊流的沉积盆地，呈北东东向展布晋宁期基性岩浆活动揭示北北东向张剪性断裂在该沉积期开始活动，为雪峰裂解就位提供边界条件。在江南地层区域，发育南华下统最底部的长安组与富禄组，也说明此时南部维持着裂解活动型地区沉积，而在北部则变化为稳定型地区特征。作为严寒气候条件下成冰纪冰碛泥砾岩建造，自北向南由以大陆冰川为主过渡到以海洋冰川沉积为主，直到湘南地区以正常海洋沉积为主，厚度也自北向南变化较大。震旦纪，由裂陷阶段转入拗陷阶段，是地质历史上一次重大的变革。继南华纪海退之后，震旦纪迎来了一次大规模海侵。较之于南华纪，岩相古地理发生了显著的变化。从前期以陆源建造为主，震旦纪则代之为内源建造。前期

的古地理格架是北高南低，相带近东西走向，到震旦系则变化为北东走向的台、盆体系。震旦系沉积物两分性明显，下部以陡山沱组及其相当沉积为代表，上部以灯影组及其相当沉积为代表。陡山沱期，华南地区构造古地理表现为上扬子克拉通盆地、中扬子克拉通碳酸盐岩盆地。由于前期扬子板块北缘与秦岭洋之间形成了被动陆缘环境对中—上扬子板块内鄂西海槽的裂陷分割，中扬子与上扬子之间以大陆边缘盆地分隔。江南—雪峰一带剧烈坳陷，发育中—上扬子东南大陆边缘盆地，往湘中及广西桂林方向，发育湘黔大陆斜坡盆地。受湘桂地块基底控制作用影响，在其之上发育湘桂边缘海盆地沉积，往南东赣中吉安方向，发育华夏大陆边缘盆地相沉积（图1-5-2）。灯影期，在前期构造-古地理格架的基础上，随着盆地的不断坳陷，海水加深，海底地形分化度明显减小而均衡度明显增大。江南—雪峰西北方向，主要为台地相灯影组沉积。往怀化、邵阳方向，以留茶坡组为代表，斜坡盆地相沉积特征明显。总体上看，震旦系在雪峰隆起西北部主要为碎屑岩、碳酸盐岩，东南部为含磷及碳质泥岩与白云岩组合，硅质岩、板岩、砂岩增加。

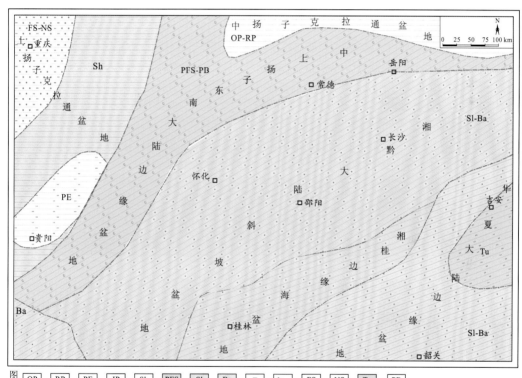

图 1-5-2　江南—雪峰隆起周缘震旦纪陡山沱期构造-岩相古地理图

据马永生等（2009）修改

寒武纪，扬子地块的东南边缘发生了一次广泛的拉张裂陷活动，但基本继承了震旦纪海底地形西北高、南东低的古地理格局。总体上看，鄂西南至湘西北一带主要为台地相区、雪峰山主要为外陆架斜坡相区，湘桂赣主要为斜坡至深海-次深海的盆地相区，各区之间具有过渡关系。雪峰隆起一带寒武系纽芬兰统主要为硅质页岩，第二统下部为黄绿色粉砂质泥页岩，第二统上部及苗岭统、芙蓉统为碳酸盐岩。由西北向湖南碳酸盐岩逐渐减少乃至消失，至湘南—赣中地区则以砂岩为主，夹板岩和少量硅质岩。寒武系苗岭统、芙蓉统在雪峰山西北部主要为白云岩、少量灰岩，向南灰岩增加，白云岩减少，由泥质、硅质、碳质增加转变为不纯灰岩；再往南碎屑颗粒砂、泥质更多，粒度明显变粗。其中，寒武纪纽芬兰世—第二世早期发生中国大陆最为重要的缺氧事件，沉积形成富含钒（V）、钼（Mo）、铀（U）、磷（P）等元素的暗色页岩。在岩相古地理分带上自西向东可大致划分为雪峰山西北侧中—上扬子克拉通盆地黑色碳硅质页岩相、雪峰主体区域上扬子东南缘大陆边缘盆地陆缘上斜坡的含磷碳质页岩相（图 1-5-3）、湘中桂北地区湘黔大陆斜坡盆地碳硅质页岩相。

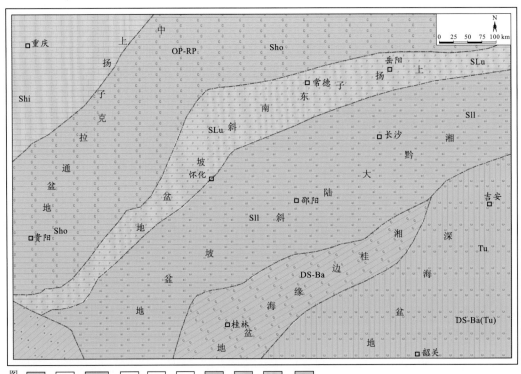

图 1-5-3　江南—雪峰隆起周缘寒武纪纽芬兰世构造-岩相古地理图

据马永生等（2009）修改

奥陶纪构造古地理与寒武纪大致相同，在雪峰西北侧扬子地台上发育稳定的台地相碳酸盐岩-陆棚相的碎屑沉积；而雪峰东南缘的湘、桂、赣地区则为代表了大陆边缘斜坡沉积的大套碎屑浊积岩。奥陶系由西北向东南，由碳酸盐岩逐渐向泥质成分增高岩性及页岩逐渐过渡，至湘南地区则全为砂岩、板岩、黑色板岩与硅质岩。奥陶纪的台地碳酸盐岩-陆棚碎屑在加里东造山运动之后转变为"华南加里东褶皱带"的主体。但其特殊性使其本身内部构造地质结构存在复杂性。依据板块构造研究，认为华夏板块在中奥陶世开始从澳大利亚裂离出来并向西北方向漂移，从而使华南地区由东向西逐渐迁移引起幕式造山，造成台盆脉动式收缩隆起，形成不同于世界范围经典造山带的华南式独特造山带。雪峰山地区板溪群板岩伊利石 K-Ar（钾-氩）年代学测定冷却年龄为 419～389 Ma，且 X 射线衍射分析表明其经历了低绿片岩相区域变质作用，表明雪峰山地区经历了加里东期构造热事件，并使雪峰山地区褶皱变形，形成了影响基底的褶皱带，或者是边缘褶皱造山带（冯向阳 等，

2003；马文璞 等，1995）。就雪峰山地区发育白马山岩体而言，前期地质调查认为它是加里东+印支+燕山期复合岩体，但陈卫锋等（2007）采用 LA-ICP-MS 锆石测年方法获得了岩体结晶年龄为（226.5±4.1）～（176.7±1.7）Ma。这些年龄数据表明雪峰山地区岩体的活动主要是在印支期以后，加里东运动雪峰山地区无明显构造岩浆活动。

### （二）奥陶纪晚期—志留纪汇聚挤压阶段

晚奥陶世—志留世（460.9～416 Ma），雪峰隆起周缘由于处于汇聚挤压的构造环境，罗迪尼亚超大陆的裂解作用受到了约束，地块内部普遍发生了构造挤压事件。江南—雪峰地区受周缘地块的影响而发生挤压，导致晚奥陶世沉积盆地基底发生差异性上升，使中奥陶世一度舒展陷落的沉积盆地重新变得起伏不平，造成愈来愈明显的相带分异，在江南雪峰周缘形成一套海退沉积序列及快速厚层的浊积岩建造。至晚奥陶世晚期，江南—雪峰周缘发生挤压收缩，黔中隆起局部露出水面成为链状岛或水下隆起。处于湘、桂诸省邻近地域的江南—雪峰陆内造山带形成雏形。此外，湘、赣、桂的赣湘隆起形成，将开阔的华南海域分隔成互不相通或仅有海峡相通的一些残留海。至此，区域性古地理面貌一改前观，原来广阔畅然的华南地区海域，已被水下隆起、岛链及新生陆地所分割，也初步形成中—上扬子碳酸盐岩台地挠曲沉降，并开始向陆内前陆盆地转化。区内志留纪沉积正是在这样一种构造古地理格局中发生与演化。此时期，雪峰隆起与赣湘隆起之间发育湘西前陆盆地，雪峰隆起北缘发育湘西黔北前陆盆地，雪峰隆起与黔中隆起区之间发育黔南前陆盆地，前陆盆地中心区域广泛沉积了含碳质、硅质页岩（图 1-5-4）。

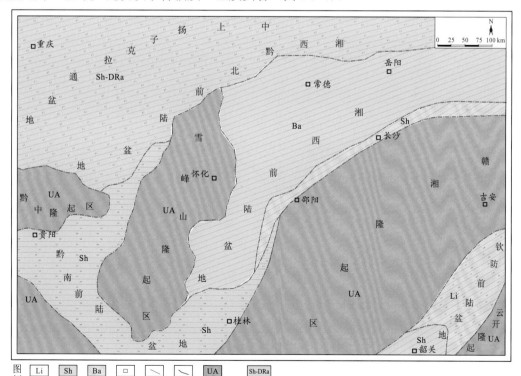

图 1-5-4　江南—雪峰隆起周缘晚奥陶世—早志留世构造-岩相古地理图

据马永生等（2009）修改

加里东造山运动导致华南广大地区及江南—雪峰构造带的下古生界遭受强烈剥蚀、褶皱，表现为志留系仅发育兰多维列统和温洛克统下部，而且分布不广，主要集中分布于雪峰西北及雪峰山东南缘地区，城步—新化断裂以东、涟源—双峰—衡阳—攸县以南未见存在。雪峰西北地区的志留系主要为大套的页岩和砂岩，夹有少量含钙质较高的砂岩、页岩和碳酸盐岩。雪峰山东南缘地区只有下统，但厚度巨大，为一套浅变质的巨厚泥砂质复理石沉积。

### （三）晚古生代—三叠纪伸展转向挤压阶段

#### 1. 泥盆纪—二叠纪（416～251.0 Ma）伸展裂解阶段

加里东运动结束了陆缘海盆地的发展历史，陆缘海盆地遭受一度的剥蚀夷平之后，从早泥盆期开始，又发生了新一轮海侵过程，再次形成了以浅水陆缘海为特征的沉积系列，以及雪峰隆起东南缘向西南开口以陆缘海槽为主体的古地理格局。江南—雪峰大部分地区在这一时期整体隆升为陆。雪峰隆起南部苗岭统与上扬子隆起连成一片。中晚泥盆世处于张应力状态下的整体陷落至稳定建台阶段，开始广泛接受陆表海沉积。之后弗拉斯期由相对平衡转向不平衡，进入应力调整时期。至法门早期转向区域应力松弛基底整体陷落。随着构造的加剧，逐渐演变为独特的"台盆"相间的古地理格局。台地上沉积滨岸碎屑和浅水碳酸盐岩，厚度巨大。台地边缘常常存在滩相沉积、台盆中沉积深水相的硅质岩、黑色泥岩和深水碳酸盐岩（图1-5-5）。由于这种伴有伸展为主的背景在湘桂地区开始较晚结束

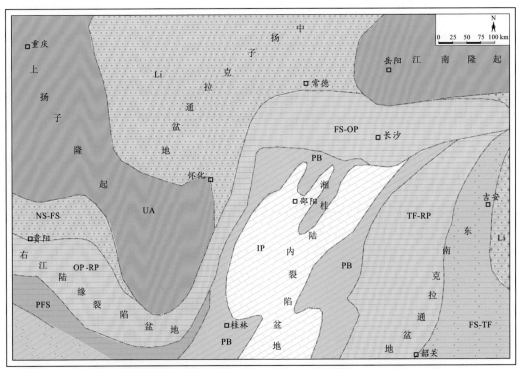

图例 | TF-RP 潮坪-局限台地 | FS-OP 前滨-开阔台地 | NS-FS 滨岸-前滨 | FS-TF 滨岸-潮坪 | Li 滨岸 | OP 开阔台地 | RP 局限台地 | IP 孤立台地 | PFS 台缘斜坡 | PB 台盆 | UA 古隆起 | 相边界 | 地名 | 地震测线

图 1-5-5 江南—雪峰隆起周缘晚泥盆世早期构造-岩相古地理图

据马永生等（2009）修改

较早（晚石炭世），泥盆系仅见部分上统和中统在雪峰山西北区发育，但其在南部湘中、湘南地区仍分布广泛且厚度较大。泥盆系具有东西方向条带状分布结构，主要为泥灰岩和页岩，除了部分下统和中统下部部分碎屑岩地层，岩性以碳酸盐岩占绝对优势。这类从南往北由碳酸盐岩逐渐过渡为碎屑岩的变化规律则明显与下古生界的变化规律相反。

石炭纪—二叠纪时期江南—雪峰隆起及周缘地区形成一个广阔的陆表海沉积环境，普遍堆积了一套台地-陆棚相的碳酸盐岩-碎屑岩建造。对稳定沉积一直持续到中生代初期。石炭纪继承了晚泥盆世晚期的古地理格架，但早期的海侵范围比泥盆世显著小。由于泥盆世末期"柳江运动"的影响，雪峰隆起及周缘发生了总体抬升，江南隆起与上扬子隆起连成一片，致使早石炭世江南—雪峰隆起显著扩大，南北海域明显海退。江南—雪峰隆起北部形成中扬子克拉通碳酸盐岩盆地；隆起南缘形成了湘-桂陆内裂陷盆地，往东形成东南克拉通盆地。湘-桂陆内裂陷盆地内，湘中桂北等广大地区形成次深海、开阔台地、潮坪-局限台地等沉积相。此时的陆源碎屑物质来自江南—雪峰隆起，沉积形成混合潮坪潟湖相带。后期经过早石炭世的不断剥蚀夷平和填平补齐，海盆基底愈趋平整，陆源物质愈趋贫乏。值得指出的是，石炭系杜内期中期（即天鹅坪组沉积期），发生过区域性基底沉降，使湘桂赣浅海一度发育的碳酸盐岩台地沉没，形成一套厚度不大的混合浅海陆棚沉积，沉积了一套含碳灰质泥页岩与碳酸盐岩互层沉积地层（图 1-5-6）。二叠系沉积特征在湘西北区以碳酸盐岩占绝对优势，与泥盆系、石炭系不同，尤其是在湘中地区，该系夹少量含煤

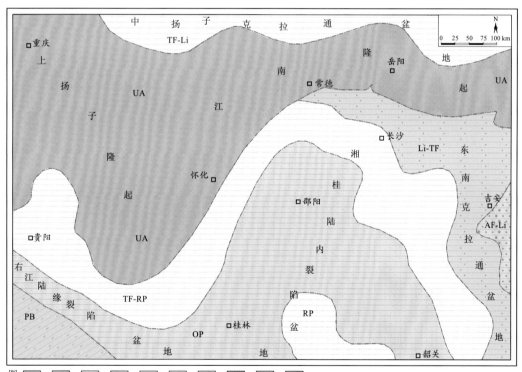

图 1-5-6　江南—雪峰隆起周缘早石炭世构造-岩相古地理图

据马永生等（2009）修改

的砂岩、页岩及硅质岩，并沿东南方向含煤的砂岩、页岩及硅质岩含量逐渐增大并超过了碳酸盐岩所占地层的比例。

### 2. 三叠纪（251～199.6 Ma）汇聚挤压阶段

三叠纪是地史中一个大变革的时期。构造变化大起大落，岩相古地理方面也同样处于变革时期。继晚二叠世东吴运动上升调整之后，早三叠世发生了台地大沉降，体现为海水加深，海侵幅度加大。此时的北区除原始江南—雪峰隆起地区可能发育有碳酸盐岩开阔台地外，其余往桂北、赣中地区皆为碳酸盐岩浅海、深水陆棚相区，这一状态向东一直延伸到下扬子地区（图 1-5-7）。雪峰地区东部在海西运动以后已经有明显的隆升，仅局部地区发育一些裂陷盆地。中三叠世后的印支运动达到高潮，表现为中海水从大部分地区退出，仅在局部地带，如黔南等地有残留海水，沉积台地碳酸盐岩。中三叠世之后，雪峰周缘海相沉积为主的历史基本结束，代之出现的是以湖盆为主的陆相沉积。由于早—中三叠世的构造古地理格局与晚古生代基本相似，且本区大部分地区的上三叠统与下侏罗统之间没有明显的角度不整合。这就使得有些研究者将本区晚古生代和早中生代合为一个海西—印支期，而将晚三叠世作为燕山期的开始。

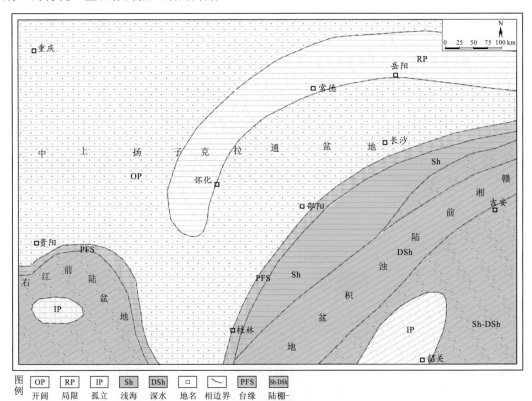

图例
| OP | RP | IP | Sh | DSh | □ | ⟋ | PFS | Sh-DSh |
|---|---|---|---|---|---|---|---|---|
| 开阔台地 | 局限台地 | 孤立台地 | 浅海陆棚 | 深水陆棚 | 地名 | 相界线 | 台缘斜坡 | 陆棚-深水陆棚 |

图 1-5-7 江南—雪峰隆起周缘晚早三叠世构造-岩相古地理图

据马永生等（2009）修改

燕山运动是雪峰地区构造运动发展过程中一期重要的运动，也代表了雪峰地区总体向上隆升的重要时期，使得雪峰隆起周缘在东部和西部存在明显差异特征。整体而言，由西至东由稳定的大型盆地向环太平洋构造域岩浆活动带过渡。刘建清等（2013）采用

LA-ICP-MS 锆石测年方法，获得的白马岩体结晶年龄与前人测试结果相比明显偏小（201±4）～（194±3）Ma。随着锆石测年精度的提高，雪峰隆起周缘不仅有晚印支运动，而且目前来看也存在早燕山运动。雪峰山及华南地区印支期有着广泛构造岩浆热事件沉积响应及构造变形，例如雪峰山由西至东，西麓的湖南芷江—麻阳一线以西的上、下三叠统之间的平行不整合接触，转变为以东的上、下三叠统之间呈角度不整合接触，且雪峰山整体地区上三叠统底均发育一套底砾岩。由于夹在两条缝合线之间的华南陆块受到印支板块的向北挤压，从南向北受挤压递进增厚，并导致地壳加厚。例如印支地块对华南地块的主要碰撞时间为 254～242 Ma，而秦岭—大别造山带峰期高级变质作用的时间为 230～226 Ma，表明华南地区由南向北持续挤压，并造成时间及空间上的构造变形延迟效应。

（四）侏罗纪—第四纪聚敛伸展阶段

**1. 早—中侏罗世（199.6～167.7 Ma）盆地伸展阶段**

早侏罗世—中侏罗世初期，主要形成了中—上扬子地区江汉盆地、洞庭盆地等大型克拉通内拗陷型盆地，发育了相带围绕湖盆中心呈环带状分布的湖盆边缘河流-湖泊相的紫红色泥岩、灰色泥页岩夹薄煤层，湖盆中心为半深湖-深湖相页岩，且沉积厚度达 1 500～2 500 m。陈卫锋等（2007）采用 LA-ICP-MS 锆石测年方法获得白马山岩体结晶年龄为176 Ma，与古太平洋的开启时间吻合。雪峰隆起区洞口县下侏罗统呈北东向展布反映了来自东部的挤压作用，且与石炭系—泥盆系呈角度不整合接触等证据进一步证实该时期江南—雪峰地区发生过重要的构造-岩浆热事件。

**2. 中侏罗世—第四纪（167.7 Ma 至今）挤压改造阶段**

该时期古太平洋板块俯冲于欧亚板块之下，华南和南海北部与东海地块发生斜向碰撞和剪切造山，使中国南方遭受了强烈的挤压、走滑和岩浆作用等构造改造，形成华南燕山期陆内造山带与东部燕山期"高原"、东南地区广泛的岩浆侵入和火山活动及众多的走滑拉分盆地。

雪峰隆起及周缘广泛发育陆内造山和逆冲推覆构造，总趋势是从雪峰构造带由东向西迁移，印支期雪峰带位于雪峰构造带东北缘，燕山期雪峰向西迁移，形成多层次滑脱与逆冲断层的褶皱构造，而北侧经湘鄂西依次形成陆内逆冲推覆构造，雪峰山为一逆冲推覆逆掩体。这一时期是中国东部，也是华南地区地貌发育的萌芽时期，白垩纪形成的盆地至今仍是沉积盆地，是重要的盆-岭构造。雪峰山及其西侧地区早白垩世普遍发育陆相断陷盆地沉积，应是在这种伸展构造的背景下的产物，例如江汉盆地、洞庭盆地。雪峰隆起向北九岭隆起弧形处洞庭盆地，则在前期的边缘慈利—保靖—澧县—华容断裂基础上，拉分改造江南—雪峰古隆起的弧形段，也对油气矿产资源聚集影响较大。

# 三、构造演化对机质页岩气成烃的制约

雪峰隆起作为扬子陆块板块内变形的主要动力学来源之一，使得扬子陆块自晚奥陶纪以来经历了多期多旋回构造运动叠加，进而影响了不同变形区带的页岩烃源岩的生烃条件，控制了不同区带的页岩地层成烃作用，这一点在雪峰隆起的主体区域下古生界寒武系纽芬兰统牛蹄塘组页岩，以及雪峰南缘湘中地区上古生界下石炭统页岩地层（原刘家塘组地层）均有明显表现。

（一）雪峰隆起

流体包裹体均一温度–埋藏史投影法已被广泛应用于油气成藏时期及期次确定（刘可顺 等，2020；尚培 等，2020）。通过对沅麻盆地湘吉地 1 井 1 967.35 m 处碳质泥页岩方解石脉包裹体的数据进行分析,结果发现：该包裹体均一温度存在两个正态峰,前峰为 115～125℃、后峰为 130～150℃。湘张地 1 井 1 981.45 m 的方解石脉包裹体均一温度同样有 1 个明显的正态峰，为 130～150℃。由于两口井寒武系牛蹄塘组埋藏深度大致相当，且经历了相同的构造演化历程，综合判断雪峰隆起主体区域牛蹄塘组富含有机质页岩地层至少存在两期生烃（图 1-5-8）。湘吉地 1 井牛蹄塘组岩心部分裂缝方解石脉发育 1 期次的油气包裹体。该期次油气包裹体发育于裂缝方解石脉充填期间，丰度较高[含烃包裹体颗粒定量分析（grains containing oil inclusions，GOI）为 3%～4%]，包裹体成群分布于裂缝充填方解石脉内，主要为呈褐色、深褐色的液烃包裹体（沥青包裹体）。此外，牛蹄塘组岩心微缝隙或微裂缝中含轻质油，显示浅蓝色的荧光，极个别视域内见少量呈深灰色的气烃包裹体发育。

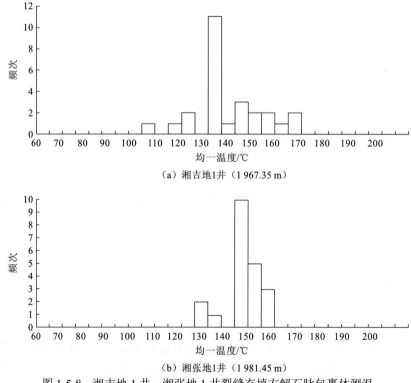

（a）湘吉地1井（1 967.35 m）

（b）湘张地 1 井（1 981.45 m）

图 1-5-8　湘吉地 1 井、湘张地 1 井裂缝充填方解石脉包裹体测温

雪峰隆起主体区域牛蹄塘组沉积之后经历了加里东运动、海西运动、印支运动、燕山运动及喜山运动等多期构造运动。由沅麻盆地东缘湘桃地 1 井的生烃埋藏史可知（图 1-5-9），湘桃地 1 井下寒武统牛蹄塘组页岩沉积之后开始快速埋深，其在早奥陶世开始生油，晚奥陶世进入生油高峰，早志留世晚期进入生气停滞期。受加里东运动影响及雪峰陆内造山控制，页岩内天然气发生逸散。海西期之后，牛蹄塘组页岩一直处于生烃停滞阶段。印支期，

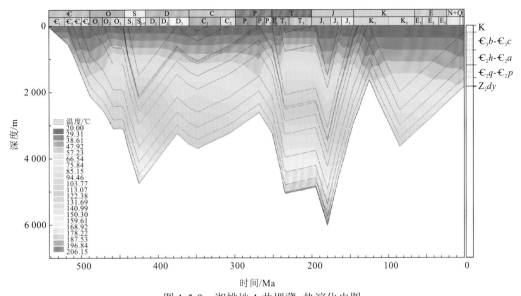

图 1-5-9　湘桃地 1 井埋藏-热演化史图

$\mathcal{C}_3b$ 为寒武系苗岭统比条组，$\mathcal{C}_3c$ 为寒武系苗岭统车溪组，$\mathcal{C}_2h$ 为寒武系第二统花桥组，$\mathcal{C}_2a$ 为寒武系第二统熬溪组，
$\mathcal{C}_2q$ 为寒武系第二统清虚洞组，$\mathcal{C}_2p$ 为寒武系第二统杷榔组，$Z_2dy$ 为上震旦统灯影组，K 为白垩系

牛蹄塘组再次沉降，牛蹄塘组页岩持续埋藏热演化，沅麻类前陆盆地沉降中心可能达到最大古埋深时发生二次生烃，进入生干气及原油裂解阶段，形成轻质油及干气。燕山期，该区剧烈抬升，牛蹄塘组页岩气再次经历了一次较大的调整。

（二）雪峰隆起南缘

下石炭统页岩地层自沉积以来，遭受了多期构造作用，对富有机质页岩地层生烃演化起到很强的控制作用。雪峰隆起南缘在早石炭世—早三叠世处于持续沉降埋藏阶段，下石炭统在早三叠世早期进入生油高峰。受印支运动影响，中—晚三叠世，湘中地区遭受区域北西西向挤压应力作用，抬升剥蚀。晚侏罗世—第四纪，古太平洋板块俯冲于欧亚板块之下，使中国南方遭受了强烈的挤压、走滑和岩浆作用等的构造改造，下石炭统页岩气存在多期调整经历。印支—燕山期的岩浆活动导致区域古地温升高，下石炭统页岩发生二次生烃演化（图 1-5-10）。

# 四、构造变形对页岩气保存的制约

对中扬子地区的深反射地震剖面精细解释分析，推测中扬子地区构造变形整体由东向西传递改造。同时结合盖层构造样式解吸、基底滑脱面变化、深反射地震剖面和周缘大地构造背景等分析，认为雪峰隆起构造带为一个超大型构造楔，同时产生了前缘和后缘（南缘）两个变形区。雪峰隆起的主体区域大幅楔状隆升，进而大面积出露中元古宇变质基底。基底拆离大规模水平运动的巨大推挤力，使得前缘扬子中古生界盆地变形成为褶皱冲断带，变形强度、剥蚀深度由东至西、由强及弱不断递减变形。由于背冲隆起，雪峰隆起的后缘（南缘）南东方向滑移推覆。湘中—桂中上古生代沉积盆地的沉积地层受复合控制影响，湘中—桂中具有双层的推覆地质结构，浅层构造明显控制了不同隆洼带的构造式样，且使得这些隆洼带格外破碎复杂。

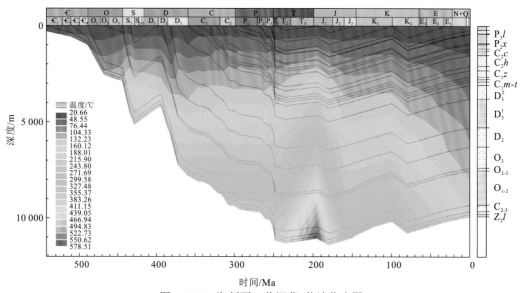

图 1-5-10 湘新页 1 井埋藏-热演化史图

P₃l 为二叠系乐平统龙潭组，P₂x 为二叠系阳新统栖霞组，C₂c 为上石炭统船山组，C₂h 为上石炭统壶天群，
C₁z 为下石炭统梓门桥组，C₁m-t 为下石炭统马栏边组—陡岭坳组，Z₂l 为上震旦统

## （一）雪峰造山带

雪峰造山带存在大型逆冲推覆断层，推覆体浅部构造层发育元古界—下古生界，构造复杂，断层发育。深部构造层存在一套明显的强反射，与浅部构造层具有不同的构造样式，推测可能为下古生界。从 SZ07-02 测线深层地震剖面上看，浅部构造层与周缘露头戴帽解释标定认为：存在寒武系底界面 T$_\epsilon$ 与震旦系底界面 T$_Z$ 地震波组反射特征，这也为沅麻盆地地质调查井所钻揭。深部构造层反射波组整体呈现褶皱山型，且波组反射特征清晰，具有明显的三套反射波组特征。通过对比中上扬子的地震波组反射特征认为：深部地震反射波组分别为志留系底面 T$_S$ 反射波组、寒武系底界面 T$_\epsilon$ 地震反射波组、震旦系底界面 T$_Z$ 地震反射波组，这三套反射波组地震能量较强，由 1～3 个正负相位组成，反射频率较高、可连续追踪对比（图 1-5-11）。

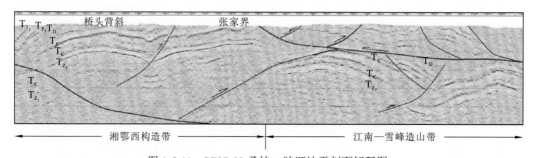

图 1-5-11 SZ07-02 桑植—涟源地震剖面解释图

### 1. 雪峰造山带深部构造层（顶板断层下盘）

深部构造层楔形体为典型的双重构造，具有平整或缓弯的顶板断层（图 1-5-12）。双重构造可以看作由活动的底板和顶板冲断层所围限，由下盘破裂并不断添加的锥形楔组成。

底板断层、顶板断层、连接断层及反向断层的增量调整，断片之间保持和谐一致，顶板冲断层保持平面状，顶板断层之下的下盘不断地进行叠瓦式冲断。双重构造的顶、底板断层类似于走滑断层系中的转换构造，协调横向挤压的位移量。雪峰隆起主体区在该锥形楔的前锋和后缘之间形成一挤压收缩区，顶板断层下冲断片沿连接断层发生了与总运动方向斜交的位移，而且连接断层的产状与顶、底板断层的产状（尤其是走向）也是斜交的。这些连接断层可以看作水平挤压状态下形成的共轭型剪切破裂。由于顶板断层上覆岩体主要为古生界台地相，抗剪、抗弯能力足够，顶板之下在遭受横向强烈收缩作用时，沿连接断层容易发生斜向滑动，更易调节总应变，所以顶板断层之下斜断片发生与总位移方向斜交的运动表现为典型的S形构造行迹。

  雪峰隆起主体区深部构造顶底板断层在双重构造形成的整个过程中一直在活动，而且极有可能在所有的连接断层上同时发生滑动作用。由于板岩本身在一定埋藏空间下的塑性特征，推测顶底板断层主要发育板溪群或冷家溪群板岩。顶底板滑脱断裂应该是薄皮构造，但其从实质定义上而言，应该为基底拆离断层，只不过是近似水平的拆离断层。这种多层次盖层推掩和基底拆离的结合是薄壳构造的一种类型。另外，基底拆离断层发生在多期性不均一基础上，缺乏原有的连续性。运动仅在雪峰隆起处是沿着一个平整的顶底板发生的，而在前缘与后缘（南缘）构造位置处，则依从了不同层次的"梯道"行进突破、扩展（颜丹平 等，2018）。顶板断层之下双重构造是向北西方向形成后展构造，在双重构造的后缘发育的平面状缓倾角冲断层可能是形成最晚的冲断层，它在形成双重构造的主变形之后，可沿扩展方向向上切穿至地表。在前缘湘中拗陷处，顶底板断层归为大型基底拆离断层，该断裂可能为最早的湘桂地体与江南—雪峰微地体碰撞形成的基底断裂。

**2. 雪峰造山带浅部构造层（顶板断层上盘）**

  雪峰陆内逆冲造山作用过程中以北西向前展式形成新的基底拆离断层，逆冲断层沿着基底软弱岩层北西向递进变形，形成基底卷入型断层相关褶皱样式组合的雪峰山厚皮逆冲构造带。雪峰隆起核部受基底逆冲拆离断层控制出露中元古宇基底岩石地层。

  构造运动通过递进变形的运动学过程，从纵向、横向演化角度将雪峰隆起带各构造单元逆冲作用变形过程联系起来，而且把断展褶皱形成并演变为断弯褶皱的过程也同样联系起来。在这个过程中，也同时体现了造山带构造样式与构造运动学递进演化的基本要素。因此，雪峰造山带变形与演化是以断层相关褶皱的典型逆冲构造样式进行的，包括厚皮逆冲10排叠瓦状逆冲构造形成的板内递进造山带。顶板断层上盘叠瓦状逆冲构造主要为北西向前展式推进，最边缘为慈利—大庸—保靖断裂，与深部构造层楔形体双重构造后展式构造形成方向相反，显示浅层逆冲叠瓦构造与深层构造层楔形体双重构造在空间上几何学、运动学的耦合性（图1-5-12）。浅层厚皮逆冲推覆构造主要为东西向（纬向构造系）与北东—北北东向（新华夏系）两类构造的复合叠加，形成雪峰隆起表层的主体区域，可划分为北西部的武陵断弯褶皱带、沅麻（中生代弧形陆相）盆地和东南部的雪峰基底拆离带（中央挤压逆冲带—南缘冲断褶隆带）（图1-5-13）。武陵断弯褶皱带大致位于雪峰隆起北西部的慈利—保靖断裂带与沅陵—怀化断裂之间。雪峰基底拆离带位于沅陵—怀化断裂与城步—新化断裂之间，该带内构造变形主要受控于褶皱变质基底的断裂拆离与逆冲。

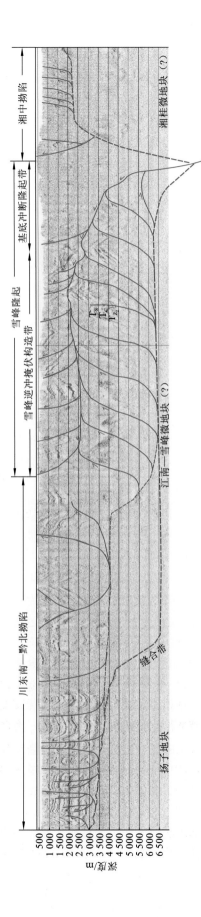

图 1-5-12　SZ07-Ds地震剖面解释图

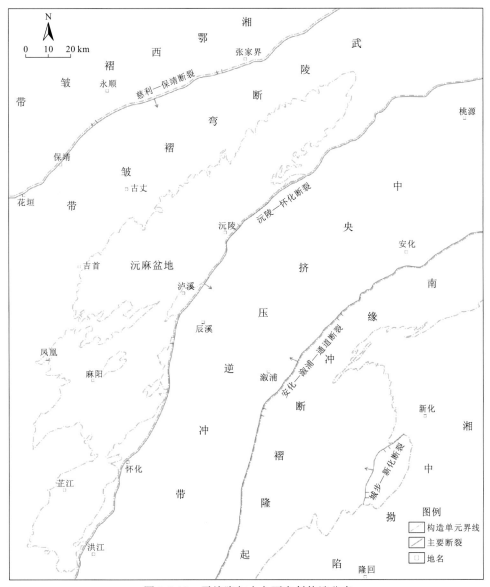

图 1-5-13 雪峰隆起内主要向斜构造分布

  雪峰隆起构造具有独立的大陆地质动力学过程,它不是依赖大洋俯冲而独立存在的,它是通过块间的碰撞加厚而形成自身的岩石圈山根。雪峰隆起推掩的上覆系统对于下伏原地系统所谓异地只具有相对含义。逆掩推覆虽然使原来沉积相带变窄,但它和下伏原地系统仍属同一古生物地层区,并未破坏原来位于扬子古大陆缘,有台地相-斜坡相-盆地相的大陆边缘沉积古地理格局。原因之一是该基底拆离断层是在原雪峰隆起青白口系形成的伸展构造的基础上,叠加了压缩构造的地质体,形成了正向反转构造,使先存的由正断层控制的台地相-斜坡相-盆地相沉积格局重新断接在台地相区。这也就使慈利—保靖断裂显示出它是控制岩相-生物古地理分区的断层,其实它本身只不过是横向岩相焊接断层,而非真正意义上的边缘断裂。雪峰隆起的这种叠置重复,仅在江南—雪峰主体区域发育明显,往北弧向旋转过程中,这种逆冲推覆作用明显降低,不发育逆冲推覆重复。在该段主要体现横向走滑位移分量，该走滑位移分量也是平衡雪峰隆起主体区域水平运动造成巨大推挤力而形成的压缩位移量。

（二）湘鄂西褶皱带

湘鄂西褶皱带位于慈利—保靖断裂下盘，地理位置位于慈利—张家界的西北部至湖北宜昌西南部，西至石柱—奉节地区，以齐岳山断裂为界。中扬子地区主要涉及湘鄂西部地区，东南部以慈利—保靖断裂与雪峰隆起为界。湘鄂西褶皱带整体可以分为5个次级构造带：利川构造带、恩施构造带、宣恩构造带、南北镇构造带和桑植—石门构造带。湘鄂西褶皱带自南东雪峰山地区向北西出露的地层逐渐变新，以下志留统龙马溪组至下三叠统大冶组为主，多受到基底逆冲断层下厚皮构造控制，以多沿区域型构造滑脱层"薄皮"构造控制，形成大型宽缓背斜夹杂紧闭狭窄向斜。

湘鄂西构造带为隔槽式褶皱带，整体具备"宽背窄向"的特征。其中向斜主要出露侏罗系，而背斜核部则以寒武系—志留系为主。构造带内存在多个方向的褶皱轴迹，由构造带南侧的北北东—南南西走向逐渐变化到中部的北东—南西走向，最后再由构造带的北东侧变化为东—西走向。从SZ07-DS地震剖面解释来看，湘鄂西构造带的构造变形表现为分层滑脱变形，主要滑脱层为下志留统龙马溪组页岩、寒武系覃家庙组膏盐岩及基底拆离滑脱层，整体上由雪峰隆起基底拆离形成双重构造楔形体北西向延伸的拆离构造控制着区域构造变形（图1-5-14）。湘鄂西浅部构造层整体的变形特征受深部构造层的影响，由于分层构造变形特征的影响，浅部构造层与下伏深部构造层的变形特征不协调，使得内部存在的一系列小型褶皱变形需予以调节。深部构造层横向缩短率普遍大于浅部的构造层，表明基底的变形最为强烈、波动最大，同时也表明湘鄂西构造层的变形主要受深部基底拆离断层控制的影响。

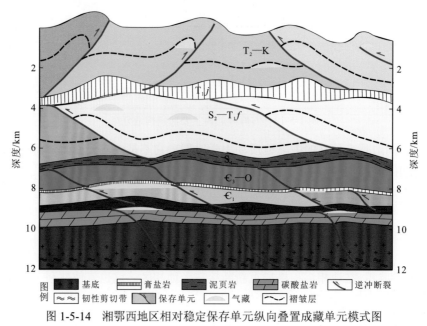

图1-5-14 湘鄂西地区相对稳定保存单元纵向叠置成藏单元模式图

∈₁n为寒武系牛蹄塘组，T₁f为三叠系飞仙观组，T₁j为三叠系嘉陵江组

总体来看，湘鄂西褶皱带在构造变形强烈的地区沿着基底滑脱层、下寒武统牛蹄塘组泥页岩、中下寒武统覃家庙组膏盐岩、下志留统龙马溪组泥页岩分层变形，但这也使得湘鄂西褶皱带存在分层保存条件。以上岩层作为页岩气地层同时又作为区域滑脱层时，能够以滑脱层为断层的发育层位，使地层向上冲起变形，形成具有一定构造幅度的构造型圈闭。此外，除了膏盐岩区域滑脱层，泥页岩类滑脱层也是常规区内重要的生油层系。滑脱层的形成使褶皱构造单元内生储盖组合成为具有断裂连接成因的成藏组合。上下存在两套区域滑脱层使油气得以保存在同一构造层，不向外运移而成为一个成藏单元；另滑脱断层在向上逆冲作用的过程中，油气运移终止于滑脱层中，无法继续向上传递，对上覆生储盖组合无法造成破坏，从而使成藏单元产生纵横向遮挡，成为成藏-保存单元。例如中寒武统覃家庙组膏盐岩作为滑脱层时，盖层滑脱型断裂的下盘"盐下"发育牵引相伴生的断裂，"盐上"由于沿着滑脱断裂膏盐岩塑性变形、涂抹，使得"盐下"天然气的保存条件较好，类似于被堵塞的"烟囱"，有利于形成"盐下"稳定的保存单元，特别有利于天河板组、石龙洞组天然气的保存与成藏。

相对稳定保存单元的形成受滑脱层的控制，并以滑脱层为上下盖层，本节主要是指在成藏-保存单元中相对稳定的构造圈闭目标。湘鄂西褶皱带的相对保存单元分别位于基底构造层的下寒武统。其中以"盐下"下寒武统至下志留统龙马溪组构造层中保存单元为主，主要为背斜核部。基底构造层次之，两套相对保存单元垂向上相互叠置（图 1-5-14）。"盐下"下寒武统构造层埋藏较深，基本未被抬升至地表接受剥蚀，从而保持了构造形态的完整性，为圈闭的形成与保持奠定了基础。寒武系中断层发育良好，多条大规模逆冲断层的发育导致其上盘地层变形隆起，形成多排大规模的断背斜，为圈闭的闭合创造了有利的条件。寒武系牛蹄塘组具备良好的生烃条件，这一点对寒武系圈闭的形成至关重要。综合分析湘鄂西褶皱带生储盖条件、构造样式和构造变形强度及可能的圈闭及保存单元，桑植—石门构造带是改造型气藏的有利勘探区。此外，雪峰隆起逆冲推覆体下埋藏原地系统，该系统中的圈闭具备深埋藏的优点，且规模远大于研究区的其他圈闭，在下一步油气勘探中应引起足够重视。

（三）湘中构造带

丁道桂等（2007）提出湘中构造带为雪峰冲断隆起后向南东滑覆的滑脱褶皱带。湘中地区自早古生代以来经历过多期、多方位的陆内构造复合、联合叠加变形。但目前对扬子板块东南缘中生代构造变形样式、变形序列和应力场研究表明湘中构造叠加强烈，具有多期次、多层次的滑覆特征，存在明显的向西凸出的弧形褶皱（李三忠 等，2016；刘恩山 等，2010；Yan et al.，2009，2003）。而在印支—燕山期雪峰隆起及以西厚皮构造带向北西扩展逆冲背景下（Li et al.，2018；Chu et al.，2012；金宠，2009；Yan et al.，2003），大量研究表明湘中盆地西部具有以南东向逆冲为主的构造样式（Li et al.，2016；张进 等，2010；金宠，2009；Wang et al.，2005；梁新权 等，1999；贾宝华，1994）。强烈的陆内造山运动使扬子板块东南缘遭受广泛的构造叠加变形与成矿作用。

湘中拗陷构造变形对页岩气的控制以其中部勘探程度最高，本书以涟源凹陷为重点进行分析。涟源凹陷构造剖面以上古生界为主，并发育上三叠统—下侏罗统和上白垩统，整体褶皱轴面直立。涟源凹陷主要是沿加里东期形成的北东向断裂发生张裂而形成的裂陷凹陷，海水以裂陷为主要通道由南西向北东推进。由于断裂活动的不均一性，出现了台地内台拗结构变化。海西东吴运动后，本区构造格局发生了较大变化，涟源凹陷雏形形成。中二叠世—中三叠世，涟源凹陷相对下沉，水体变深，以台拗相间沉积为主。晚期在印支运动影响下，水体变浅，中三叠世末，印支运动主幕安源运动使本区强烈褶皱抬升，海水全面退出，从而结束了海相沉积。晚三叠世—早白垩世，燕山运动使本区遭受强烈挤压，并对前期构造进行了重大改造。在此基础上，形成了一系列断面南东倾向的逆冲（掩）断层，以及一些轴面倾向南东的紧密线形褶皱和牵引褶皱，并伴随较大规模的岩浆活动。燕山运动晚期—喜山期（晚白垩世—第四纪），由于应力释放，在重力作用下，冲断岩片沿原逆冲断面（滑脱面）下滑，此时的板块处于"弹性松弛"阶段，形成了一些依附于断裂的小面积地堑或断裂盆地，沉积了一套典型的陆相紫红色（棕红色）砂泥岩。喜山运动使本区再次抬升，部分晚古生代、中新生代地层遭受严重剥蚀，仅在凹陷内的局部残存。海西—喜山期的构造使得涟源凹陷不同时期的褶皱互相穿插、叠加，也使得本区可划分为中西部叠瓦逆掩冲断带、中部褶皱带、东部滑覆叠瓦冲断带，其中西部叠瓦逆掩冲断带最能代表雪峰隆起后缘构造式样。

中西部叠瓦逆掩冲断带位于新化逆断裂以西，由一系列走向北东、倾向南东的逆冲（掩）断层与紧闭线状拖曳褶皱相伴组成，断裂密集成带。值得注意的是，由于涟源凹陷发育下石炭统测水组的煤系地层，该地层进一步划分为上下亚构造层。前期煤田地质勘探在杨家山勘探区域部署的井揭示：涟源凹陷西部构造带下石炭统测水组的煤系地层为区域滑脱层，发育一系列的"薄皮构造"（图1-5-15）。断层沿着测水组煤系地层滑移推覆，并使上石炭统地层揉皱重复。

浅部的煤田钻探井所揭示的地质结构剖面与二维地震剖面成像具有高度的耦合性（图1-5-16）。整体来看，受最大顺层构造（即基底拆离）影响而形成向北西推覆，主要表现为前部倾向南东的叠瓦状逆冲断层系。雪峰隆起基底拆离对上述不同级别滑脱构造都起到直接或间接的控制作用，使湘中乃至桂中中古生代盆地具有双重叠覆结构。该双重构造是由加里东期基底与盖层的双向滑脱构成。由于龙山等构造穹隆下方沿着加里东期基底低角度或近水平滑脱拆离，涟源凹陷双重构造底板断裂主要为雪峰隆起基底拆离断裂。双重构造带顶板主要沿着下石炭统测水组煤系发育。顶板之下涟源凹陷西部构造带强烈收缩作用时，表现为典型的S形构造行迹，沿着顶板断层接连发生斜向滑动、调节总应变。测水组顶板断层上覆岩席体主要为石炭系"宽台窄盆"相地层，抗剪、抗弯能力弱。顶板断层之上横向推覆构造斜断片发育，形成涟源凹陷中西部叠瓦状逆冲断层及其间的挠曲紧闭线状褶皱。

雪峰造山带在深部和浅部运动学耦合是雪峰隆起深部向东俯冲导致湘中凹陷作为后缘逆冲的结果。雪峰隆起大型双重构造楔形体控制了前缘的湘鄂西褶皱带，但扬子陆块本身的"刚性"使浅层整体上推覆向东南湘中拗陷扩展，区域软弱地层沉积，为浅层双重构造提供了可能，这也是湘中拗陷发育以基底拆离作为底板、下石炭统测水煤系地层作为顶板双重构造的主要原因，该类型的双重构造样式深刻影响了涟源乃至整体湘中桂北"宽台窄盆"型油气、页岩气的成藏保存。

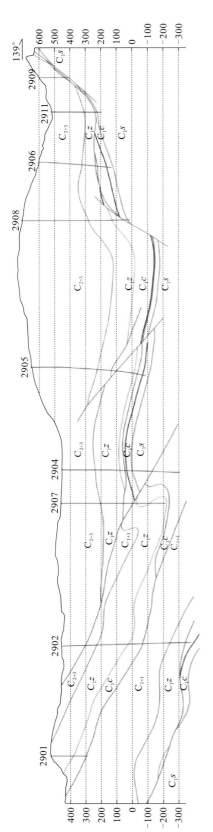

图 1-5-15　涟源凹陷中西部杨家山向斜煤田勘探线

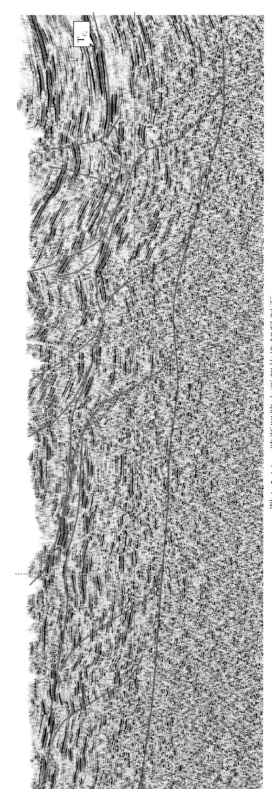

图 1-5-16　涟源凹陷中西部构造解释剖面

# 第二章 页岩油气形成富集地质条件

## 第一节 富有机质页岩有机地球化学特征

### 一、寒武系牛蹄塘组

#### （一）页岩区域分布特征

雪峰隆起地区寒武系主要分布在沅麻盆地及周缘地区，对区内野外剖面及钻井资料统计发现，牛蹄塘组页岩厚度较大，普遍都在 100 m 以上，集中分布在 140~220 m。其中，东北部的慈利盐市剖面厚度仅为 86.7 m，慈页 1 井厚度为 149 m，湘桃地 1 井厚度为 220 m，湘张地 1 井厚度为 200 m，沅陵军大坪剖面厚度为 170 m，古丈罗依溪剖面厚度为 141 m，龙鼻咀剖面厚度为 183 m，湘吉地 1 井厚度为 200 m，沅陵刀背溪剖面厚度为 180 m，溆浦谭家场和深子湖剖面厚度分别为 208 m 和 213 m，安化桑坪溪剖面厚度为 196 m，2015H-D1井厚度为 218 m，桃源托家溪剖面厚度为 200 m。从平面上来看，牛蹄塘组页岩的厚度自北西向南东具有一定变化规律，且呈北东向条带状展布。以吉首—临澧一带至安化—溆浦一带之间的区域厚度较大，分布于 150~220 m，向北西外围延伸厚度呈逐渐减薄趋势，至慈利—张家界—花垣一线以北，厚度多小于 100 m（图 2-1-1）。

#### （二）有机质类型

干酪根类型的划分目前普遍采用 Tissot 等（1984）提出的三分法，即 I 型（腐泥型）、II 型（混合型）和 III 型（腐殖型）。其中 I 型干酪根以含类脂化合物为主，具有高氢低氧的特征；II 型以中等长度直链烷烃、环烷烃和多环芳烃为主，氢含量较 I 型略低；III 型以含多环芳烃及含氧官能团为主，具有低氢高氧的特征。本节主要利用干酪根显微组分和干酪根稳定碳同位素的实验分析方法，划分下寒武统牛蹄塘组富有机质页岩中的干酪根类型。

##### 1. 干酪根有机显微组分

湘张地 1 井牛蹄塘组富有机质页岩的干酪根有机显微组分显示出高腐泥组特征，其质量分数高达 90%~97%，平均为 93%，可见少量的镜质组和惰质组，不含壳质组，表明主要母质以菌藻类低等水生生物等有机质输入为主，没有高等植物混入，有机质类型为 I 型（陈孝红 等，2022b）。湘桃地 1 井寒武系牛蹄塘组富有机质页岩的干酪根有机显微组分也显示出高腐泥组特征，其质量分数在 92%~99%，平均为 95.3%，还含少量的镜质组，未

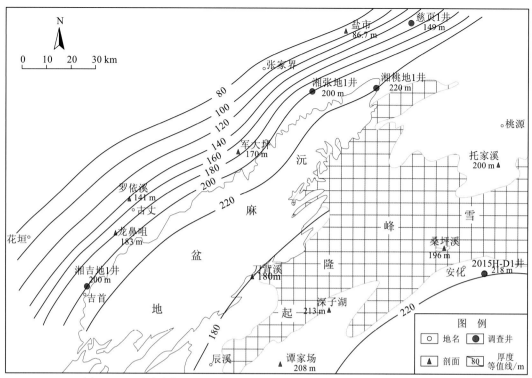

图 2-1-1　雪峰隆起周缘沅麻盆地及周缘寒武系牛蹄塘组页岩厚度等值线

见壳质组和惰质组（表 2-1-1）。按照干酪根类型划分标准［表 2-1-2，《透射光—荧光干酪根显微组分鉴定及类型划分方法》（SY/T 5125—2014）］计算的类型指数（type index，TI）结果分布在 86.0～98.3，指示干酪根类型为 I 型。

表 2-1-1　湘桃地 1 井下寒武统牛蹄塘组有机质类型分布

| 样品编号 | 腐泥组 | | 壳质组 | 镜质组 | | 惰质组 |
|---|---|---|---|---|---|---|
| | 藻类体 | 无定形体 | | 富氢镜质体 | 正常镜质体 | |
| A1 | — | 92 | — | — | 8 | — |
| A3 | — | 94 | — | — | 6 | — |
| A5 | — | 94 | — | — | 6 | — |
| A7 | — | 93 | — | — | 7 | — |
| A9 | — | 95 | — | — | 5 | — |
| A11 | — | 95 | — | — | 5 | — |
| A14 | — | 97 | — | — | 3 | — |
| A17 | — | 98 | — | — | 2 | — |
| A20 | — | 96 | — | — | 4 | — |
| A22 | — | 99 | — | — | 1 | — |

表 2-1-2　干酪根类型划分标准

| 类型 | TI |
|---|---|
| I | ≥80 |
| II$_1$ | 80～40 |
| II$_2$ | 40～0 |
| III | <0 |

说明：$TI=100a+80b_1+50b_2+(-75)c+(-100)d$；$a$ 为腐泥组质量分数，单位为%；$b_1$ 为树脂体质量分数，单位为%；$b_2$ 为孢粉体、木栓质体、角质体、壳质碎屑体、腐殖无定形体、菌孢体的质量分数，单位为%；$c$ 为镜质组质量分数，单位为%；$d$ 为惰质组质量分数，单位为%

### 2. 干酪根有机碳同位素

参照黄籍中（1988）依据干酪根碳同位素（$\delta^{13}C_{org}$）划分有机质类型的标准：当 $\delta^{13}C_{org} \leq$ -30‰，有机质类型为 I 型；当-30.0‰<$\delta^{13}C_{org}$<-28.0‰，有机质类型为 II$_1$ 型；当-28.0‰$\leq$ $\delta^{13}C_{org}$<-26.0‰，有机质类型为 II$_2$ 型；当 $\delta^{13}C_{org} \geq$ -26.0‰，有机质类型为 III 型。对雪峰山地区下寒武统牛蹄塘组页岩取样测试 $\delta^{13}C_{org}$，结果见表 2-1-3 和图 2-1-2。

表 2-1-3　雪峰隆起地区寒武系牛蹄塘组页岩有机质碳同位素测试结果

| 序号 | 样品来源 | $\delta^{13}C_{org}$/‰ | 干酪根类型 |
|---|---|---|---|
| 1 | 湘桃地 1 井 | -33.24～-30.16 | I 型 |
| 2 | 湘张地 1 井 | -34.54～-29.77 | I 型为主、少量 II$_1$ 型 |
| 3 | 沅陵军大坪剖面 | -33.45～-29.01 | I 型为主、少量 II$_1$ 型 |
| 4 | 沅陵刀背溪剖面 | -33.78～-28.72 | I 型为主、少量 II$_1$ 型 |
| 5 | 古丈罗依溪剖面 | -33.472～-32.93 | I 型 |
| 6 | 古丈龙鼻咀剖面 | -32.84～-35.68 | I 型 |

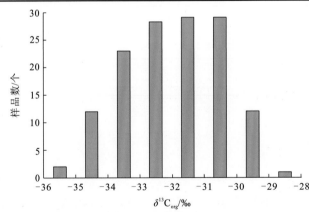

图 2-1-2　雪峰隆起地区寒武系牛蹄塘组有机质碳同位素统计直方图

据实验测试结果，下寒武统牛蹄塘组页岩的 $\delta^{13}C_{org}$ 分布在-34.54‰～-28.72‰，集中在-29.0‰～-34.0‰，平均值为-31.75‰。大部分页岩样品的 $\delta^{13}C_{org}$ 在-30.0‰以下，表明有机质类型以 I 型为主，少量为 II$_1$ 型。

综合上述分析结果，雪峰隆起北缘寒武统牛蹄塘组页岩有机质类型以 I 型为主，少量为 II$_1$ 型，指示生源组合主要为海洋自养菌，具有原始组分富氢、富脂质、生烃潜力高特点。

（三）总有机碳含量

对雪峰隆起周缘区内剖面露头样品及已有钻井岩心样品的总有机碳含量（total organic carbon，TOC）测试结果分析发现，雪峰隆起北缘牛蹄塘组黑色富有机质页岩的 TOC 普遍大于 2.0%，集中分布在 2.0%~5.0%。古地理环境的空间展布一定程度上控制了 TOC 的变化，深水盆地相区沉积的硅质泥（页）岩 TOC 最高，陆棚外斜坡环境沉积的碳质泥（页）岩次之，混积陆棚环境沉积的钙质页岩最低。在区域上的变化趋势是慈利—保靖断裂一带以北陆棚相区 TOC 相对较低在 2.0%左右，南东方向随着水体逐渐变深，理公港—龙潭坪—四路溪一带的 TOC 普遍大于 5.0%，至辰溪—桃源一带，进入水体更深的盆地相区，TOC 普遍大于 6.0%（图 2-1-3）。

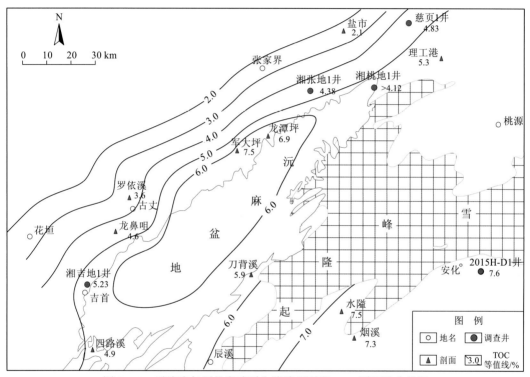

图 2-1-3　雪峰隆起周缘寒武系牛蹄塘组页岩 TOC 平面分布特征

（四）有机质成熟度

热成熟度是页岩气评价的一个重要地球化学参数，常用镜质体反射率（$R_o$）作为评价指标。但由于区内寒武系页岩中缺乏来源于高等植物的标准镜质组，却富含沥青，本次研究利用显微光度计测定固体沥青反射率换算得到 $R_o$，换算采用 Jacob 公式对比研究得出两者相关关系为

$$R_o = 0.618 R_b + 0.4$$

式中：$R_b$ 为页岩中的沥青反射率；$R_o$ 为等效的有机质镜质体反射率。

在收集雪峰隆起地区寒武系牛蹄塘组野外露头样品及钻井岩心的镜质体反射率测试资料基础上，对牛蹄塘组页岩热演化程度进行分析（表 2-1-4，图 2-1-4）。结果显示，研究区

内牛蹄塘组页岩 $R_o$ 普遍大于 2.0%，集中分布在 2.6%～3.3%，平均值为 2.93%，均处于过成熟演化阶段。

表 2-1-4　雪峰山地区寒武统牛蹄塘组页岩成熟度

| 序号 | 样品来源 | $R_o$/% | 平均值/% | 备注 |
|---|---|---|---|---|
| 1 | 湘桃地1井 | 2.79～3.01 | 2.93 | 实测 |
| 2 | 湘张地1井 | 2.56～3.30 | 3.0 | 实测 |
| 3 | 慈页1井 | 3.02～3.55 | 3.28 | 收集 |
| 4 | 常页1井 | 2.02～3.13 | 2.6 | 收集 |
| 5 | 2015H-D1井 | 2.6～3.23 | 2.85 | 实测 |
| 6 | 湘吉地1井 | 2.6～3.25 | 2.78 | 实测 |
| 7 | 桃源理公港 | 2.8 | — | 收集 |
| 8 | 桃源托家溪 | 2.34-3.00 | 2.75 | 收集 |
| 9 | 安化桑坪溪 | 2.74～3.14 | 2.87 | 收集 |
| 10 | 溆浦水隘 | 2.41～2.72 | 2.62 | 实测 |
| 11 | 安化烟溪 | 2.86 | — | 收集 |
| 12 | 溆浦谭家场 | 2.5 | — | 收集 |
| 13 | 泸溪兴隆场 | 2.64～3.42 | 3.1 | 收集 |
| 14 | 古丈罗依溪 | 2.8～3.74 | 3.24 | 收集 |
| 15 | 古丈龙鼻咀 | 2.7～3.36 | 3.1 | 收集 |
| 16 | 张家界杆子坪 | 3.02～3.21 | 3.1 | 收集 |
| 17 | 张家界元家垭 | 2.93 | — | 收集 |

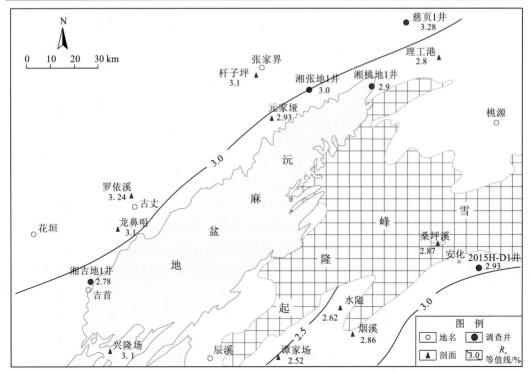

图 2-1-4　雪峰隆起地区寒武系牛蹄塘组 $R_o$ 平面分布特征

# 二、志留系龙马溪组

## （一）页岩区域分布特征

尽管受华夏地块与扬子地块碰撞拼合影响，雪峰隆起北缘在晚奥陶世—早志留世处于前陆盆地沉积区的一部分，区域上以碎屑岩沉积为主，并可见大量的复理石沉积（李斌 等，2018，2016）。但事实上，在前陆盆地形成早期，区域上仍然以局限盆地沉积为主，并在湘鄂西水下隆起以东广泛沉积了一套五峰组—龙马溪组黑色富有机质页岩（图 2-1-5），并被多口钻探井予以证实。

（a）桃源九溪五峰组硅质岩

（b）桃源陬市镇神仙桥五峰组硅质岩

（c）桃源郝平乡龙马溪组碳质页岩

（d）龙马溪组碳质页岩，笔石发育

图 2-1-5 雪峰隆起北缘五峰—龙马溪组黑色页岩地层发育特征

受雪峰隆起剥蚀作用影响，整个雪峰隆起北缘仅在张家界—慈利—常德以北的区域残存有五峰组和龙马溪组。野外地质调查发现，地层中黑色页岩在区域上分布差异较大，厚度具有由南向北逐渐变薄的趋势。其中，桃源九溪、陬市等地黑色富有机质页岩厚度超过 40 m，表明早期在靠近雪峰隆起地区存在深水陆棚相区，黑色碳质硅质页岩尤为发育[图 2-1-5（a）、（b）]。另外，在桃源郝平茅草铺及慈利二坊坪，龙马溪组黑色页岩厚度同样可达 20 m，岩性以黑色碳质泥页岩与硅质泥页岩为主，笔石发育[图 2-1-5（c）、（d）]。从残存区黑色富有机质页岩厚度最大的地方位于常德与慈利之间的景龙桥向斜以南地区（图 2-1-6），推测当时的沉积盆地中心可能位于雪峰隆起腹地。

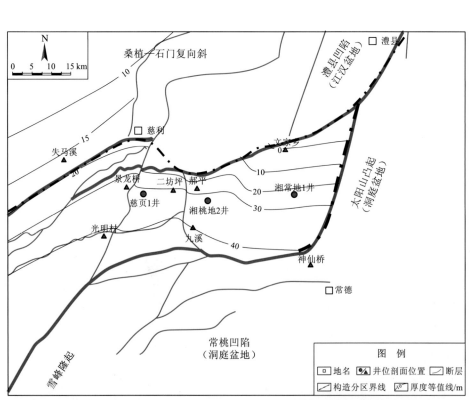

图 2-1-6　雪峰隆起北缘五峰组—龙马溪组残余区及黑色富有机质页岩厚度分布

## （二）有机质类型

### 1. 干酪根有机显微组分

对研究区湘桃地 2 井和湘常地 1 井 2 口钻井五峰组—龙马溪组下部黑色页岩层系岩心样品的干酪根进行镜检，发现两口单井五峰组—龙马溪组黑色页岩干酪根类型存在明显差异。其中，湘桃地 2 井主要为腐泥组无定形体，质量分数为 94%～98%，平均为 96.4%，另外含少量镜质组成分，质量分数为 2%～5%，平均为 4%。湘常地 1 井主要以腐泥质无定形体和惰性组为主，其中腐泥组质量分数为 63%～88%，平均为 77.2%，惰性组质量分数为 12%～37%，平均为 21.5%。按照《透射光—荧光干酪根显微组分鉴定及类型划分方法》（SY/T5125-2014）（表 2-1-2），湘桃地 2 井 TI 分布在 89.5～96.5，平均为 93.7，表明干酪根以 I 型为主，湘常地 1 井 TI 分布在 26～76，平均为 54.7，表明干酪根以 $II_1$ 型为主（表 2-1-5）。

表 2-1-5　雪峰隆起北缘五峰组—龙马溪组黑色岩干酪根镜鉴统计

| 井号 | 腐泥组 | 壳质组 | 镜质组 | 惰性组 | TI | 类型 |
|---|---|---|---|---|---|---|
| | 97 | 0 | 3 | 0 | 94.8 | I |
| | 98 | 0 | 2 | 0 | 96.5 | I |
| 湘桃地 2 井 | 95 | 0 | 5 | 0 | 91.3 | I |
| | 97 | 0 | 3 | 0 | 94.8 | I |
| | 96 | 0 | 4 | 0 | 93.0 | I |

| 井号 | 腐泥组 | 壳质组 | 镜质组 | 惰性组 | TI | 类型 |
|---|---|---|---|---|---|---|
| | 97 | 0 | 3 | 0 | 94.8 | I |
| | 94 | 0 | 6 | 0 | 89.5 | I |
| 湘桃地 2 井 | 98 | 0 | 2 | 0 | 96.5 | I |
| | 95 | 0 | 5 | 0 | 91.3 | I |
| | 97 | 0 | 3 | 0 | 94.8 | I |
| | 63 | 0 | 0 | 37 | 26.0 | II$_2$ |
| | 71 | 0 | 5 | 24 | 43.25 | II$_1$ |
| | 74 | 0 | 3 | 23 | 48.75 | II$_1$ |
| | 76 | 0 | 2 | 22 | 52.5 | II$_1$ |
| | 78 | 0 | 0 | 22 | 56.0 | II$_1$ |
| 湘常地 1 井 | 80 | 0 | 0 | 20 | 60.0 | II$_1$ |
| | 74 | 0 | 2 | 24 | 48.5 | II$_1$ |
| | 88 | 0 | 0 | 12 | 76.0 | II$_1$ |
| | 75 | 0 | 2 | 23 | 50.5 | II$_1$ |
| | 87 | 0 | 0 | 13 | 74.0 | II$_1$ |
| | 83 | 0 | 0 | 17 | 66.0 | II$_1$ |

**2. 干酪根碳同位素**

湘桃地 2 井五峰组—龙马溪组黑色岩系的 $\delta^{13}C_{org}$ 为-30.15‰~34.05‰，平均为-31.38‰，属于 I 型干酪根；湘常地 1 井五峰组—龙马溪组黑色岩系的 $\delta^{13}C_{org}$ 为-28.02‰~-30.28‰，平均为-29.28‰，属于 II$_1$ 型干酪根（图 2-1-7，表 2-1-6），两口井的有机质类型均与干酪根镜检结果相一致。

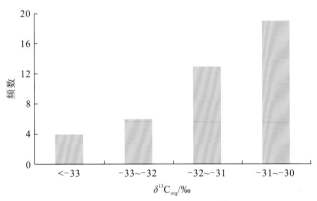

图 2-1-7　湘桃地 2 井五峰组—龙马溪组 $\delta^{13}C_{org}$ 统计直方图

表 2-1-6　湘常地 1 井有机质干酪根稳定碳同位素测试数据表

| 序号 | 深度/m | 层位 | $\delta^{13}C_{org}$/‰ |
|---|---|---|---|
| 1 | 1 548.85 | 龙马溪组 | −28.02 |
| 2 | 1 553.00 | 龙马溪组 | −29.27 |
| 3 | 1 560.05 | 龙马溪组 | −29.69 |
| 4 | 1 567.00 | 龙马溪组 | −30.28 |
| 5 | 1 571.00 | 五峰组 | −29.15 |

（三）总有机碳含量

纵向上，以湘常地 1 井为例，五峰组—龙马溪组黑色岩系 TOC 具有逐渐降低的趋势，且可见明显的 TOC 突变，在井深 1 550 m 处 TOC 由 2.47% 突降至 0.48%，且向上继续减小（图 2-1-8），暗示井深 1 550 m 处可能发生了环境突变。其中，TOC 大于 2.0% 的层段分布于 1 550～1 561 m 和 1 562.5～1 570 m，平均值为 2.66%。

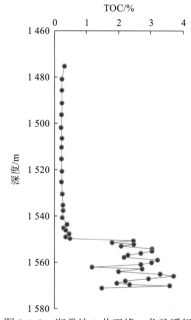

图 2-1-8　湘常地 1 井五峰—龙马溪组纵向有机碳分布特征

平面上，对雪峰隆起北缘钻井和地面露头五峰组—龙马溪组页岩进行采样测试分析。结果显示，湘桃地 2 井暗色页岩层段的 TOC 为 0.15%～4.99%，平均为 2.0%，其中富有机质页岩段 TOC 为 1.27%～4.99%，平均为 2.64%（图 2-1-8）。湘常地 1 井页岩层段采样进行燃烧法测得的 TOC 为 0.20%～3.71%，平均为 1.44%，其中底部黑色页岩段 TOC 为 1.18%～3.71%，平均为 2.55%。钻井样品的测试结果表明雪峰隆起北缘五峰组—龙马溪组黑色页岩具有较高的有机质丰度。

在地表露头富有机质页岩 TOC 分析测试方面，雪峰隆起北缘慈利光明村剖面除五峰组观音桥段 TOC 低于 1% 外，其他富有机质页岩段 TOC 为 2.0%～7.55%，平均为 4.2%。桃源神仙桥剖面五峰组下伏南石冲组砂岩，五峰组底部泥岩 TOC 较低，平均值低于 1%，中上部 TOC 为 0.87%～2.8%，平均值为 1.64（图 2-1-9）。慈利景龙桥剖面五峰组—龙马溪组富有机质页岩段 TOC 为 2.78%～4.36%，平均值为 3.37%，均显示出较高的 TOC。总体上看，雪峰隆起北缘 TOC 与页岩厚度分布变化规律相似，具有自北而南升高的特点（图 2-1-10）。

（四）有机质成熟度

基于井下和地表五峰组—龙马溪组页岩样品的沥青反射率测试结果，计算得到的雪峰隆起北缘地区 $R_o$ 普遍低于 2.4%，且最南端最低为 1.8%。平面上，雪峰隆起区五峰组—志留系页岩的 $R_o$ 受古隆起抬升作用影响，古隆起中央成熟度较低，湘周缘成熟度升高，这与黄陵隆起地区下古生界页岩成熟度变化特点相似（陈孝红 等，2022b，2018b）（图 2-1-11）。

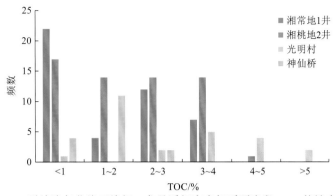

图 2-1-9 雪峰隆起北缘五峰组—龙马溪组富有机质页岩段 TOC 统计直方图

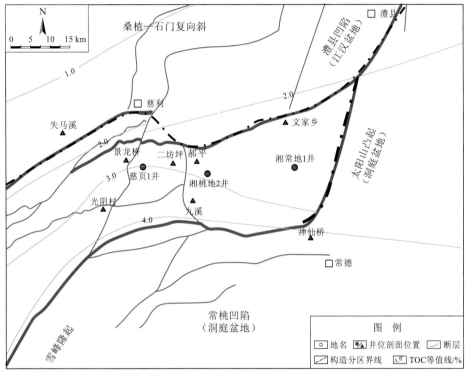

图 2-1-10 雪峰隆起北缘五峰组—龙马溪组富有机质页岩 TOC 分布图

# 三、石炭系天鹅坪组

## （一）页岩区域分布特征

石炭纪早期的海侵导致湘中地区在继承性凹陷内发育一套天鹅坪组为典型代表的富有机质页岩。下石炭统天鹅坪组整合于下伏马栏边组之上，厚度为 12.3～640 m。本组主要由灰质与钙泥质页岩组成[图 2-1-12（a）、（b）]，顶底分别由细砂岩、粉砂岩[图 2-1-12（c）]和灰岩组成，岩石中含少量碳质，水平纹层发育，富含腕足类化石[图 2-1-12（d）]，为碳酸盐岩台洼相的沉积。

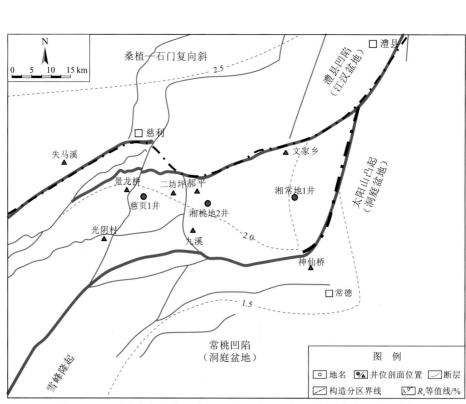

图 2-1-11　雪峰隆起北缘五峰组—龙马溪组黑色岩系有机质热演化程度

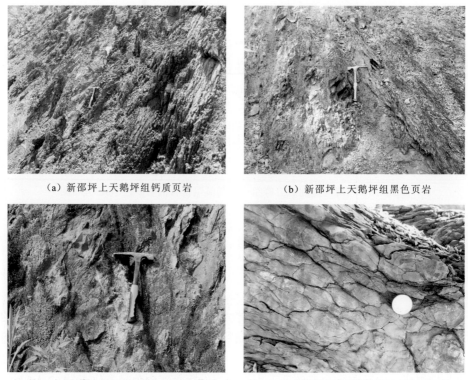

（a）新邵坪上天鹅坪组钙质页岩　　　　　（b）新邵坪上天鹅坪组黑色页岩

（c）新邵坪上天鹅坪组顶部砂岩　　　　　（d）新邵坪上天鹅坪组腕足类化石发育

图 2-1-12　涟源凹陷西南侧天鹅坪组黑色页岩地层发育特征

部署在涟源凹陷中部的湘新地 4 井钻获天鹅坪组和陡岭坳组地层厚度为 351.9 m，其中陡岭坳组厚度为 203.9 m，天鹅坪组厚度为 148 m（图 2-1-13）。广义天鹅坪组中上部，即陡岭坳组，岩性两分，上部以钙质泥岩、泥灰岩为主，夹灰岩，下部为钙质泥页岩与灰岩互层，灰岩多呈透镜状分布，含有生物屑。钙质泥岩累计厚度为 53.8 m。天鹅坪组岩性

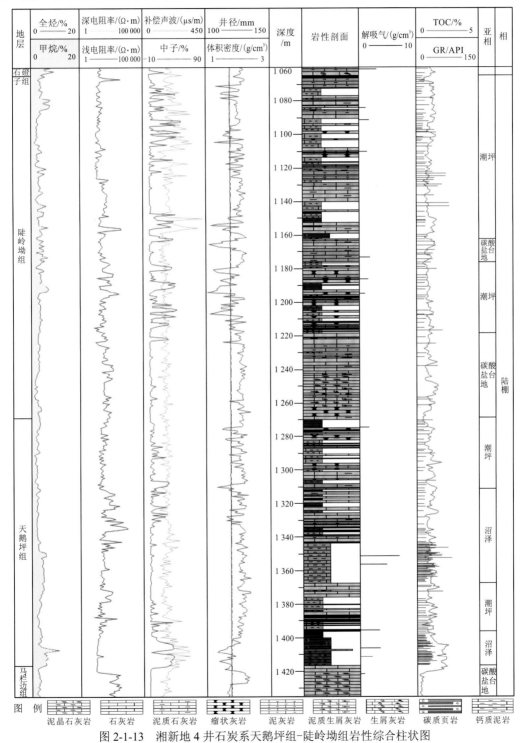

图 2-1-13　湘新地 4 井石炭系天鹅坪组-陡岭坳组岩性综合柱状图

以灰黑色钙质页岩、含碳质泥岩为主，夹生物屑粉晶灰岩，页岩中见生物屑底部见薄层状细砂岩，其中页岩厚度为 95.36 m，占地层厚度 64.43%。天鹅坪组下部发育两套优质页岩储层，连续厚度可达 50 m。其中井深 1 343.9～1 367.5 m，厚 23.6 m，为一套优质钙质泥岩层；1 390.5～1 416.8 m，厚 26.3 m，为一套优质泥页岩层（图 2-1-14）。

(a) 1 343.9~1 367.5 m，优质钙质泥岩层

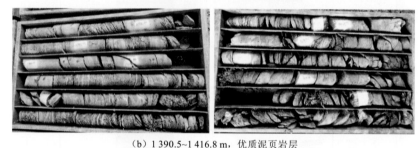

(b) 1 390.5~1 416.8 m，优质泥页岩层

图 2-1-14　湘新地 4 井石炭系天鹅坪组富有机质页岩发育特征

据钻井及实测剖面资料统计，涟源凹陷内天鹅坪组沉积厚度较大，分布在 80～400 m，最厚可达 400 m，位于凹陷核部向斜，与整个凹陷的隆拗格局基本一致，泥页岩层系厚度呈现出环状展布特征，中心厚往外隆起区变薄（图 2-1-15）。

（二）有机质类型

湘新地 4 井天鹅坪组泥页岩（6 块）干酪根镜下鉴定结果显示，主要成分为壳质组，腐泥组和镜质组次之，有少量惰质组。壳质组质量分数为 72%～86%，腐泥组质量分数为 10%～18%，镜质组质量分数为 3%～8%，惰性组很少，占 1%～3%，其主要有机质类型为 $II_1$ 型。坪上镇剖面天鹅坪组泥页岩（5 块）和冷水江剖面天鹅坪组泥页岩（3 块），干酪根主要成分为腐泥组和镜质组，有少量惰性组，无壳质组。腐泥组质量分数为 58%～83%，镜质组质量分数为 15%～39%，惰性组很少，为 2%～5%，其主要有机质类型为 $II_1$ 型和 $II_2$ 型，具有良好的生油生烃能力。

（三）总有机碳含量

湘新地 4 井天鹅坪组 37 个富有机质泥页岩样品 TOC 分析测试结果显示，天鹅坪组 TOC 分布在 0.78%～2.84%，平均为 1.40%，其中 80% 的样品 TOC 介于 1.0%～2.0%。冷水江剖面 17 个天鹅坪组泥页岩样品 TOC 分布在 0.41%～1.45%，平均为 0.74%，64.7% 的样品 TOC 介于 0.5%～1.0%；坪上剖面 26 个天鹅坪组泥页岩样品 TOC 为 0.35%～1.34%，平均为

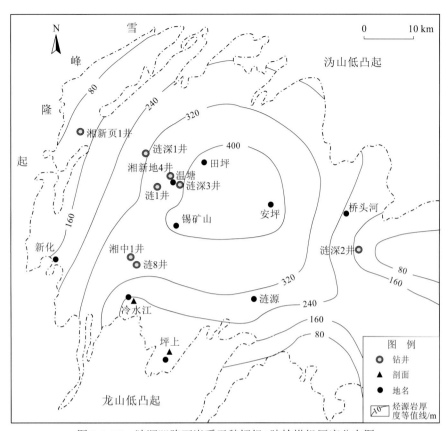

图 2-1-15　涟源凹陷石炭系天鹅坪组+陡岭坳组厚度分布图

0.73%，50.0%的样品 TOC 介于 0.5%～1.0%（图 2-1-16）。露头剖面样品的 TOC 较低，但不排除露头剖面的有机质遭受一定程度的氧化，造成 TOC 降低的可能。因此，总体上看天鹅坪组泥页岩属于较好烃源岩，不仅为页岩气大量生成提供了良好的物质基础，也为页岩气的吸附富集成藏提供了优质的载体。

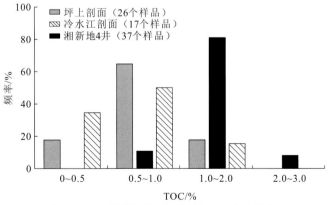

图 2-1-16　涟源凹陷天鹅坪组 TOC 分布特征

涟源凹陷天鹅坪组页岩 TOC 在平面上呈环状展布，具有凹陷中心高、往外变小的趋势。两个高值区分别位于安平—温塘及桥头河一带，页岩 TOC 可达 2.0%（图 2-1-17）。天鹅坪组沉积期，区域上发生大规模海侵，涟源凹陷以深水碳酸盐岩陆棚环境为主，形成了一套以灰岩为主、泥灰岩和碳质泥岩次之的烃源岩层。碳酸盐岩 TOC 最高为 4.37%，样品达标率为 68%~100%。泥岩 TOC 最高为 3.38%，样品达标率为 86%~100%。据统计全区灰岩、泥灰岩和泥岩层段的 TOC 平均为 0.52%，高值区位于凹陷南部新化—涟源—夹谷山一带，其中涟 7 井最高，TOC 平均达 0.88%，夹谷山处也有 0.78%；而低值区则位于北部边缘一线，TOC 均在 0.3% 以下。

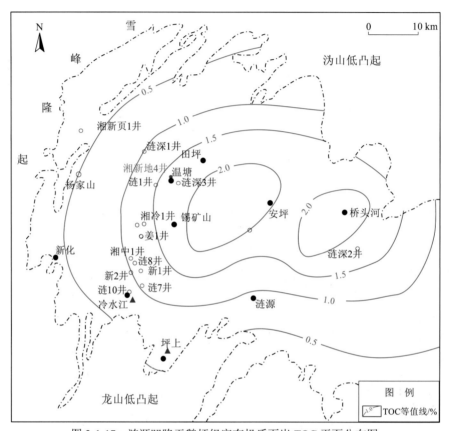

图 2-1-17　涟源凹陷天鹅坪组富有机质页岩 TOC 平面分布图

（四）有机质成熟度

湘中涟源凹陷下石炭统天鹅坪组有机质中具有高等植物的镜质体，因此，可以应用 $R_o$ 对该地层开展成熟度评价。实测结果显示，湘新地 4 井天鹅坪组泥页岩样品 $R_o$ 为 1.48%~2.09%，平均为 1.785%，热演化程度处于高成熟演化阶段。涟源凹陷南部坪上剖面天鹅坪组泥页岩 $R_o$ 为 3.67%~4.02%，平均为 3.86%。湖南冷水江剖面天鹅坪组泥页岩 $R_o$ 为 3.85%~4.12%，平均为 4.02%，处于过成熟演化阶段。总体上看，涟源凹陷天鹅坪组泥页岩 $R_o$ 普遍偏高，分布在 1.0%~4.5%。区域分布上具有凹陷中部低、向外变高的展布特征，推测页岩有机质成熟度受南部近东西向和北部近北西向展布的岩体侵入的影响（图 2-1-18）。

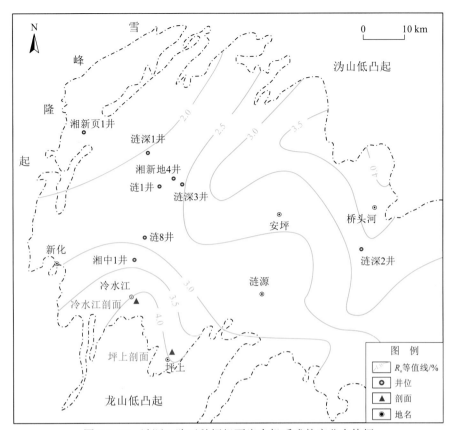

图 2-1-18 涟源凹陷天鹅坪组页岩有机质成熟度分布特征

# 第二节 富有机质页岩储集特征

## 一、寒武系牛蹄塘组

### （一）岩石矿物组合特征

为查明区内寒武系牛蹄塘组页岩的矿物组成及纵向变化特征，选取了位于不同相带、采样完整的湘张地 1 井、湘桃地 1 井和 2015H-D1 井进行系统分析。

页岩样品的矿物 X 射线衍射试验表明，雪峰隆起地区寒武系牛蹄塘组页岩矿物组成显示出高硅低钙特征，主要由石英矿物组成，黏土矿物次之，长石、碳酸盐矿物和黄铁矿含量相对较少。其中，石英矿物占比优势明显，其质量分数普遍都在 40% 以上，最高为 88.4%，平均为 57.9%；黏土矿物质量分数为 9.9%～41.8%，平均为 22.3%；长石矿物质量分数为 0～16.6%，平均为 8.7%；碳酸盐矿物质量分数变化范围较大，分布为 0～36.8%，但平均值仅为 5.8%，这可能是少数样品为钙质页岩所致；黄铁矿质量分数为 0～12.8%，平均为 5.3%（图 2-2-1）。此外，选择石英、长石、方解石和黄铁矿作为脆性矿物评价页岩储层的脆性特征，湘张地 1 井、湘桃地 1 井和 2015H-D1 井中牛蹄塘组页岩的脆性指数平均值分别为 73.6%、78.1% 和 78.0%，表明页岩储层具有较好的后期压裂改造条件。

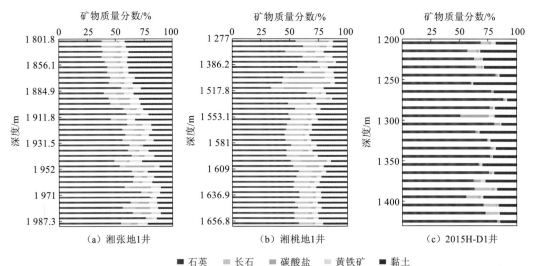

图 2-2-1　雪峰隆起周缘寒武系牛蹄塘组页岩矿物组成特征

从矿物组成的变化特征而言，纵向上随着深度增加，湘张地 1 井牛蹄塘组页岩矿物组成呈现出石英矿物升高、黏土矿物降低的趋势；湘桃地 1 井牛蹄塘组页岩中的石英含量变化不明显，但中下部页岩的碳酸盐矿物含量降低，黏土矿物含量升高；2015H-D1 井牛蹄塘组页岩矿物组成未见明显变化规律。从平面分布上看，由于牛蹄塘组沉积时期水体自北向南表现出逐渐加深的特征，从湘张地 1 井所在的张家界往 2015H-D1 井所在的安化方向延伸，页岩中的石英矿物含量明显升高，而碳酸盐矿物含量明显降低，在 2015H-D1 井中牛蹄塘组页岩的石英矿物平均质量分数高达 70%，且多数样品中甚至未见碳酸盐矿物。

此外，根据湘张地 1 井、湘桃地 1 井、湘吉地 1 井和 2015H-D1 井寒武系牛蹄塘组页岩的岩石矿物组成实测数据，通过硅质矿物（石英+长石）-碳酸盐矿物-黏土矿物三端元图解划分页岩的岩相类型（吴蓝宇 等，2016）进行了岩相划分。结果表明，雪峰地区牛蹄塘组页岩的岩相类型绝大部分为硅质页岩，仅湘吉地 1 井中见少量混合质页岩，其中硅质页岩以硅质页岩、混合硅质页岩和含黏土硅质页岩为主，极少数为含灰硅质页岩（图 2-2-2）。总体来看，页岩岩相类总体较稳定，变化不明显，其岩相类型与重庆涪陵焦石坝龙马溪组相似，属于有利的优势页岩相。

### （二）物性特点

由于页岩露头样品受风化作用影响较大，主要选择钻井岩心的物性数据进行评价。对牛蹄塘组页岩样品基质孔隙度与渗透率测试的统计（表 2-2-1）显示，雪峰隆起地区牛蹄塘组页岩储层整体表现为低孔、低渗特征。考虑埋深对页岩含气性与气体保存条件等的影响，选择深度超过 1 000 m 的 46 个岩心样品进行测试，分析该区牛蹄塘组页岩孔隙度分布情况。页岩孔隙度的直方图分布显示，雪峰隆起地区牛蹄塘组页岩孔隙度主要集中在 1.0%～3.0%（图 2-2-3），该孔隙度范围的样品占比达 89.1%，且纵向上存在一定变化，在微裂缝与孔隙发育带具有较高值。渗透率受埋深影响相对小，该区牛蹄塘组页岩渗透率均值分布于（0.002～0.008）×$10^{-3}$ μm²，整体偏低，且纵向上变化大，主要受孔缝影响，裂缝发育带样品的渗透率要高出不发育带样品一个数量级。页岩孔隙度与渗透率是页岩内储集空间与渗流性能的定量表征，一定程度上决定着页岩储层含气性的优劣。

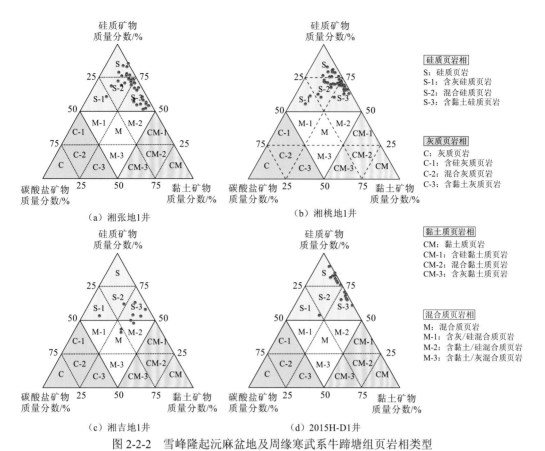

图 2-2-2 雪峰隆起沅麻盆地及周缘寒武系牛蹄塘组页岩相类型

表 2-2-1 雪峰隆起及周缘牛蹄塘组储层物性特征

| 样品来源 | 孔隙度/% | 渗透率/（×10⁻³ μm²） | 样品数 |
|---|---|---|---|
| 湘张地 1 井 | 1.39～4.48/（2.43） | 0.004 6～0.014 9/（0.008 7） | 23 |
| 湘吉地 1 井 | 0.56～4.10/（1.15） | 0.000 2～0.036/（0.003 26） | 15 |
| 湘桃地 1 井 | 0.59～1.74/（1.05） | 0.003～0.006 2/（0.004） | 12 |
| 吉浅 1 井 | 1.08～8.04/（4.71） | 0.001 83～0.009 36/（0.004） | 10 |
| 2015H-D1 井 | 0.7～5.05/（2.30） | 0.000 276～0.023 9/（0.002 38） | 15 |
| 2015H-D5 井 | 1.01～4.4/（2.24） | 0.000 376～0.018 4/（0.004 36） | 18 |

注：表中 A～B（C）形式表示"最小值～最大值（平均值）"，余表同。

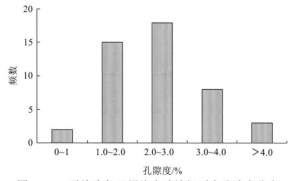

图 2-2-3 雪峰隆起及周缘牛蹄塘组页岩孔隙度分布

## （三）储集空间特点

### 1. 页岩孔隙电镜观察

由于页岩中孔隙以纳米级微孔隙居多，微米级次之，超过微米级的较大孔隙相对少，多借助于扫描电镜（scanning electron microscope，SEM）进行微区观测，能够直观分析孔隙大小、形状及赋存位置，页岩孔隙可以基于孔隙产状–结构特征进行分类（Loucks et al., 2012）。根据扫描电镜下观察特征，可将雪峰隆起周缘寒武系牛蹄塘组页岩孔隙划分为有机质孔隙、无机质孔隙和裂缝三类。有机质孔隙大多在有机质热演化过程中形成。无机质孔隙包括粒间孔隙（颗粒间孔隙、晶间孔隙、黏土矿物片间孔隙及刚性颗粒边缘孔隙）、粒内孔隙（黄铁矿集合体晶间孔隙、黏土矿物集合体内孔隙、球粒内孔隙、颗粒边缘孔隙、化石体腔孔隙、化石铸模孔隙和晶体铸模孔隙）和溶蚀孔等。裂缝可按其大小分为宏观裂缝与微裂缝（微纳米级）。

1）有机质孔隙

有机质孔隙主要赋存于有机质内部，产生于干酪根热解生烃过程中，其载体主要为沥青质体，高倍镜下呈纳米球粒结构，多与石英、黄铁矿和黏土矿物共生，呈条带状、散块状或不规则填隙状分布，大小一般为 20～300 nm，条带状有机质孔隙大小可达微米级。这些有机质孔隙相互间具有一定连通性，且部分与基质孔隙连通，有储气及向有机质外的孔隙中运移气体的作用（图 2-2-4）。

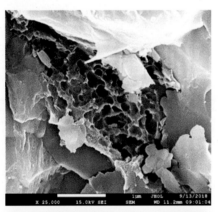
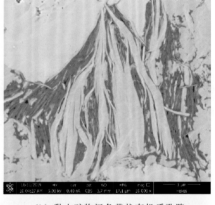

（a）黄铁矿脱落形成的蜂窝状有机质孔隙　　　　（b）黏土矿物间条带状有机质孔隙

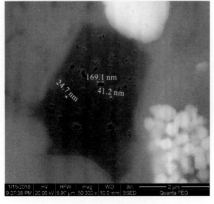
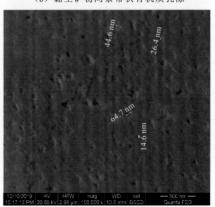

（c）粒间有机质孔隙　　　　（d）有机质孔隙形态

图 2-2-4　雪峰山沅麻盆地及周缘寒武系牛蹄塘组页岩中的有机质孔隙

2）无机质孔隙

页岩中的无机质孔隙以粒间孔、溶蚀孔和晶间孔最为发育，孔径从纳米到微米级不等（图 2-2-5）。粒间孔多见于矿物颗粒之间，沿刚性颗粒边缘呈不规则分布，多为构造作用或不同矿物间差异压实作用形成，明显受压实或挤压作用而收缩变小，但仍具有一定连通性。溶蚀孔多见于可溶性矿物（如长石、碳酸盐矿物等）内部或矿物颗粒接触部位，以不规则

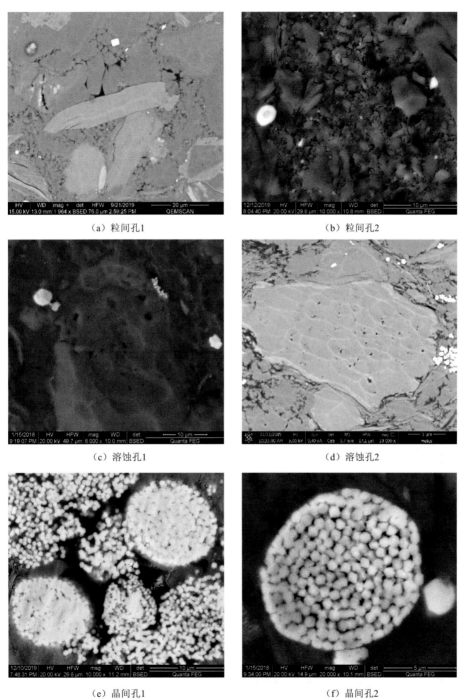

（a）粒间孔1                （b）粒间孔2

（c）溶蚀孔1                （d）溶蚀孔2

（e）晶间孔1                （f）晶间孔2

图 2-2-5　雪峰隆起沅麻盆地及周缘寒武系牛蹄塘组页岩中的无机质孔隙

状为主，呈相互孤立状分布。晶间孔多见于黄铁矿集合体内部，尤其是形成于更深水还原环境下的富有机质页岩，黄铁矿集合体中的晶间孔尤为发育。总体而言，研究区页岩中的无机质孔隙由于热演化程度和成岩作用的差异，非均质特性明显，但在局部由于溶蚀孔或晶间孔隙之间相互勾连，也可以形成较好的孔隙连通系统。

3）微裂缝

页岩中的微裂缝不仅能为游离气的赋存提供足够空间，更能够将原本分隔的孔隙连通，对改善页岩气储集空间具有重要意义。扫描电镜下观察到未被充填的微裂缝可分为顺层缝和贯穿缝两种，缝宽主要在几十到几百纳米不等，少量可达微米级。顺层缝多分布在顺层理定向延展的片状、条带状矿物之间或不同岩性分界处，长度一般几微米至几十微米，宽度几微米至纳米为主，呈直线或曲线状，多形成于成岩过程中，与微沉积构造纹理相伴生，同时也可见黏土矿物层间发育的收缩缝，如层理缝和黏土矿物脱水形成的收缩裂缝等。贯穿缝多切穿岩石矿物颗粒分布，延伸较短，缝面较为平直光滑，缝宽较小，多为纳米级（图2-2-6）。

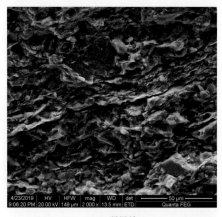
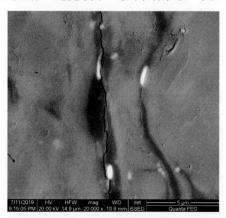

（a）顺层缝　　　　　　　　　　　　　（b）贯穿缝

图 2-2-6　雪峰隆起沅麻盆地及周缘寒武系牛蹄塘组页岩中的微裂缝

**2. 孔隙结构特征**

1）压汞法

由压汞试验测得不同孔径孔隙所占孔体积分量图（图 2-2-7）可以看出，湘桃地 1 井牛蹄塘组页岩孔径主要分布在小于 300 nm 的范围内，孔径在 9～100 nm 较为集中，说明牛蹄塘组样品的孔体积主要由孔径为 9～100 nm 的孔隙提供，尤以孔径为 9～70 nm 的孔隙贡献最大。此外，页岩中存在少量孔径大于 1 000 nm 的孔隙，但总体占比较小。

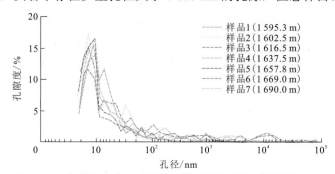

图 2-2-7　湘桃地 1 井寒武系牛蹄塘组页岩压汞试验孔径分布

此外，湘张地 1 井牛蹄塘组页岩的孔隙孔径主要分布在小于 500 nm 范围内，在 2～200 nm 较为集中，表明牛蹄塘组样品的孔体积主要由孔径为 2～200 nm 的孔隙提供，尤以孔径为 5～200 nm 的孔隙贡献最大。湘吉地 1 井牛蹄塘组页岩的孔隙孔径主要分布在 6～60 μm 与小于 50 nm 的范围内，在孔径为 6～60 μm 范围内占比最大，说明该段页岩样品的孔体积主要由孔径为 6～60 μm 孔隙提供，其他孔径孔隙贡献有限（图 2-2-8）。

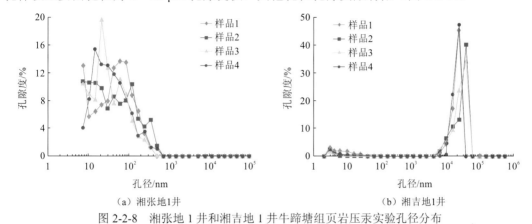

（a）湘张地1井

（b）湘吉地1井

图 2-2-8　湘张地 1 井和湘吉地 1 井牛蹄塘组页岩压汞实验孔径分布

2）氮气吸附法

氮气吸附试验是在温度和压力恒定的情况下气体在页岩表面达到吸附平衡，吸附量是相对压力（平衡压力 $P$ 与饱和蒸气压力 $P_0$ 的比值）的函数。以多分子层吸附模型（Brunauer、Emmett 和 Teller，BET）理论为基础分析页岩孔隙的表面积，孔体积是根据在不同相对压力下进入孔径的液氮量、孔体积和孔径分布利用毛细凝聚模型（Barrett、Joyner 和 Halenda，BJH）法计算获得。

通过对湘桃地 1 井、湘张地 1 井和湘吉地 1 井牛蹄塘组页岩样品进行低温液氮吸附-脱附试验，发现页岩主要存在两种形态的吸附曲线（图 2-2-9 和图 2-2-10）。液氮吸附曲线在相对压力为 0～0.7 时上升较平稳并呈现向上轻微凸起，表明气体由单层吸附逐渐变为多层吸附；而在相对压力大于 0.7 时，吸附曲线上升速度加快，特别是在相对压力为 0.9～1 时，吸附速率急剧增大，样品的吸附气含量呈现出无法饱和的状态，表明在页岩中存在较大的开放型孔隙，进而发生毛细凝聚。此外，所有页岩样品均发生明显的脱附迟滞现象，当相对压力降低至某值时，吸附曲线会出现明显的下降拐点，该拐点对应样品开放孔隙系统中的最小孔径，表明存在较多的细颈瓶状孔隙类型。当相对压力处于较低值区间（0～0.4）时，吸附曲线与脱附曲线基本重合，表明在较小孔径范围内的孔隙形态多为一端封闭的半-非透气性孔。值得注意的是，部分页岩样品的脱附曲线在"强制闭合"压力拐点之前的液氮退出量相对较少，而在"强制闭合"压力拐点附近的液氮脱附量则明显增加，导致"迟滞环"明显较大，这说明牛蹄塘组页岩样品开放孔隙系统的最小孔径基本一致，但此类页岩样品开放孔隙系统中的较大孔径孔隙却较少，且与外界连通性较差，孔隙结构相对较复杂。根据国际纯粹与应用化学联合会对多孔材料的分类标准，雪峰隆起地区牛蹄塘组组页岩液氮吸附-脱附曲线属于 H3 型，表明页岩孔隙结构较复杂，既有较大孔径的开放孔隙，也有细颈瓶状的半-非透气性微小孔，且孔隙形态多为狭窄的缝状孔隙。

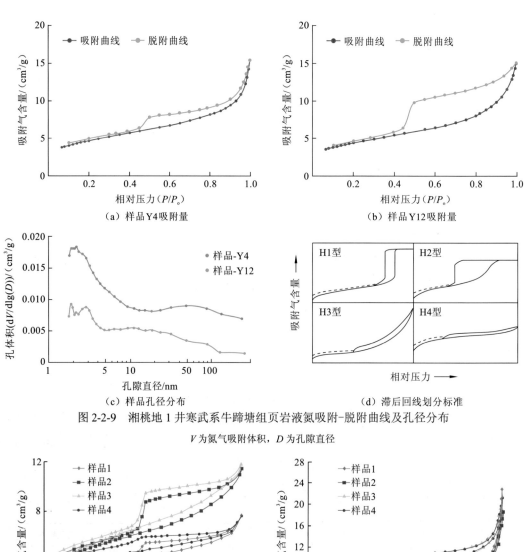

（a）样品Y4吸附量

（b）样品Y12吸附量

（c）样品孔径分布

（d）滞后回线划分标准

图 2-2-9  湘桃地 1 井寒武系牛蹄塘组页岩液氮吸附-脱附曲线及孔径分布

$V$ 为氮气吸附体积，$D$ 为孔隙直径

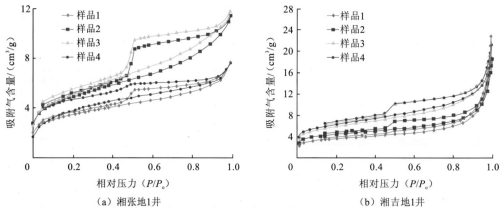

（a）湘张地1井

（b）湘吉地1井

图 2-2-10  湘张地 1 井和湘吉地 1 井寒武系牛蹄塘组页岩液氮吸附-脱附曲线特征

从孔径分布曲线来看（图 2-2-8，图 2-2-11），湘张地 1 井牛蹄塘组页岩孔径在 2～4 nm 呈现明显峰值，在 10～100 nm 也出呈现出一定的峰值，但较前一峰值明显较小；湘张地 1 井和湘吉地 1 井牛蹄塘组页岩孔径呈现明显的单峰分布特征，分别在 3～6 nm 和 2～4 nm，大于 10 nm 的孔径几乎未见明显峰值。

综上分析，联合两种试验测试的结果来表征该区牛蹄塘组页岩孔隙的孔径分布特征，雪峰山地区寒武系牛蹄塘组页岩孔隙孔径分布峰值位于 2～6 nm 和 20～200 nm 两个孔径段，并且 2～6 nm 内的介孔占比明显更多，表明页岩孔隙以介孔为主，可见一定数量宏孔，

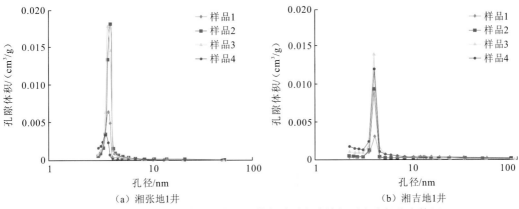

图2-2-11 湘张地1井和湘吉地1井寒武系牛蹄塘组页岩孔径分布特征

这与雪峰地区牛蹄塘组有机质热演化程度较高的情况相符。虽然湘吉地1井页岩孔隙孔径在 6~60 μm 出现明显峰值，分析认为该井主要受构造滑脱作用产生的裂缝影响较大，不能代表区域性特征。

# 二、志留系龙马溪组

## （一）岩石矿物组合特征

来自五峰组—龙马溪组下部黑色岩系样品的 X 衍射结果显示，页岩主要由石英和黏土矿物组成，其次为长石、碳酸盐矿物及黄铁矿（表 2-2-2 和图 2-2-12）。辉石和重晶石仅在少数几个样品中可见。

表 2-2-2 雪峰隆起北缘五峰组—龙马溪组页岩全岩 X 射线衍射分析

| 采样位置 | 样品数 | 质量分数/% | | | |
| --- | --- | --- | --- | --- | --- |
| | | 石英+长石 | 黏土矿物 | 碳酸盐矿物 | 脆性矿物 |
| 湘常地1井 | 32 | 45.1~83.2（62.7） | 13.9~53.9（31.1） | 0~18.5（1.2） | 41.3~84.8（62.5） |
| 湘桃地2井 | 45 | 34.3~73.7（49.1） | 0~63.4（34.7） | 0~50.5（8.69） | 32.3~75.7（49.8） |

黑色页岩中的石英质量分数为 35%~77.5%，平均为 53.9%，其中黑色碳质页岩中的石英质量分数平均为 69.8%，明显高于灰色粉砂质泥岩（38.8%）。在垂向上，石英含量具有长期降低的趋势并且还具有旋回变化特征。在显微镜下，它们主要为陆源碎屑石英和硅质生物石英，另外可见次生加大和裂缝充填石英颗粒。

富有机质页岩中黏土矿物主要为伊蒙混层，其次为伊利石，含少量高岭石和绿泥石。黏土矿物质量分数为 13.9%~34.1%，平均为 24.1%。与石英含量变化相似，黏土矿物含量垂向上逐渐增多同时也具有旋回变化特征。

碳酸盐矿物质量分数为 0~18.5%，主要是方解石和白云石，它们的含量变化较大，方解石质量分数为 0~18.5%，仅在五峰组两件样品中检测到；白云石质量分数为 0~13.7%，仅在一件样品中检测到。纵向上，碳酸盐矿物含量逐渐减少，且主要出现五峰组黑色碳质页岩层段。

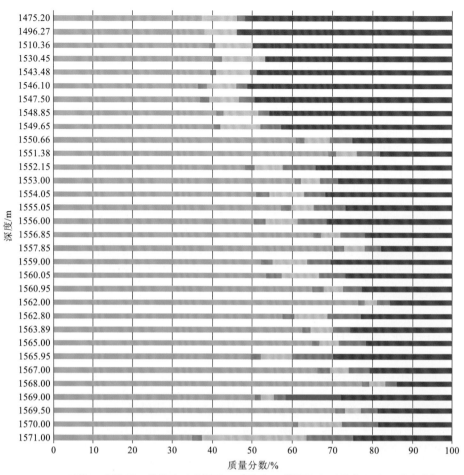

图 2-2-12　湘常地 1 井五峰组—龙马溪组黑色岩系矿物组成特征

（图例：■ 石英　■ 钾长石　■ 斜长石　■ 方解石　■ 黄铁矿　■ 普通辉石　■ 铁白云石　■ 黏土矿物）

此外，长石（主要为钾长石和斜长石）和黄铁矿在所有样品中均较发育，但没有明显的规律性，其质量分数分别为 1.2%～3.8% 和 3%～9.2%，平均为 2.37% 和 5.90%。在黑色碳质页岩中主要为散点状和团块状分布。

根据石英、长石、黏土矿物及碳酸盐岩矿物组成，参照四川盆地焦石坝地区黑色页岩岩相划分方案（王超 等，2018；王玉满 等，2016），通过岩性三角图解，研究区页岩可简单划分成七大岩相。根据这一划分方案，这些样品可分成 4 个主要岩相，分别为硅质页岩、硅质混合质页岩、混合质页岩、黏土质混合质泥页岩（图 2-2-13）。岩相垂向上变化显著，硅质页岩和硅质混合质页岩主要分布于凯迪阶—鲁丹阶，混合质页岩主要见于五峰组底部，黏土质混合质页岩主要分布于埃隆阶，岩石颜色垂向也由黑色向灰色过渡，反映硅质含量逐渐减少，黏土矿物含量逐渐增加，沉积物受陆源碎屑影响显著。

（二）物性特点

从湘常地 1 井五峰组—龙马溪组下部富有机质页岩段取心样品测试结果来看，压汞试验测得孔隙度为 0.2%～1.27%，平均值小于 0.68%，覆压孔渗测得孔隙度为 0.82%～1.27%，平均为 1.04%。覆压测得 4 个样品的渗透率普遍小于 $0.01 \times 10^{-3}$ $\mu m^2$；压汞测得 6 个试样的

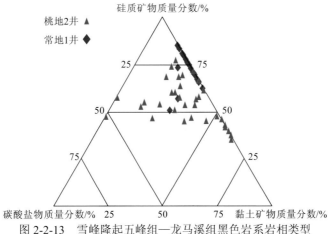

图 2-2-13　雪峰隆起五峰组—龙马溪组黑色岩系岩相类型

渗透率小于 $0.005 \times 10^{-3}\ \mu m^2$。这些特征表明，湘常地 1 井五峰组—龙马溪组储层物性较差，属于特低孔特低渗储层（图 2-2-14）。湘桃地 2 井五峰组—龙马溪组的孔隙度和渗透率与湘常地 1 井接近，压汞法测得 4 个样品的孔隙度在 0.32%～1.1%，渗透率分布在 $0.005 \times 10^{-3}$～$1.087 \times 10^{-3}\ \mu m^2$。

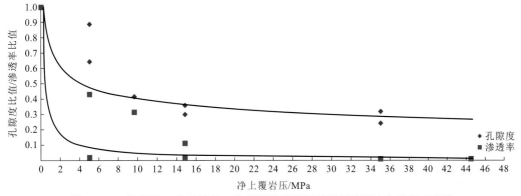

图 2-2-14　湘常地 1 井五峰组—龙马溪组黑色岩系覆压孔隙度与渗透率曲线

## （三）储集空间特点

通过对岩心及野外剖面样品进行镜下鉴定和扫描电镜分析发现，研究区页岩中的储集空间以次生孔隙为主，原生孔隙由于压实作用大多已经被破坏。根据储集空间形态及形成的物质组分，可将研究区五峰组—龙马溪组黑色页岩储层的储集空间分为有机质孔隙、无机质孔隙和微裂缝。

### 1. 有机质孔隙

有机质孔隙主要是指有机质在热演化过程中释放烃类物质后，由于收缩作用而在其内部形成的次生孔隙，也包括一些与生物化石有关的原生和次生溶蚀孔。研究区五峰组—龙马溪组收缩形成的有机质孔隙往往以蜂窝状分布于有机质内部，多呈现圆形、三角形或不规则形态，孔隙直径普遍较小，一般小于 1 μm[图 2-2-15（a）、（b）]。由于有机质本身的非均质性，有机质孔隙的发育没有规律性，扫描电镜下显示为不均一地分布于有机质表面。

尽管这类有机质孔隙直径小，但这些有机质孔隙大多密集发育，单个有机质上可能发育多达数十或数百个。通过对比扫描电镜下的有机质孔隙发育，相比宜昌地区，该地区明显较弱，仅在少量有机质表面观察到了密集发育的有机质孔隙。与生物化石有关的有机质孔隙主要是一些海绵骨针或硅质放射虫的原生内部孔隙，或者它们的骨架被溶蚀后形成的次生孔隙，此类孔隙直径一般为 10～100 μm，普通显微镜下即可见到不规则溶蚀孔边缘。

（a）蜂窝状有机质孔隙　　　　　　　（b）少量孤立的有机质孔隙

（c）蜂窝状无机质孔隙　　　　　　　（d）少量孤立的无机质孔隙

图 2-2-15　研究区五峰组—龙马溪组黑色岩系有机质孔隙及无机质孔隙特征

### 2. 无机质孔隙

扫描电镜分析显示，研究区无机质孔隙主要包括残余粒间孔、晶间孔、溶蚀孔和铸模孔等，孔隙直径变化大，为 10 nm～100 μm［图 2-2-15（c）、（d）］。残余粒间孔主要是一些不同矿物颗粒之间保留的原生孔隙，孔隙形态不规则，由于五峰组—龙马溪组经历过深埋和较强的压实作用，这些孔隙极少发育。晶间孔主要出现在伊利石、白云石及黄铁矿等晶体间，孔隙直径较小，一般小于 2 μm。溶蚀孔非常普遍，可见不规则边缘，部分孔隙处于被石英充填或半充填状态，孔隙直径多大于 5 μm。铸模孔主要是一些遭受溶蚀的晶体形成的孔隙，可以见到明显的晶体边缘结构，扫描电镜下还可见到大量的黄铁矿脱落所形成的蜂窝状孔隙。总体而言，无机质孔隙与有机质孔隙相比，分布分散，孔隙直径偏大。

### 3. 微裂缝

观察岩心可以发现，微裂缝在湘桃地 2 井、湘常地 1 井五峰组—龙马溪组黑色岩系中极为发育，包括低角度缝和高角度缝。通过显微镜鉴定和扫描电镜分析，这些黑色岩系中的微裂缝主要有构造缝和层间缝两类。其中，构造缝主要出现在硅质含量较高的泥页岩中，局部可见多期构造缝相互切割的特征，与层面斜交[图 2-2-16（a）、（b）]。缝宽一般为 10～100 μm，多被方解石、石英或有机质充填，部分构造缝受溶蚀作用改造明显，扫描电镜下裂缝似串珠状宽窄不一。层间缝在研究区也较发育，是由岩石组分的差异在两个岩层之间形成的纹层间隙[图 2-2-16（c）、（d）]。这些微裂缝的存在，不仅增加了储集空间，同时可以通过压裂改造显著改善页岩的渗流能力。但是需要指出的是，微裂缝的超量发育也意味着构造作用较强，与外部地层的连通性增加，不利于页岩气的保存。

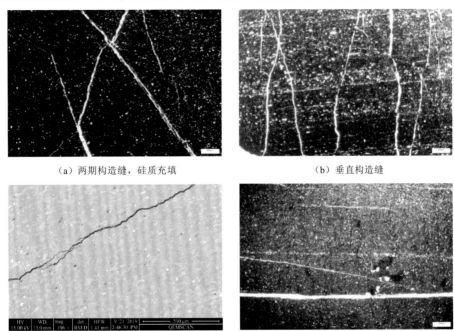

（a）两期构造缝，硅质充填        （b）垂直构造缝

（c）顺层发育层间缝        （d）近乎顺层的层间缝，方解石充填

图 2-2-16　研究区五峰组—龙马溪组黑色岩系裂缝发育特征

此外，压汞试验分析表明，五峰组—龙马溪组黑色页岩孔喉半径分布范围集中，以纳米级孔喉为主，孔喉半径普遍小于 100 nm，平均为 9～15 nm，分选系数为 0.97～1.28。其中，小于 10 nm 的占比 50% 以上。这一特征表明湘常地 1 井五峰组—龙马溪组黑色岩系的孔隙主要为晶间孔或有机质孔隙，缺少大孔或微孔发育（图 2-2-17）。

## 三、石炭系天鹅坪组

### （一）岩石矿物组合特征

石英和碳酸盐岩等脆性矿物含量是影响页岩基质孔隙和微裂缝发育程度、含气性及压裂改造方式等的重要因素。自湘新地 4 井、冷水江剖面和坪上剖面采集全岩矿物、黏土矿物 X 射线衍射分析样品，其中湘新地 4 井 18 个，冷水江剖面 2 个，坪上剖面 5 个。分析结果显示，涟源凹陷天鹅坪组泥页岩矿物组分主要为硅质矿物（石英+长石）、黏土矿物、碳酸盐矿物（方解石和白云石），并含有少量黄铁矿（表 2-2-3）。其中，脆性矿物（石英、长石、方解石和白云石）质量分数较大，平均为 65.4%～67.8%，有利于形成天然裂缝或应力诱导裂缝，进而改善储层物性。

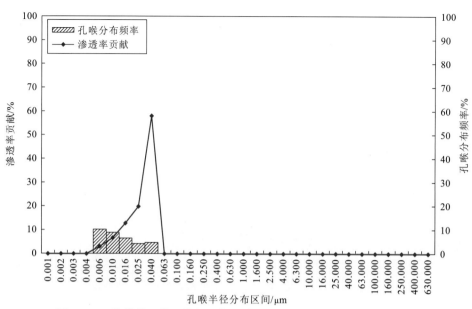

图 2-2-17　湘常地 1 井五峰组—龙马溪组典型孔喉分布及渗透率贡献图

表 2-2-3　涟源凹陷天鹅坪组泥页岩全岩 X 射线衍射分析

| 采样位置 | 样品数 | 质量分数/% | | | |
|---|---|---|---|---|---|
| | | 石英+长石 | 黏土矿物 | 碳酸盐矿物 | 脆性矿物 |
| 湘新地 4 井 | 18 | 15.0～58.0（33.9） | 13.8～56.5（28.8） | 5.4～68.2（39.4） | 41.6～83.2（66.8） |
| 冷水江剖面 | 2 | 32.8～38.5（35.7） | 30.2～32.9（31.5） | 24.8～34.5（29.7） | 63.4～67.4（65.4） |
| 坪上剖面 | 5 | 49.8～73.7（63.2） | 23.7～33.6（28.6） | 0.38～11.45（5.3） | 59.7～74.1（67.8） |

　　涟源凹陷黏土矿物主要由伊蒙混层、伊利石、绿泥石和高岭石组成（表 2-2-4），其中湘新地 4 井以伊蒙混层为主，质量分数为 64.0%～84.0%，平均为 75.7%；伊利石含量次之，质量分数为 9.0%～28.0%，平均为 14.9%；绿泥石和高岭石含量较低，平均质量分数分别为 8.5%和 3.4%。冷水江剖面和坪上剖面与湘新地 4 井相比具有差异性，主要以伊利石为主，平均质量分数分别为 85.7%和 91.9%；其次为绿泥石，平均质量分数分别为 11.7%和 6.2%；含少量的高岭石，平均质量分数分别为 2.5%和 1.9%；两个剖面黏土矿物中均不含伊蒙混层。

表 2-2-4　涟源凹陷天鹅坪组泥页岩黏土矿物成分 X 射线衍射分析

| 采样位置 | 样品数 | 质量分数/% | | | |
|---|---|---|---|---|---|
| | | 伊蒙混层 | 伊利石 | 绿泥石 | 高岭石 |
| 湘新地 4 井 | 18 | 64.0～84.0（75.7） | 9.0～28.0（14.9） | 3.0～18.0（8.5） | 2.0～5.0（3.4） |
| 冷水江剖面 | 2 | — | 85.0～86.5（85.7） | 11.0～12.5（11.7） | 2.5（2.5） |
| 坪上剖面 | 5 | — | 91.0～94.0（91.9） | 4.0～8.0（6.2） | 1.0～2.5（1.9） |

此外，根据天鹅坪组矿物组分含量对页岩岩相进行划分，湘新地 4 井天鹅坪组页岩矿物组成整体表现为高钙低硅的特征。就岩相特征而言，本段页岩以混合质页岩和钙质页岩为主，少量为硅质页岩和黏土质页岩。坪上剖面天鹅坪组页岩为硅质页岩，冷水江剖面为混合质页岩（图 2-2-18）。

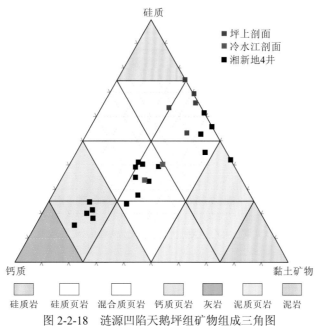

图 2-2-18　涟源凹陷天鹅坪组矿物组成三角图

（二）物性特点

对湘新地 4 井 8 个泥页岩岩心样品进行常规氦气法测试，实测结果显示：研究区天鹅坪组泥页岩孔隙度分布在 0.88%～3.79%，平均为 1.97%，其中 50% 以上的样品孔隙度为 1.0%～2.0%，孔隙度大于 2.0% 所占比例为 37.5%；渗透率为（0.005 5～5.44）×$10^{-3}$ μm²，平均为 0.847×$10^{-3}$ μm²，波动范围较大，但多数样品的渗透率小于 1×$10^{-3}$ μm²，主要分布在 0.001～0.1×$10^{-3}$ μm²，推测异常高值是因裂缝影响（图 2-2-19）。

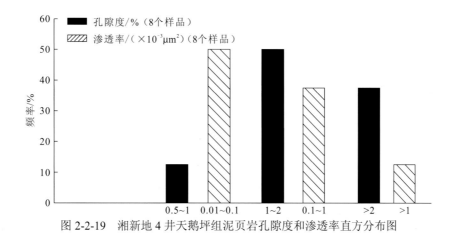

图 2-2-19　湘新地 4 井天鹅坪组泥页岩孔隙度和渗透率直方分布图

## （三）储集空间特点

利用氩离子抛光进行样品前处理后，利用扫描电镜对湘新地 4 井天鹅坪组富有机质泥页岩的孔隙类型进行观察和分析，结果表明：天鹅坪组钙质泥页岩相和硅质页岩相主要发育有机质孔隙和微裂缝（有机质收缩缝、黏土矿物层间缝及构造缝），混合质页岩相则主要发育各类无机矿物质孔（晶间孔、矿物晶间孔）（图 2-2-20）。

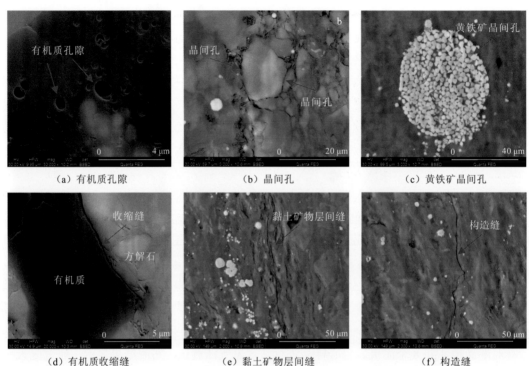

| （a）有机质孔隙 | （b）晶间孔 | （c）黄铁矿晶间孔 |
| （d）有机质收缩缝 | （e）黏土矿物层间缝 | （f）构造缝 |

图 2-2-20　湘新地 4 井天鹅坪组泥页岩孔隙类型

有机质在热降解排烃过程中会产生纳米级裂缝和微孔隙，天鹅坪组高成熟页岩有机质中微孔隙形态以椭圆形为主，有机质孔隙孔径主要分布于 0.2～1.5 μm［图 2-2-20（a）］。有机质孔隙也是页岩气主要储集空间，有利于页岩气成藏。晶间孔以黏土矿物晶间孔［图 2-2-20（b）］和黄铁矿晶间孔［图 2-2-20（c）］为主，孔径分布均在几百纳米左右，形状不规则，但连通性较好。储层内部微裂缝较为发育，类型多样，以有机质收缩缝、黏土矿物层间缝和构造缝为主，缝宽主体介于几十纳米至几百纳米之间。有机质收缩缝发育于矿物颗粒与有机质之间［图 2-2-17（d）］，紧贴两者交界处，缝宽几百纳米不等，因有机质生、排烃后内部收缩而成。这类微裂缝通常不能很好地连通其他孔隙，只能独立发育成藏。黏土矿物层间缝缝宽几百纳米［图 2-2-20（e）］，未被有机质充填，可能是黏土矿物脱水转化过程中形成此类的狭缝，成藏性差，但可与人工裂缝形成网状裂缝系统，增大储层渗流能力。构造微裂缝延伸较长，缝宽较为均匀［图 2-2-20（f）］，这类裂缝一方面能够很好地连通孔隙，尤其是连通有机质与粒间孔或粒内孔，从而形成有效的储集空间；另一方面内部储集大量的游离气，是页岩气井高产的有力保障。

# 第三节　页岩气保存条件

## 一、寒武系牛蹄塘组

雪峰隆起及周缘经历了多次构造运动，前印支期构造运动表现以整体的垂向升降为主，对页岩气及常规油气的保存条件影响有限。而印支期以来形成了现今复杂的断裂系统，主造山期压扭性构造活动造成逆冲断裂的发育，对常规油气和页岩气的保存条件影响较大（彭中勤 等，2019）。研究区及邻区构造样式具有多期性且相互叠加，造成不同区域构造样式差异性较大。在纵向上，区内的构造样式主要受寒武系滑脱层的控制。在横向上，沿雪峰隆起构造带南缘到中央挤压逆冲带，延伸至武陵断弯褶皱带，构造变形的强度随构造应力的减弱而逐渐降低。构造样式分布由基底冲断与滑覆叠加构造和叠瓦扇逆冲断层转变为断层相关褶皱。沿雪峰隆起构造带走向，构造样式也不尽相同，靠近雪峰山中央挤压逆冲带，地层在雪峰古隆起的挤压应力作用下，在北亚带发育叠瓦状大型逆冲断层和反向正断层，南亚带主要发育反向逆断层。在雪峰隆起构造带南缘背冲构造和褶皱。雪峰隆起构造带北缘（武陵断弯褶皱带）主要表现为深部逆冲推覆，上部以背冲、对冲构造样式为主，断层主要集中在慈利—保靖—花垣断裂带和沅麻盆地中央沅陵、乌宿、泸溪、麻阳一带及东南缘的辰溪—怀化一线。

通过对雪峰隆起及周缘已取得页岩气发现的探井进行构造样式分析和对比，总结构造活动对页岩气保存条件的影响，提炼出对页岩气保存有利的构造样式及其组合，可以对雪峰隆起及周缘未来页岩气勘探工作起到借鉴和参考的作用。

### （一）构造保存条件

#### 1. 湘张地 1 井

湘张地 1 井主体位于慈利—保靖断裂的上盘，是由金塌—王家界逆断层及其南侧相向逆断层组成的对冲式构造样式。在该构造样式控制下，两条断层间为一宽缓的向斜，向斜内地层产状平缓，地层序列完整。牛蹄塘组与上下地层间均呈整合接触，顶板为杷榔组含碳质、粉砂质泥岩，底板为留茶坡组硅质岩夹碳质泥岩。从岩心上看，顶底板岩心高角度裂缝不发育，仅发育少量低角度或顺层裂缝（图 2-3-1）。

#### 2. 湘吉地 1 井

湘吉地 1 井构造位置处于武陵断弯褶皱带南缘，寒武系牛蹄塘组与上覆杷榔组和下伏留茶坡组均呈整合接触，在该构造样式控制下两条断层间为一宽缓的向斜，向斜内地层产状平缓，地层序列完整，两条区域性断层间距大于 50 km，向斜大部被新生代地层覆盖，最大埋深超过 5 000 m，即为草堂凹陷寒武系牛蹄塘组页岩最大埋深。顶底板岩心仅发育少量低角度或顺层裂缝，在牛蹄塘组页岩段主要发生揉皱和顺层滑脱变形，岩心较为破碎，孔缝异常发育（图 2-3-2）。

（a）上覆杷榔组岩心（顶板条件）

（b）下伏留茶坡组岩心（底板条件）

（c）牛蹄塘组岩心

（d）清虚洞组页岩气点火试验

图 2-3-1　湘张地 1 井牛蹄塘组顶底板特征

（a）上覆杷榔组岩心（顶板条件）

（b）牛蹄塘组岩心

（c）牛蹄塘组裂缝发育情况

（d）下伏留茶坡组岩心（底板条件）

（e）牛蹄塘组岩心浸水试验

图 2-3-2　湘吉地 1 井寒武系牛蹄塘组顶底板特征

　　该井揭示寒武系牛蹄塘组暗色泥页岩厚度为 200 m，较好含气层段为 2 007.5～2 041.05 m，厚度为 34 m，气测录井全炬值最高达 16.6%。针对该段岩心采集了 14 件样品，通过燃烧法进行现场解吸（解吸仪型号：YS Q-III 岩石解吸气测定仪），解吸气含量为 0.17～4.92 m³/t，平均为 1.78 m³/t。

### 3. 2015H-D5 井

2015H-D5 井的构造位置处于武陵断弯褶皱带南缘，该井位于慈利—保靖断裂与吉首—古丈断裂组成的背冲式构造样式所形成的背斜西翼，寒武系牛蹄塘组与上覆杷榔组和下伏留茶坡组均呈整合接触。在该构造样式控制下，两条断层间为一宽缓的背斜，背斜内地层产状平缓，地层序列完整，目的层最大埋深超过 2 000 m。从钻探揭示的岩心特征来看，顶板杷榔组岩心发育半充填高陡裂缝，底板灯影组岩石较为破碎（图 2-3-3），直接造成页岩气的向上、向下逃逸。钻探过程中，在敖溪组下部页岩段取得了页岩气显示，但牛蹄塘组显示微弱。

（a）水平裂缝

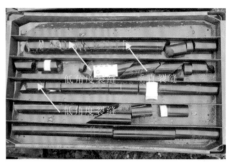

（b）低角度斜交裂缝、垂直裂缝

（c）高角度斜交裂缝（缝面平整）

（d）垂直裂缝

（e）断层角砾

（f）垂直裂缝、网状裂缝

图 2-3-3　2015H-D5 井岩心裂缝类型

### 4. 湘溆地 1 井

湘溆地 1 井的构造位置处于雪峰构造带南缘冲断褶隆带，寒武系牛蹄塘组与上覆污泥塘组和下伏留茶坡组均呈整合接触，在该构造样式控制下两条断层间为一紧闭的背斜，背斜核部地层较为平缓，地层表现为从老向新的正常序列，但向斜两翼地层产状变陡，至剖面北西侧残留向斜越来越小至元古代老地层出露。从钻探所揭示的岩心特征来看，从开钻的桥亭子组至留茶坡组之间发育数条中小型逆断层和正断层，断层泥厚度为 5～30 cm 不等，低角度、高角度构造裂缝形成网状，且大部分为未充填裂缝[图 2-3-4（a）、（b）、（c）、（e）]，目的层牛蹄塘组岩心十分破碎[图 2-3-4（d）]，对页岩气保存非常不利，全井段录井、测井和现场解吸均无页岩气显示。

  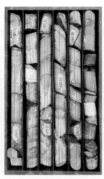  

| （a）桥亭子组岩心<br>（顶板条件） | （b）白水溪组滑脱构造<br>（顶板条件） | （c）探溪组岩心<br>（顶板条件） | （d）牛蹄塘组岩心 | （e）留茶坡组岩心<br>（底板条件） |

图 2-3-4　湘溆地 1 井寒武系牛蹄塘组顶底板特征

通过上述分析可知，湘张地 1 井保存于对冲式构造样式，尽管获得了页岩气显示，但由于构造对顶底板条件的破坏，先期生成的页岩气在垂向上和横向上逃逸，整体保存条件中等。与湘张地 1 井构造保存样式大致相同的慈页 1 井也可能在牛蹄塘组页岩气垂向和横向上逃逸。从纵向上看，慈页 1 井敖溪组页岩 TOC 为 0.46%～2.69%，解吸气含量为 0.01～0.05 m³/t；杷榔组页岩 TOC 为 0.28%～2.45%，解吸气含量为 0.46～0.95 m³/t，牛蹄塘组页岩 TOC 为 1.79%～6.44%，平均为 4.83%，但其解吸气含量仅为 0.01～0.13 m³/t。慈页 1 井 TOC 高的层位含气量反而差，说明顶底板条件被破坏，页岩气向上逃逸至杷榔组和敖溪组。湘吉地 1 井位于对冲式构造样式下，钻探显示牛蹄塘组滑脱带对储集条件的改善十分显著，该井主含气层位于牛蹄塘组下部滑脱带及邻近层段，岩心较为破碎，孔缝异常发育，破碎带厚度达 14 m，上下影响范围在岩心上超过 30 m，为气体提供了巨大的储集空间，为牛蹄塘组优质储层段。湘溆地 1 井位于雪峰构造带南缘，背冲式构造样式残留的向斜核部，保存条件差，基本无明显的页岩气显示。

**5. 湘临地 1 井**

雪峰古陆周缘寒武系富有机质页岩 TOC 高，为 4%～12%。有机质类型为 I 型，有机质成熟度 $R_o$ 分布在 2.4%～3.1%，其中雪峰隆起北缘洞庭盆地太阳山凸起一带相对较低，平均 $R_o$ 为 2.68%。页岩无机质孔隙和有机质孔隙均有发育，以大、中孔为主，有效孔隙度主要分布于 2%～5%，为页岩气的富集提供良好的储存空间。湘临地 1 井气显不明显，现场解吸不含气。湘临地 1 井井深 3 194～3 450 m，牛蹄塘组 100 个实验样品 TOC 介于 0.22%～5.88%，平均为 1.87%，高 TOC 泥页岩主要分布于牛蹄塘组下部，并随深度增加有增大趋势。湘临地 1 井牛蹄塘组富有机质页岩 12 个实验样品数据成熟度 $R_o$ 在 2.87%～3.17%，平均为 3%，处于过成熟阶段，与雪峰隆起西缘沅麻盆地地质调查井有机质热演化程度相当。野外调查发现存在沥青，结合构造沉积演化史综合分析推测雪峰隆起北缘下寒武统牛蹄塘组加里东晚期大规模生烃，调整破坏，燕山期二次生烃，喜山期隆升改造，页岩气藏逸散。

加里东晚期，华南地区从南东向北西逆冲褶皱递进变形，强度由华夏板块到雪峰隆起构造带向扬子区逐渐减弱，在雪峰隆起北缘、扬子板块南缘发育宽缓的褶皱区。加里东晚期下寒武统烃源岩成熟期，其生烃高峰为志留纪，生烃中心主要分布于雪峰构造带北缘。这些隆起边缘带大型宽缓的背斜（或复背斜、复向斜）成为加里东期烃类聚集的主要场所，也是中国南方一次大规模的油气聚集成藏，形成了以雪峰隆起北缘为代表的油气聚集带。半坑古油藏等以下寒武统为烃源岩的油藏主要形成于该构造成藏旋回。该时期或稍早雪峰北缘形成的大型宽缓背斜及碳酸盐岩淋滤斜坡带，构成了时间和空间圈源匹配关系，该时期可能生成成熟度较低、中质的原油，局部地区可能存在盖层-保存的风险，油气逸散。

印支期—早燕山期，雪峰隆起周缘在加里东期隆起后经历沉降，再次成为统一的华南板块中的陆内构造带、隆起区。印支期，华夏板块到雪峰隆起及其北缘的构造作用是从南东向北、北西方向的挤压逆冲，强度随南东到北西的递进变形而逐渐减弱，古生界油气藏改造，破坏且发生过二次运聚。雪峰隆起北缘太阳山凸起地表奥陶系岩溶缝洞中见到大量沥青可能是该期成藏破坏的代表。随雪峰山渐趋形成之际，由于地温升高，压力增大，随时间的推移，有机质热变为烃类并运聚。与这一阶段构造（造山）作用相关，在雪峰隆起北缘、扬子板块南缘发育断层褶皱区，加里东晚期油气成藏破坏殆尽，雪峰隆起北缘地表露头见到大量的沥青，以及浅表红土覆盖下的奥陶系岩溶缝洞/岩溶角砾岩中充填着大量的沥青是该期最为直接的证据。

雪峰隆起北缘大部分位于洞庭盆地内，晚燕山—喜山期西太平洋板块向亚洲大陆俯冲，造成壳幔再度调整，洞庭盆地是在深部地幔上拱和浅层地壳拉张的应力场背景上发生、发展起来的断拗型陆内构造变形期控制沉积盆地，白垩纪是盆地发育的鼎盛时期。洞庭盆地前白垩系基底具双层结构，下层为元古界变质岩系，上层为震旦系—侏罗系沉积岩系。变质岩系主要出露于洞庭盆地的南、北两边和东部地区，震旦系—中三叠统海相地层主要出露于洞庭盆地西部，推测洞庭盆地内部主要分布于各凹陷内。陆相白垩系—古近系发育较全，其上为厚度不大的新近系和第四系所覆盖。晚燕山—喜山期，雪峰隆起北缘洞庭盆地及周缘经历了两个断陷—拗陷的发展过程，发育地堑式构造-沉积结构特征，断拗带有数千米白垩系、二叠系—侏罗系和覆盖在古生代类似的"影子盆地"上。但"巨厚"堆积层作为盖层空间，周缘变形带构成两期断拗结构下压披盖保存空间。值得指出的是，随着巨厚地层的覆盖，雪峰隆起周缘下寒武统烃源岩进一步深埋，到晚燕山期进入二次生烃阶段。喜山期，由于强烈的喜马拉雅山造山运动，凸起带残留保存的古生代盆地内下寒武统牛蹄塘组烃源岩虽然为主要的烃源岩层位，但因太阳山凸起一带隆升太早，页岩气已经逸散，不利于页岩气保存（图 2-3-5）。

综合区域地质调查成果、探井页岩气显示情况及二维地震测线解释成果分析来看，对冲式构造样式形成的稳定向斜构造对页岩气保存最为有利，如湘吉地1井、湘张地1井证实了该类构造样式具有一定的含气性。特别是宽缓的向斜，其埋深适中，微裂缝发育，地表条件中等。断弯褶皱构造样式下盘有利于页岩气成藏，但普遍埋深较大，地表条件多为中-高山地形，对页岩气勘探开发不利。背冲式构造样式在区内多形成较宽缓的向斜，地表条件较好，但向斜内部构造裂缝网络复杂，岩石破碎，早期形成的页岩气基本逸散殆尽，其保存条件差，2015H-D5井和湘溆地1井证实了该类构造样式的含气性差。

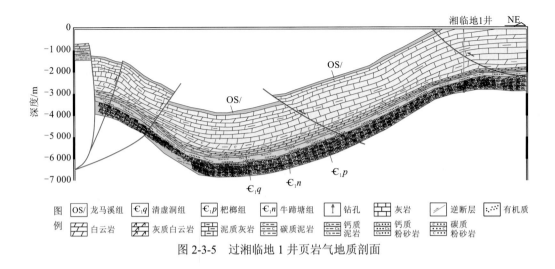

图 2-3-5 过湘临地 1 井页岩气地质剖面

图例 OS/龙马溪组 €₁q 清虚洞组 €₁p 杷榔组 €₁n 牛蹄塘组 ↑钻孔 灰岩 逆断层 有机质 白云岩 灰质白云岩 泥质灰岩 碳质泥岩 钙质泥岩 钙质粉砂岩 碳质粉砂岩

## （二）顶底板条件

根据地表露头及钻探资料揭示，本区牛蹄塘组上覆地层为清虚洞组，是一套为深灰色、灰黄色页岩夹钙质页岩、泥灰岩及灰岩的岩性组合，具水平层理，贝壳状断口，裂缝发育多且被方解石充填；下伏灯影组是一套灰黑色、灰色薄层硅质岩夹硅质页岩、灰岩组合，常见水平层理，微裂缝发育，块状结构。底板为灯影组薄层硅质岩+白云岩，岩溶现象不发育，突破压力大，底板条件落实可靠，封闭性能较好。牛蹄塘组泥页岩主要分布在下段，直接顶板主要为牛蹄塘组上段高水位体系域泥质碳酸盐岩，非均质性强，突破压力高，此外，牛蹄塘组上覆清虚洞组碳酸盐岩沉积，整体顶板条件好。

### 1. 底板条件

下寒武统牛蹄塘组页岩的底板在雪峰山西侧上震旦统灯影组，上震旦统灯影组沉积期，雪峰隆起北缘自西向东呈局限台地（潟湖）—开阔台地—台地边缘（浅滩）—陆棚斜坡—深水盆地相带展布，主体为 2 个台地与 1 个台盆相间的沉积古地理格局。中西部上扬子台地边缘利川—石柱—湄潭—瓮安一线发育近南北向展布巨厚（大于 1 000 m）的藻礁（丘）带，西侧形成含膏局限台地-潟湖相沉积；东北部中扬子台缘宜昌—五峰—鹤峰一带也发育浅滩；两者之间的建始—恩施—来凤一带发育台间盆地。东南贵州松桃、湖南古丈及沅古坪—常德—吉首—天柱一线以东则为深水盆地硅质岩相区。在雪峰山地层区的湖南安化大福一带与之对应的是上震旦统留茶坡组硅质岩厚 30 m。

牛蹄塘组含气页岩层段的底板在雪峰山及其东南地区为留茶坡组棕色、灰色致密硅质岩夹板状硅质页岩，层厚超过 30 m，是典型的特低孔、低渗的致密地层，该区北西侧底板震旦系灯影组白云岩夹页岩，仅在与牛蹄塘组接触带发育溶蚀孔，向下变致密，孔渗性差，封闭性好，因此留茶坡组硅质岩与灯影组白云岩夹页岩作为含气页岩层段的底板均有着较好的封闭性，使页岩气在富集成藏的过程中难以直接渗透逃逸，大部分气体得以保存。雪峰隆起东缘基底拆离带与挤压隆升带因受多期构造活动影响，构造地层变形强烈，抬升剥蚀严重，底板遭受破坏，导致含气较差。

**2. 顶板条件**

雪峰隆起牛蹄塘组主要含气页岩段位于牛蹄塘组下部，其直接盖层为牛蹄塘组上部灰黑色页岩，牛蹄塘组上部页岩较为致密、孔隙度与渗透率低（孔隙度一般为 0.5%～3.0%，渗透率为 0.001～0.03×$10^{-3}$ μm²）、裂缝不发育且厚度大（牛蹄塘组上部页岩厚度 50～150 m）；间接盖层上覆杷榔组为一套灰色、灰绿色页岩与粉砂质页岩夹钙质页岩、泥灰岩及灰岩为主的岩性组合，厚度一般为 50～350 m，在雪峰隆起西缘武陵断弯褶皱带内厚大较大，多在 100 m 以上，岩石致密、物性差、裂缝欠发育，与牛蹄塘组上部页岩呈整合接触，二者构成良好盖层，封闭性强，有效抑制了下部页岩中气体的散失。在湘张地 1 井与湘吉地 1 井的钻探过程中，以上两个层段未发生井漏情况，佐证了盖层有良好的封闭性。总体上盖层基质物性致密，突破压力高（表 2-3-1）。

表 2-3-1　湘张地 1 井顶底板突破压力表

| 井深/m | 层位 | 孔隙度/% | 渗透率/×$10^{-3}$ μm² | 突破压力/MPa |
|---|---|---|---|---|
| 1 641.00 | 清虚洞组 | 1.63 | 0.000 10 | 59.5 |
| 1 673.15 | 清虚洞组 | 1.63 | 0.000 11 | 61.7 |
| 1 745.00 | 清虚洞组 | 0.84 | 0.000 11 | 62.3 |
| 2 012.40 | 灯影组 | 0.78 | 0.000 11 | 46.5 |
| 2 017.20 | 灯影组 | 0.67 | 0.000 11 | 81.2 |

（三）水文地质条件

常页 1 井牛蹄塘组底部富有机质页岩的含气性变低，且气体组分含氮气。分析该井地层水矿物成分，地层水的矿化度介于 11.8～12.0 g/L，属于 $NaHCO_3$ 型地层水，属交替阻滞带上部或自由水交替带的下部区域。由于距离露头及地表较近，区域构造-断裂复杂，受大气降水和地表水渗入的影响明显。

# 二、志留系龙马溪组

## （一）构造保存条件

雪峰隆起北缘下古生界地层沉积以来经历了加里东、印支、燕山和喜山等多期构造叠加作用，地层破坏较为严重，断裂发育。结合区域地质调查显示，慈利—桃源—常德一带整体表现为景龙桥向斜西部以走滑逆断层发育为主，太阳山凸起东部逆冲断层发育。湘桃地 2 井位于官场坪逆冲断裂上盘，揭示雪峰隆起景龙桥向斜区西部构造活动强烈，优质页岩层段裂缝发育，页岩气保存条件欠佳。

湘常地 1 井（图 2-3-6）构造上属于太阳山凸起，位于洞庭盆地西南缘，地表地势平缓、未见明显断层。北部文家乡断裂为向北倾向逆冲断裂，目标区位于断裂下盘，构造作用相对较弱，且属于宽缓的向斜翼部，有利于页岩气保存，是页岩气勘探的有利区。

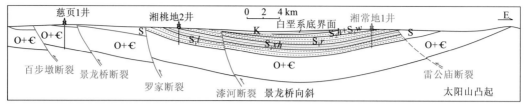

图 2-3-6  景龙桥向斜东西向地质剖面示意图

$S_1l$ 为志留系龙马溪组，$S_1xh$ 为志留系小河坝组，$S_1r$ 为志留系溶溪组

（二）盖层条件

志留系在区域内广泛分布，志留系罗惹坪组分布范围大，岩性主要为泥岩、粉砂质泥岩，沉积厚度达 800 m 以上，区内连续性好，平均孔隙度为 1.05%，突破压力为 5～65 MPa，是区内良好的区域盖层，对目的层起到封盖作用。

（三）顶底板条件

湘桃地 2 井钻遇地层揭示五峰—龙马溪组黑色岩系上部为龙马溪组上部、小河坝组、溶溪组等，该套地层厚 1 500 m 以上，岩性主要为灰绿色、紫红色泥岩、泥质粉砂岩、石英砂岩夹粉砂质页岩，岩性致密且埋藏较深，具备良好的盖层条件，可以起到较好的保护作用[图 2-3-7（a）]。黑色页岩底部为奥陶系宝塔组—临湘组泥灰岩，同样厚度大、岩性致密，可以有效阻止五峰—龙马溪组下部黑色岩系形成的页岩气向下逸散[图 2-3-7（b）]。因此整个区域上五峰—龙马溪组页岩气具有良好的顶底板条件。

（a）小河坝组深灰色泥页岩　　　　　（b）临湘组瘤状灰岩

图 2-3-7  湘桃地 2 井五峰—龙马溪组黑色岩系顶底板岩性特征

# 三、石炭系天鹅坪组

（一）抬升剥蚀强度

涟源凹陷主要经历印支期、燕山期和喜山期构造运动。海西期后，经历印支期和燕山期两次强烈的构造运动，在强烈的挤压作用下，隆升剥蚀，致使上三叠统—下侏罗统含煤系地层几乎剥蚀殆尽，二叠系龙潭组煤系地层也仅局部残留，同时石炭系梓门桥组区域性盖层也大面积被剥蚀。整个零陵凹陷、邵阳凹陷西部及涟源凹陷边缘的油气失去煤系地层这一良好盖层的封盖，处于大气淡水的下渗区，导致这些地区已形成的油气散失，从而使湘中拗陷的油气面积由原始的 22 500 km² 缩小至现今的不到 8 000 km²（涟源凹陷

3 800 km$^2$，邵阳凹陷 4 000 km$^2$）。例如处于邵阳凹陷的保和堂古油藏，就是被褶皱抬升，导致油气藏上覆盖层剥蚀，油气轻组分散失，形成古油藏。

（二）构造保存条件

构造运动控制盆地的形成和演化，对油气的生成、运移、聚集、保存和破坏改造起关键作用。其破坏作用主要表现为隆升剥蚀、伴随构造运动的断层切割，往往使油气保存条件、水文地质条件受到不同程度的破坏。

元古代至今，湘中涟源地区主要经历了海西运动、印支运动、燕山运动和喜马拉雅运动四大构造阶段（表 2-3-2）。据构造演化史分析，湘中地区印支运动以宽缓的褶皱加断裂为变形特征，而燕山运动则在前期褶皱基础上再度挤压、断裂、抬升，使凹陷中印支期的背斜进一步抬升形成高背斜，同时对前期可能的油气聚集有较强的破坏作用，并在晚燕山－喜山期发生强烈剥蚀，使这些高背斜顶部盖层剥蚀，导致早期已形成油气进一步泄漏与散失。同时，构造顶部盖层被剥蚀，又为大气淡水向地下渗透创造了条件，致使高背斜带的油气藏遭受破坏与改造，或者形成残留的天然气藏。

表 2-3-2　湘中涟源地区构造演化特征

| 构造期次 | | 地层 | | 年龄/Ma | 特征 |
|---|---|---|---|---|---|
| 喜马拉雅期 | | 全新统 | Q$_h$ | 0.015 | 整体隆升、褶皱断裂、剥蚀 |
| | | 新近系 | N | 23 | |
| | | 古近系 | E | 65 | |
| 燕山期 | 晚期 | 白垩系 | K | 145 | 早期强烈挤压，发育褶皱和断裂，晚期以整体升降为主要活动形式，有岩浆活动、火山喷发等 |
| | 早期 | 侏罗系 | J$_3$ | 161 | |
| | | | J$_2$ | 175 | |
| | | | J$_1$ | 200 | |
| 海西—印支期 | | 三叠系 | T$_3$ | 228 | 以宽缓的褶皱、明显的断裂、规模较大的岩浆侵入为主要特征，是最重要的构造反转期，结束了海相沉积史，形成宽缓的区域构造背景 |
| | | | T$_2$ | 245 | |
| | | | T$_1$ | 251 | |
| | | 二叠系 | P | 299 | |
| | | 石炭系 | C | 359 | |
| | | 泥盆系 | D | 416 | |
| 加里东期 | | 志留系 | S | 443 | 雪峰隆起及其东部强烈褶皱，岩浆岩侵入强烈变质 |
| | | 奥陶系 | O | 488 | |
| | | 寒武系 | Є | 542 | |
| | | 震旦系 | Z | 630 | |

涟源凹陷主要经历印支运动、燕山运动和喜马拉雅运动等构造运动。多期次的构造挤压、隆升剥蚀作用使区内中、上三叠统及其上覆地层几乎完全剥失，下三叠统和二叠系仅残存在区内向斜构造中心区。因凹陷内不同构造带、构造部位抬升剥蚀强度不同，气藏保存条件也存在较大差异。西部断褶带、东部断褶带及中部褶皱带的背斜构造区因抬升剥蚀严重，测水组埋深较浅甚至出露地表而被剥蚀，使页岩气保存条件遭到严重的破坏。而中部褶皱带车田江向斜、桥头河向斜等宽缓向斜地区，地表多出露三叠纪或二叠纪，构造相对简单，向斜内部呈现断块特征，地层产状较平，测水组泥页岩埋深分布于 $500\sim3\,000$ m，其上覆地层保存完整，有利于页岩气的保存。

（三）盖层条件

石炭系天鹅坪组上部覆盖有二叠系和三叠系。其中对下伏天鹅坪组页岩气具有封盖能力的地层主要有下石炭统测水组煤系和之上的梓门桥组石膏层、大隆组页岩、上三叠统-下侏罗统（$T_3$—$J_1$）等。其中梓门桥组、测水组煤系泥岩为区域盖层。测水组煤系为区域性构造滑脱面，泥岩致密，突破压力平均为 14.05 MPa，具有良好的封盖条件。

受构造抬升和风化剥蚀作用影响，研究区残留盖层以梓门桥组地层为主，广泛出露于游家—渣渡—棋梓桥及梓门桥和邵阳凹陷的山界—雀塘、九公桥—仙槎桥—青树坪一带，为一套开阔台地-局限台地相碳酸盐岩沉积，岩性为灰色云质灰岩、泥灰岩、部分地区夹石膏层，厚度为 $102.6\sim430$ m。

膏盐岩可塑性大，是最理想的封闭性盖层。世界上有相当多的大气田都以膏盐岩类地层作为盖层。石炭系大塘组梓门桥组中下部含膏岩系，膏岩系由硬石膏、泥质灰岩和微晶白云岩组成，发育 $2\sim5$ 个石膏盐层。其中，在冷水江铎山 4807 钻孔含膏岩系百余米，其中硬石膏层厚 15.2 m；位于冷水江向斜南东翼的涟 7 井石膏层的累计厚度达 14.5 m，位于温矿一带的邵 5 井石膏层累计厚度为 7.5 m 左右，而位于渡头矿一带的涟深 2 井大塘组石膏层厚约 1.5 m 左右，从厚度分布来看，含膏岩系在涟源地区分布广泛，厚度一般为 $47\sim114$ m，由锡矿山往东南厚度有明显减薄的趋势（表 2-3-3）。

表 2-3-3　湘中涟源地区下石炭统梓门桥组膏盐岩厚度井下统计一览表

| 井名 | 膏岩厚度/m | 层位 |
| --- | --- | --- |
| 冷水江铎山 4807 钻孔 | 15.2 | 梓门桥组 |
| 涟 7 井 | 14.5 | 梓门桥组 |
| 涟 10 井 | <1 | 梓门桥组 |
| 邵 5 井 | 7.5 | 梓门桥组 |
| 涟深 2 井 | 1.5 | 梓门桥组 |

（四）顶底板条件

涟源凹陷天鹅坪页岩盖层主要由上覆测水组泥岩、粉砂岩、煤层和石磴子组大套灰岩构成，封盖条件较好。底板为下伏马栏边组大套灰岩。湘新地 4 井岩心录井揭示本井梓门桥组、马平组和大浦组裂缝较发育，裂缝大部分为垂直缝和斜交缝等，均被灰白色方解石半-全充填。且灰岩中发育大量的溶蚀孔，局部可见构造角砾，地层破碎且发生井漏现象，推测是因钻遇浅层断层而造成地层破碎所致。钻穿该断层后，地层较完整，裂缝较少发育，地层产状平稳。

### （五）水文地质条件

石磴子组厚 135～588 m，主要以泥灰岩、泥质灰岩及白云质灰岩为主，顶部有一层厚 5～20 m 钙质泥岩，可起一定的隔水作用。泥质灰岩可见有溶洞裂隙，泉流量为 0.001～3.320 L/s，钻孔抽水资料显示其泉流速 $q$ 值小于 0.001 L/（s·m），为含弱裂隙水。测水组厚度为 20～484 m，由砂砾岩、砂岩、灰岩、砂质泥岩、泥岩和煤等组成。砂砾岩裂隙较发育，钻孔抽水资料 $q$ 值为 0.000 1～0.109 L/（s·m），含高水头弱裂隙水，是地层水主要发育区。梓门桥组厚度为 131～342 m，以灰、灰黑色泥质灰岩为主，底部为泥灰岩与灰岩互层，中下部泥质灰岩裂隙溶洞发育，泉流量为 0.014～22.3 L/s，钻孔抽水资料 $q$ 值为 0.000 6～1.699 L/（s·m），含中等裂隙水，该底部有厚 15～40 m 的泥灰岩层，可起相对隔水作用。

位于冷水江市锡矿山背斜带内株木山向斜北端的冷浅 1 井，其目的层为天鹅坪组—石磴子组，地层水的矿化度高达 18 185 mg/L、水中含有一定的 $H_2S$，说明该处地下处于封闭状态，有利于天然气的保存。

# 第四节　富有机质页岩含气性

## 一、寒武系牛蹄塘组

### （一）气测录井

气测录井设备所检测的烃类气体主要来自钻进过程中岩石破碎所释放，还包括岩心与围岩快速逸散到泥浆中的气体，检测结果受空气混入、钻时、泥浆与地层压力差、泥浆密度与黏稠度、起下钻及钻探后效等多重因素影响，但仍能直观与定性地反映不同深度段含气性差异及变化趋势。

湘张地 1 井牛蹄塘组底部第 1 段气测录井全烃值在 6 段中最高，为 1.37%～3.75%，平均为 1.97%，其上第 2～5 段气测全烃值整体接近，略低于第 1 段，平均为 1.24%～1.73%，顶部第 6 段全烃值最低，平均为 0.86%，全烃值自上而下呈逐渐升高趋势。因下部第 1～3 段页岩中裂缝较为发育，且存在滑脱构造带，钻探时从第 3 段开始加大了泥浆密度与黏稠度，这导致第 1～3 段录井气测值有所降低，未呈现出与解吸气含量匹配较好的气测显示。此外，该井牛蹄塘组纵向上见多个局部气测高值区域，其深度范围多在 4 m 之内，反映出页岩气纵向分布不均，具有局部富集特征。

慈页 1 井在钻探过程中，在寒武系敖溪组、杷榔组及牛蹄塘组泥页岩层段钻遇良好气测显示 8 层，总厚度为 81 m。其中，中寒武统敖溪组底部（2 248～2 262 m）显示 1 层，总厚度为 14 m，该段气测值最高达 1.99%，岩性为黑色页岩；下寒武统杷榔组顶部（2 456～2 463 m 和 2 481～2 488 m）显示 2 层，总厚度为 14 m，该段气测值最高达 3.22%，岩性为黑色页岩；牛蹄塘组中下部（2 621～2 641 m、2 694～2 698 m、2 702～2 713 m、2 720～

2 724 m 和 2 733~2 747 m）显示 5 层，总厚度为 53 m，底部气测值最高达 3.61%，岩性为黑色碳质页岩、硅质页岩。整体揭示了该区中、下寒武统具有一定的页岩气勘探潜力。

通过对湘吉地 1 井牛蹄塘组全段录井发现，牛蹄塘组页岩气测全烃值分布范围为 0.24%~16.66%。其中，下部第 2 段全烃值最高，为 1.34%~16.66%，平均为 7.39%，第 1、3 段次之，均值分别为 4.81% 与 2.22%，上部第 4~6 段均偏低，平均为 0.40%~1.5%，牛蹄塘组纵向气测全烃值呈上低下高的分布趋势，同解吸气含量的纵向变化情况匹配性较好，与下部页岩裂缝与孔隙的发育及滑脱构造的影响有关。此外，该井牛蹄塘组纵向上见多个局部气测高值区域，其深度范围多在几米之内，反映出页岩气纵向分布不均，具有局部富集特征。

湘桃地 1 井共 10 个气测异常层段，储层含气性相对较差，气测不活跃，仅部分井段气测显示活跃，1 185 m 气测值最高为 3.131%（表 2-4-1）。湘桃地 1 井非目的层段有 7 个气测异常段，目的层牛蹄塘组黑色碳质泥岩夹灰色泥灰岩互层、黑色碳质页岩有 3 个气测异常段。非目的层异常层段气测值最高为 3.131%，含气性一般，5 个气测异常层段解释为含气层，2 个气测异常段解释为干层；目的层牛蹄塘组黑色碳质泥岩夹灰色泥灰岩互层、黑色碳质页岩有 3 个气测异常段，异常层段气测值最高为 0.736%，含气性中等，气测异常层段解释为含气层。

表 2-4-1　湘桃地 1 井气测录井异常统计表

| 序号 | 起始深度/m | 终止深度/m | 厚度/m | 地层 | 岩性 | 总烃/% | | 异常系数 | 异常划分 |
|---|---|---|---|---|---|---|---|---|---|
| | | | | | | 气测基值 | 气测值 | | |
| 1 | 715 | 730 | 15 | 车夫组 | 深灰色泥质灰岩夹灰黑色泥岩互层 | 0.014 | 0.061 | 4.36 | 裂缝性气测异常 |
| 2 | 744 | 751 | 7 | 花桥组 | 深灰色泥质条带灰岩夹灰色泥灰岩互层 | 0.074 | 0.341 | 4.61 | 气测异常 |
| 3 | 828 | 871 | 43 | 花桥组 | 灰色泥灰岩夹深灰色泥质条带灰岩互层 | 0.041 | 0.281 | 6.85 | 气测异常 |
| 4 | 945 | 957 | 12 | 敖溪组 | 黑色含灰碳质页岩、夹薄层灰色泥灰岩 | 0.061 | 0.396 | 6.49 | 气测异常 |
| 5 | 1 155 | 1 178 | 23 | 敖溪组 | 黑色碳质页岩夹深灰色白云质泥岩 | 0.054 | 0.426 | 7.89 | 气测异常 |
| 6 | 1 181 | 1 187 | 6 | 敖溪组 | 灰白色泥晶白云岩 | 0.072 | 3.131 | 43.49 | 气测异常 |
| 7 | 1 420 | 1 427 | 7 | 清虚洞组 | 黑色碳质泥岩 | 0.031 | 0.277 | 8.94 | 气测异常 |
| 8 | 1 671 | 1 677 | 6 | 牛蹄塘组 | 黑色碳质泥岩夹灰色泥灰岩互层 | 0.081 | 0.518 | 6.39 | 气测异常 |
| 9 | 1 687 | 1 690 | 3 | 牛蹄塘组 | 黑色碳质页岩 | 0.084 | 0.645 | 7.68 | 气测异常 |
| 10 | 1 734 | 1 800.5 | 66.5 | 牛蹄塘组 | 黑色含硅质碳质泥岩夹灰色泥质灰岩 | 0.236 | 0.736 | 3.12 | 气测异常 |

（二）现场解吸气含量

含气量是页岩气资源潜力评价的关键指标，决定是否具备可开发的经济价值。现场解吸试验是测定页岩含气量最直接可靠的方法，通过 YSQ-III 型岩石解吸气测定仪对湘张地1井牛蹄塘组样品进行现场解吸测定，并采用美国矿务局（United States Bureau of Mine，USBM）直线回归法对部分样品进行损失气量恢复计算[表 2-4-2（罗胜元 等，2019）]。结果显示，牛蹄塘组页岩总含气量（未包含残余气）为 0.02～2.29 m³/t，其中解吸气含量为 0.01～1.59 m³/t，含量大于 0.5 m³/t 的连续页岩厚 32 m（1 933～1 965 m），主要分布于牛蹄塘组第 3 段内，大于 0.3 m³/t 的页岩累计厚度达 45 m（1 965～1 982 m，1 905～1 933 m），主要集中在第 2、3 段内；损失气含量为 0.01～0.95 m³/t，下部第 2、3 段较高，为 0.123～0.95 m³/t，平均为 0.55 m³/t。

表 2-4-2  湘张地 1 井牛蹄塘组分段特征

| 分段 | 顶底深度/ m | 岩性 | TOC /% | 气测全烃 /% | 解吸气含量 / (m³/t) | 损失气含量 / (m³/t) |
|---|---|---|---|---|---|---|
| 6 段 | 1 792.2～1 807 | 灰黑色碳质页岩，局部含粉砂 | 1.19 | 0.33～1.45 (0.86) | 偏低 | 偏低 |
| 5 段 | 1 807～1 890 | 黑色碳质页岩 | 1.46～3.15 (2.20) | 0.56～7.02 (1.73) | 0.01～0.08 (0.04) | 0.01～0.08 (0.03) |
| 4 段 | 1 890～1 905 | 黑色碳质页岩，局部为含钙质炭质页岩 | 2.26 | 0.84～2.63 (1.29) | 0.03～0.11 (0.07) | 0.03～0.11 (0.07) |
| 3 段 | 1 905～1 964.1 | 黑色碳质页岩夹少量泥质灰岩薄层 | 4.35～10.50 (6.08) | 0.56～4.03 (1.26) | 0.12～1.59 (0.68) | 0.12～0.95 (0.54) |
| 2 段 | 1 964.1～1 982.4 | 黑色碳质页岩夹薄层泥质灰岩，含硅磷钙质结核 | 6.16～10.3 (8.60) | 0.80～2.14 (1.24) | 0.35～0.55 (0.45) | 0.43～0.70 (0.57) |
| 1 段 | 1 982.4～1 998 | 黑色碳质页岩、硅质页岩、白云质页岩夹少量泥质灰岩 | 4.35～4.84 (4.53) | 1.37～3.75 (1.97) | 偏低 | 无法测算 |

湘张地 1 井录井气测值在顶部第 6 段最低，底部第 1 段最高，考虑因调整泥浆引起的第 1～3 段气测值偏低的情况，下部第 1～3 段含气性较好，向上第 4～6 段含气性逐渐变差。解吸气与损失气含量在顶部第 6 段偏低，进入第 4～5 段有所增加，但仍处于较低水平（多小于 0.1 m³/t），进入第 3 段后，二者突然升高，总含气量最高达 2.29 m³/t，平均为 1.22 m³/t，该段含气量变化大，随深度并不呈明显增减趋势，具有局部富集的特征。向下第 2 段，含气量略有降低，平均为 1.02 m³/t，到底部第 1 段解吸气量骤然下降，只有 0.01 m³/t，因该段内存在滑脱构造带，岩心破碎，钻探取心过程中气体快速散失，无法用 USBM 直线回归法计算损失气含量，故该段录井气测值高而解吸气含量低。综合气测录井与现场解吸结果认为，第 1、3 段含气量最高，第 2 段次之，第 4～6 段整体偏低，其中第 3 段含气性分布不均，局部富集，第 1 段所含气体主要为游离气。

湘吉地 1 井牛蹄塘组现场含气性测定显示，牛蹄塘组页岩解吸气含量为 0.01～4.93 m³/t，以下部第 2 段页岩含气性最好，第 1 段次之。第 2 段页岩解吸气含量为 0.17～4.93 m³/t，平均高达 2.13 m³/t，含量大于 1.0 m³/t 的连续暗色页岩段厚度为 14 m（井深 2 002～2 022 m），岩心浸水试验气泡较明显，现场录井收集到的随钻反排气体可直接点火，火焰呈淡蓝色，均反映出该段的优质含气性。底部第 1 段解吸气含量为 0.37～0.69 m³/t，平均为 0.53 m³/t；上部第 4～6 段整体含气性较低，平均解吸气含量均在 0.3 m³/t 以下。

2015H-D5 井 17 块样品的现场解吸试验表明，随着埋深的增加，解吸气体积总体趋势逐渐增加（图 2-4-1），至 1 466.60 m 达到峰值 525.8 mL，含气量为 0.37 m³/t；其中解吸气含量较高的集中在 1 435.22～1 570.90 m，1 581 m 深度以下的解吸气含量逐渐减少，总体上，含气量大多小于 1 m³/t。吉浅 1 井 12 块样品的现场解吸结果同样表明，牛蹄塘组下部解吸气含量较上部高。由于页岩储层具有较强的非均质性，大量的页岩气在现场无法完全解吸释放，完整的解吸过程通常需要持续数周，同时考虑到装罐时间等因素，结合已有的解吸曲线做比较，推测研究区牛蹄塘组页岩含气量范围应在 0.4～0.6 m³/t，总体上含气量较低。现场解吸

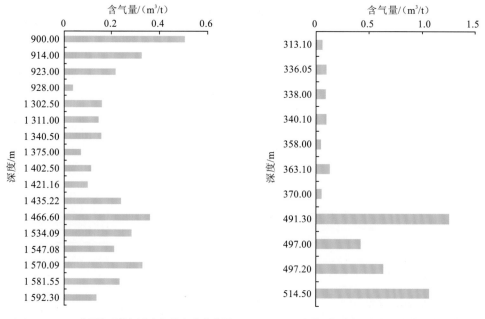

（a）2015H-D5井页岩现场解吸含气量变化趋势图　　　（b）吉浅1井页岩现场解吸含气量变化趋势图

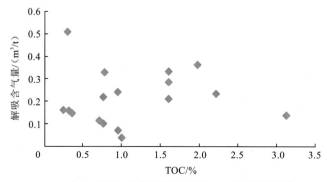

（c）2015H-D5井解吸含气量与TOC含量变化关系

图 2-4-1　2015H-D5 井与吉浅 1 井页岩现场解吸含气量变化
及 2015H-D5 井解吸含气量与 TOC 关系

试验表明含气量不高，根据现场岩心观察，牛蹄塘组页岩极其致密，硬度很大，泥岩段裂缝不发育，且大多被方解石脉体充填，导致游离态页岩气含量低，基本都以吸附态分布在致密页岩微小的纳米级孔隙中，短时间的现场解吸难以彻底检测出吸附态的页岩气。

参数井慈页 1 井中下寒武统页岩现场解吸共测试了 45 块次。其中，敖溪组 8 块样品解吸气含量为 0.015～0.045 m³/t，对其中的 1 块样品进行了残余气解吸，残余气含量为 0.272 m³/t，总含气量为 0.328 m³/t；杷榔组 13 块样品解吸气含量为 0.028～0.176 m³/t，对其中的 4 块样品进行了残余气解吸，残余气含量为 0.294～0.636 m³/t，总含气量为 0.456～0.945 m³/t；牛蹄塘组 24 块样品解吸气含量为 0.015～0.129 m³/t，对其中 1 块样品进行了残余气解吸，残余气含量为 0.602 m³/t，总含气量为 0.859 m³/t[表 2-4-3（孟凡洋 等，2018）]。揭示了湘西北慈利地区中下寒武统页岩具备一定的含气量，但含气量偏低。残余气含量在总含气量中所占比重大，而解吸气含量所占比重小。

表 2-4-3　慈页 1 井中寒武系敖溪组—牛蹄塘组样品分析数据

| 层位 | 深度/m | 岩性 | TOC/% | $R_o$/% | 解吸气含量/（m³/t） | 损失气含量/（m³/t） | 残余气含量/（m³/t） | 总含气量/（m³/t） |
|---|---|---|---|---|---|---|---|---|
| 敖溪组 | 2 264.5 | 泥岩 | 1.29 | — | — | — | — | — |
| | 2 266.5 | 泥岩 | 1.48 | 2.58 | 0.045 | 0.010 | 0.272 | 0.328 |
| | 2 268.5 | 泥岩 | 2.69 | — | 0.031 | 0.031 | — | — |
| | 2 270.5 | 泥岩 | 0.46 | 2.40 | 0.017 | 0.030 | — | — |
| | 2 272.5 | 泥岩 | 0.75 | — | 0.015 | 0.015 | — | — |
| | 2 274.5 | 泥岩 | 0.21 | — | 0.018 | 0.018 | — | — |
| | 2 276.5 | 泥岩 | 1.05 | 2.64 | 0.035 | 0.035 | — | — |
| | 2 278.5 | 泥岩 | 1.33 | — | 0.025 | 0.030 | — | — |
| 杷榔组 | 2 463.0 | 泥岩 | 0.68 | — | — | — | — | — |
| | 2 465.0 | 泥岩 | 0.28 | 2.68 | — | — | — | — |
| | 2 467.0 | 泥岩 | 0.53 | — | 0.028 | 0.028 | — | — |
| | 2 469.0 | 泥岩 | 0.49 | — | 0.037 | 0.074 | — | — |
| | 2 471.0 | 泥岩 | 0.46 | 2.65 | 0.052 | 0.110 | 0.294 | 0.456 |
| | 2 473.0 | 泥岩 | 1.69 | — | 0.059 | 0.059 | — | — |
| | 2 475.0 | 泥岩 | 1.61 | 2.78 | 0.057 | 0.057 | 0.572 | 0.685 |
| | 2 477.0 | 泥岩 | 1.96 | — | 0.111 | 0.109 | — | — |
| | 2 479.0 | 泥岩 | 2.27 | 2.60 | 0.176 | 0.133 | 0.636 | 0.945 |
| | 2 488.0 | 泥岩 | 2.45 | — | 0.174 | 0.217 | 0.387 | 0.778 |
| | 2 490.0 | 泥岩 | 2.32 | 3.26 | 0.114 | 0.114 | — | — |
| | 2 492.0 | 泥岩 | 2.10 | — | 0.055 | 0.055 | — | — |
| | 2 494.0 | 泥岩 | 1.41 | 3.44 | 0.086 | 0.086 | — | — |

| 层位 | 深度/m | 岩性 | TOC/% | $R_o$/% | 解吸气含量 / (m³/t) | 损失气含量 / (m³/t) | 残余气含量 / (m³/t) | 总含气量 / (m³/t) |
|---|---|---|---|---|---|---|---|---|
| | 2 642.5 | 泥岩 | 2.82 | — | 0.035 | 0.069 | — | — |
| | 2 644.5 | 泥岩 | 2.48 | — | 0.009 | 0.050 | — | — |
| | 2 646.5 | 泥岩 | 2.40 | 3.34 | 0.023 | 0.101 | — | — |
| | 2 648.5 | 泥岩 | 2.07 | — | — | — | — | — |
| | 2 650.5 | 泥岩 | 1.63 | 3.34 | 0.024 | 0.103 | — | — |
| | 2 652.5 | 泥岩 | 1.84 | — | 0.019 | 0.095 | — | — |
| | 2 698.5 | 泥岩 | 3.74 | — | 0.004 | 0.015 | — | — |
| | 2 700.0 | 泥岩 | 4.50 | 3.31 | 0.037 | 0.039 | — | — |
| | 2 702.0 | 泥岩 | 4.85 | — | 0.015 | 0.015 | — | — |
| | 2 704.0 | 泥岩 | 5.32 | — | 0.037 | 0.037 | — | — |
| | 2 706.0 | 泥岩 | 4.42 | 3.36 | — | — | — | — |
| 牛蹄塘组 | 2 708.0 | 泥岩 | 4.90 | — | 0.046 | 0.046 | — | — |
| | 2 710.0 | 泥岩 | 6.44 | 3.13 | 0.128 | 0.129 | 0.602 | 0.859 |
| | 2 712.0 | 泥岩 | 5.67 | — | 0.110 | 0.069 | — | — |
| | 2 714.0 | 泥岩 | 4.85 | — | 0.035 | 0.035 | — | — |
| | 2 716.0 | 泥岩 | 3.08 | 3.15 | 0.072 | 0.023 | — | — |
| | 2 718.0 | 泥岩 | 1.79 | 3.16 | — | — | — | — |
| | 2 720.0 | 泥岩 | 2.28 | 3.22 | — | — | — | — |
| | 2 722.0 | 泥岩 | 4.86 | 3.25 | 0.080 | 0.080 | — | — |
| | 2 724.0 | 泥岩 | 7.90 | 3.20 | 0.054 | 0.054 | — | — |
| | 2 726.0 | 泥岩 | 6.27 | 3.53 | 0.038 | 0.038 | — | — |
| | 2 728.0 | 泥岩 | 6.34 | 3.02 | 0.033 | 0.033 | — | — |
| | 2 730.0 | 泥岩 | 5.94 | 3.55 | — | — | — | — |
| | 2 732.0 | 泥岩 | 3.84 | 3.44 | 0.099 | 0.099 | — | — |

　　湘桃地 1 井采用辽宁海城 YSQ-III 型页岩气现场解吸仪，在牛蹄塘组气测显示较好页岩段 1 318.3～1 772.5 m 共采集 45 块岩心样品进行气体解吸试验。结果表明，页岩解吸气含量分布在 0.000 3～0.343 4 m³/t，平均为 0.063 m³/t。岩心的含气性整体较差，但在纵向上表现出随埋深的增大逐渐升高的趋势，指示靠近牛蹄塘组下部页岩含气性较好。由于采样及钻井事故，本次未能对 1 772.5～1 827 m 最优质页岩段开展现场解吸工作，但从含气性变化规律可以推断，优质页岩段含气性应该较上部更好（图 2-4-2）。

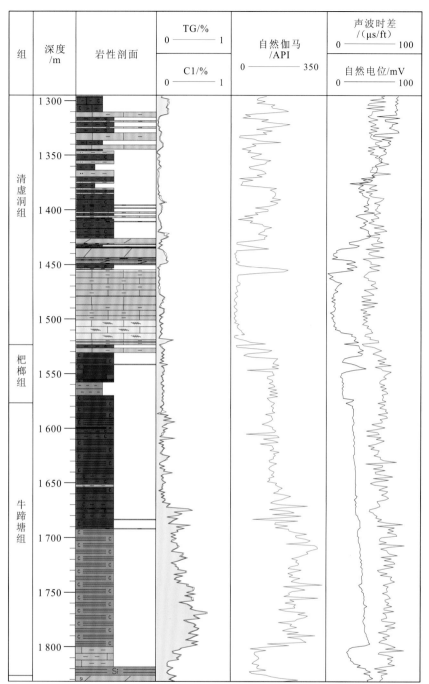

图 2-4-2  湘桃地 1 井全井气测曲线图

图例见图 2-1-12

其他单井方面，对常页 1 井牛蹄塘组页岩共分析了 63 件样品，其解吸气含量为 0.5～2.1 m³/t（林拓 等，2014）；湘溆地 1 井录井气测显示与解吸气含量均较低。

（三）气体组分特征

2015H-D5 井根据现场解吸气体的组分测试来看，绝大部分为氮气，平均约占 80%，其次氧气占比为 19.53%，两者超过 98%。甲烷和其他组分烃类占比很低，均不超过 1%。反映该地区由于经历了多期构造运动，地层被抬升剥蚀，大气水下渗严重，页岩气保存条件已被破坏。

慈页 1 井现场解吸表明，页岩气残余气占比较大，平均为 69.7%，而损失气较小，平均仅为 14.9%。反映了在较强破坏作用背景下，以吸附状态为主的残余气所受影响较小，而以游离状态为主的损失气则损失较大。慈页 1 井解吸气体成分中甲烷质量分数平均为 76.9%，但同时氮气质量分数平均为 22.87%。

对常页 1 井 63 块样品进行现场解吸，解吸结果显示（图 2-4-3），埋深较浅时样品含气量普遍较低，随着深度的增加含气量逐渐增高，样品平均含气量约为 2 m³/t，常页 1 井解吸气主要烃类成分为甲烷，含有少量的乙烷及微量的丙烷，吸附气甲烷含量普遍较低，约为 20%，可能的原因有：样品解吸前遭受空气污染，或者井深较浅页岩层与大气可能存在气体交换。在寒武系地层出露区，后者可能性更高。

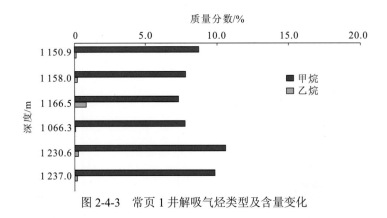

图 2-4-3　常页 1 井解吸气烃类型及含量变化

（四）含气性平面分布

从平面上牛蹄塘组区域的含气性特征来看（图 2-4-4），含气性较好的地区主要分布在雪峰隆起及北西缘草堂凹陷及其北东向延伸带上，为武陵断弯褶皱带次级构造单元，该含气带由南东向北西含气性逐渐变差。至安化—溆浦地区，牛蹄塘页岩含气性极差。同一含气带不同区含气性也存在较大差异。该含气带由北西至南东，页岩由深水陆棚相沉积向盆地相沉积过渡，页岩层厚度大，有机质丰度较高，成熟度 $R_o$ 为 3% 左右，较适中，有利于气体的生成。该含气带南东侧整体处于雪峰基底拆离带，构造十分复杂，岩层弯曲变形强烈，产状不稳定，小型断层与裂缝异常发育，对页岩含气性破坏作用强，不利于气体的保存，而该区北西侧整体位于武陵断弯褶皱带，褶皱相对宽缓，地层产状稳定，尽管受区域推覆作用影响，但整体保存条件较好，故北西侧含气性优于南东侧。牛蹄塘组页岩纵向含气性差异较大，主要为页岩储层垂向上的非均质性所决定，该组下段页岩有机质丰度较高、储层物性好，含气性整体好于上段，为区内牛蹄塘组页岩气勘探的重要层段。

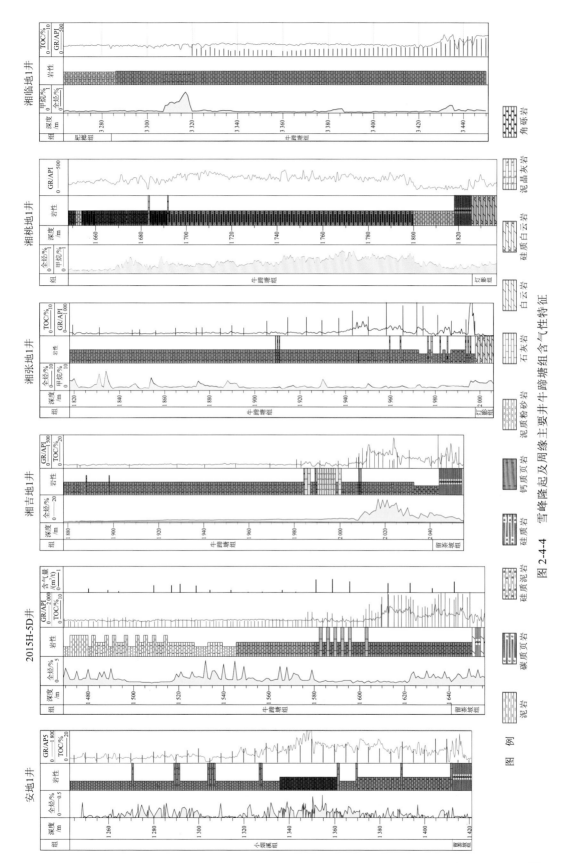

图 2-4-4 雪峰隆起及周缘主要井牛蹄塘组含气性特征

## 二、志留系龙马溪组

页岩气含气量是指单位体积页岩中页岩气的含量,是页岩气勘探评价中的重要参数,也是页岩气试验测试的难点之一。湘常地 1 井、湘桃地 2 井的页岩含气量主要由测井综合解释结果获取。

湘常地 1 井五峰组—龙马溪组黑色页岩段总含气量介于 0.83~1.45 m³/t(表 2-4-4),平均为 1.2 m³/t,其中游离气含量介于 0.32~0.35 m³/t,平均为 0.34 m³/t,吸附气含量介于 0.48~1.11 m³/t,平均为 0.85 m³/t。表明页岩气主要以吸附气方式赋存在页岩中。

表 2-4-4　湘常地 1 井五峰组—龙马溪组黑色页岩含气性特征

| 顶深/m | 底深/m | 厚度/m | 游离气含量/(m³/t) | 吸附气含量/(m³/t) | 总含气量/(m³/t) | 解释结果 |
|---|---|---|---|---|---|---|
| 1 524.5 | 1 526.8 | 2.3 | 0.32 | 0.65 | 0.97 | 干层(泥页岩) |
| 1 529.3 | 1 531.6 | 2.4 | 0.35 | 0.48 | 0.83 | 干层(泥页岩) |
| 1 531.6 | 1 539.3 | 7.6 | 0.34 | 0.86 | 1.20 | 三类泥页岩层 |
| 1 549.1 | 1 551.6 | 2.5 | 0.35 | 1.10 | 1.45 | 三类泥页岩层 |
| 1 551.6 | 1 552.5 | 0.9 | 0.35 | 0.63 | 0.98 | 干层(泥页岩) |
| 1 552.5 | 1 555.9 | 3.4 | 0.34 | 1.11 | 1.45 | 三类泥页岩层 |
| 1 555.9 | 1 561.9 | 6.0 | 0.35 | 0.88 | 1.23 | 干层(泥页岩) |
| 1 561.9 | 1 564.4 | 2.5 | 0.35 | 1.09 | 1.44 | 三类泥页岩层 |
| 1 564.4 | 1 565.4 | 1.0 | 0.35 | 0.75 | 1.10 | 干层(泥页岩) |
| 1 565.4 | 1 571.1 | 5.8 | 0.33 | 0.99 | 1.32 | 三类泥页岩层 |

湘桃地 2 井五峰组—龙马溪组黑色页岩段总含气量介于 1.1~2.63 m³/t(表 2-4-5),平均为 1.65 m³/t,其中游离气含量介于 0.48~1.16 m³/t,平均为 0.72 m³/t,吸附气含量介于 0.62~1.47 m³/t,平均为 0.93 m³/t。表明页岩气主要以吸附气和游离气两种方式赋存在页岩中。

表 2-4-5　湘桃地 2 井五峰组—龙马溪组黑色页岩含气性特征

| 顶深/m | 底深/m | 厚度/m | 游离气含量/(m³/t) | 吸附气含量/(m³/t) | 总含气量/(m³/t) | 解释结果 |
|---|---|---|---|---|---|---|
| 1 522.5 | 1 524.9 | 2.4 | 0.69 | 0.75 | 1.44 | 三类泥页岩层 |
| 1 542.9 | 1 545.9 | 3.0 | 0.77 | 0.93 | 1.70 | 三类泥页岩层 |
| 1 548.6 | 1 551.3 | 2.7 | 0.66 | 0.90 | 1.56 | 三类泥页岩层 |
| 1 552.6 | 1 555.1 | 2.5 | 0.48 | 0.62 | 1.10 | 干层(泥页岩) |
| 1 556.5 | 1 559.1 | 2.6 | 0.54 | 0.79 | 1.33 | 干层(泥页岩) |
| 1 559.8 | 1 563.7 | 3.9 | 1.16 | 1.47 | 2.63 | 二类泥页岩层 |
| 1 564.4 | 1 567.4 | 3.0 | 0.75 | 1.07 | 1.82 | 三类泥页岩层 |

# 三、石炭系天鹅坪组

湘新地 4 井在井深 981～1 416 m 段，钻获石炭系石磴子组、陡岭坳组和天鹅坪组高含气量富钙型页岩气（图 2-4-5）。

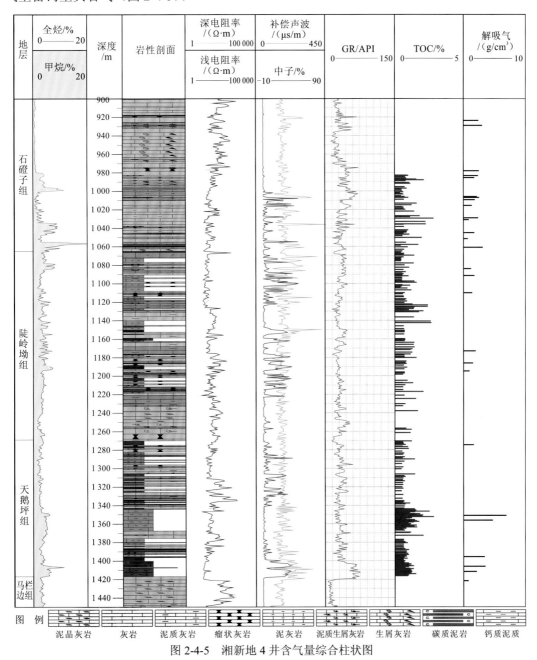

图 2-4-5　湘新地 4 井含气量综合柱状图

天鹅坪组可划分为三段，上段（1 064.9～1 230.4 m）与中段（1 230.4～1 268.8 m）也称陡岭坳组，具有多套气测异常含气层。井深 1 079～1 084 m（厚 5 m），全烃质量分数由 3.803%上升到 8.06%，甲烷质量分数由 3.709%上升到 7.203%；井深 1 119～1 124 m（厚 5 m），全烃质量分数由 2.232%上升到 6.389%，甲烷质量分数由 1.834%上升到 5.648%；1142～1143 m（厚 1 m），全烃质量分数由 2.612%上升到 6.353%，甲烷质量分数由 2.21%上升到 5.688%；井深 1 146～1 148 m（厚 2 m），全烃质量分数由 2.612%上升到 5.373%，甲烷质量分数由 2.21%上升到 4.806%；井深 1 163～1 169 m（厚 3 m），全烃质量分数由 2.608%上升到 5.38%，甲烷质量分数由 2.18%上升到 4.938%；井深 1 171～1 177 m（厚 6 m），全烃质量分数由 2.212%上升到 6.87%，甲烷质量分数由 1.733%上升到 6.62%；井深 1 189～1 192 m（厚度为 3 m），全烃质量分数由 2.612%上升到 7.073%，甲烷质量分数由 2.21%上升到 6.68%。在 1 190.5 m 处出现井涌现象，岩心水浸试验气泡剧烈，6 个样品现场解吸气含量为 0.95～1.95 m³/t，平均为 1.44 m³/t（不含残余气）。

天鹅坪组下段岩性以灰黑色钙质页岩、含碳质泥岩，夹生物屑粉晶灰岩，页岩中见生物屑底部见薄层状细砂岩。钻获两套优质连续页岩层，其中井深 1 343.9～1 367.5 m（厚度为 23.6 m），为一套优质钙质泥岩层，井深 1 390.5～1 416.8 m（厚度为 26.3 m），为一套优质泥页岩层。两套页岩层均有气测异常，1 343.9～1 367.5 m 段全烃质量分数由 2.163%上升到 5.844%，甲烷质量分数由 1.693%上升到 5.322%。1 390～1 417 m 段全烃值质量分数由 2.47%上升到 11.205%，甲烷质量分数由 2.11%上升到 10%。岩心水浸试验气泡剧烈，6 个样品的现场解吸气含量为 1.639～4.29 m³/t，平均为 2.69 m³/t（不含残余气）（图 2-4-5）。

# 第三章 页岩气形成富集主控因素与富集模式

## 第一节　页岩地球化学特征与有机质富集机理

### 一、寒武系牛蹄塘组

虽然鄂西宜昌和湘西凤凰分别是我国南方震旦纪—寒武纪台地相和斜坡相地层划分对比的标准剖面，具有较高的生物地层研究程度（彭善池，2008；汪啸风 等，1987），但由于当时处于海相无脊椎动物多样性发展早期，演化速度快、地理分布广，可作为不同相区地层划分对比的化石门类十分有限，从而为不同相区地层的划分对比带来了困难。本章在以往生物地层研究基础上，选择寒武纪不同相区的鄂宜地 2 井、湘桃地 1 井和 2015H-D1 井为代表，开展碳酸盐岩的稳定碳氧同位素组成和碎屑岩全岩氧化物含量测试，以期通过化学地层学的方法建立雪峰隆起周缘震旦系—寒武系多重地层划分格架，确定页岩的时空分布特点，探讨富有机质页岩的成因。

#### （一）地层格架与古地理背景

**1. 碳同位素地层划分与对比**

鄂宜地 2 井位于中扬子中部黄陵隆起南缘。该地区是中扬子浅水台地寒武系多重地层划分对比的标准地区，生物地层和年代地层研究程度相对较高（汪啸风 等，2002，1987）。根据以往区域地层多重划分对比研究结果，宜地 2 井灯影组上部灰岩、白云岩与岩家河组下段顶部第一小壳化石组合，以及岩家河组上段第二小壳化石组合之间，碳同位素负偏移和碳同位素正偏移应大致与滇东地区寒武系基底碳同位素偏移（Basal Cambrian carbon isotope excursion，BACE）和朱家箐碳同位素偏移（Zhujiaqing carbon isotope excursion，ZHUCE）对比（Zhu et al.，2006）。由于峡东地区石牌组产第二统下部南皋阶上部三叶虫带的带化石 *Paokannia*，水井沱组产南皋阶下部的 *Hupeidiscus-Sinodiscus* 带的三叶虫（陈孝红 等，2018b），峡东地区第二统—纽芬兰统界线大致与水井沱组—岩家河组界线接近。考虑峡东地区寒武系的古杯化石仅见于天河板组中上部，鄂宜地 2 井天河板组碳同位素组成的正偏移和石龙洞组下部碳同位素组成负偏移应与 Zhu 等（2006）识别的明心寺碳同位素偏移（Mingxinsi carbon isotope excursion，MICE）和古杯绝灭事件碳同位素偏移（Archaeocyathid extinction carbon isotope excursion，AECE）事件对应。由于覃家庙组下部灰岩中产台江阶下部三叶虫带化石 *Xingrenaspis*（周鹏 等，2010），三游洞组下部灰岩产苗岭统上部的牙形石（汪啸风 等，1987），覃家庙组下部和上部碳同位素正偏移应大致分别于与 Zhu 等（2006）

识别的莱德利基虫目三叶虫—小油栉虫目三叶虫绝灭碳同位素偏移（Redlichiid-Olenellid extinction carbon isotope excursion，ROECE）和鼓山阶底部碳同位素偏移（Drumian carbon isotope excursion，DICE）对应。其上，三游洞组中部碳同位素的明显正偏移则与芙蓉统底部碳同位素偏移（Steptoean positive carbon isotope excursion，SPICE）异常（樊茹 等，2011；Zhu et al.，2006）对应（图3-1-1）。

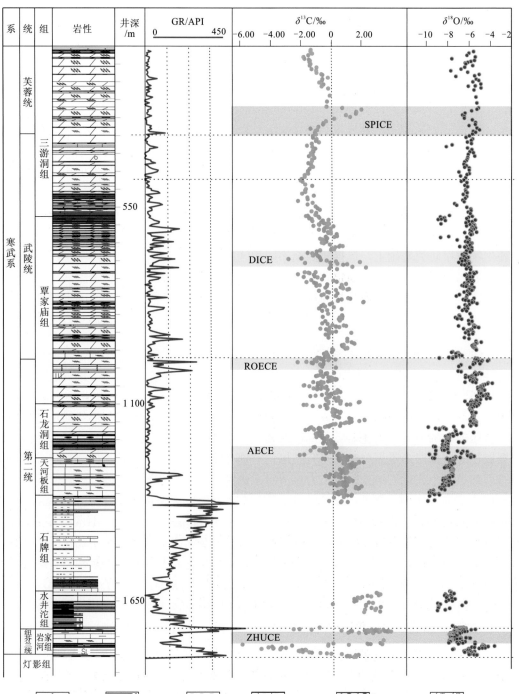

图3-1-1　鄂宜地2井寒武系多重地层划分综合柱状图

湘桃地 1 井位于雪峰隆起基底冲断带前缘，沅麻盆地东北部。由于后期抬升剥蚀，寒武系顶部发育不全，寒武系与上覆白垩系呈不整合接触。寒武纪时期雪峰隆起区的古地理位置与黔东南相似，为台地向盆地转变的斜坡地带。根据湘桃地 1 井寒武系岩石组合特征，自下而上可以划分为牛蹄塘组、杷榔组、清虚洞组、敖溪组、车夫组和比条组。其中牛蹄塘组可以进一步分为下部硅质页岩段、中部碳质页岩段和上部泥质灰岩段（图 3-1-2）。在黔东南地区与上述牛蹄塘组相当地层自下而上划分为牛蹄塘组、九门冲组和变马冲组，其中九门冲组产南皋阶下部 *Hupeidiscus-Sinodiscus* 带的三叶虫，相当于南皋阶中部的沉积。其上覆变马冲组，与黔北地区的明心寺组对比，为南皋阶上部的沉积（王传尚 等，2013）。苗岭统自上而下划分为清虚洞组、敖溪组和车夫组（下部）。芙蓉统自下而上划分为车夫组（上部）和比条组。区内浮游三叶虫发育，生物地层序列清楚，建立有芙蓉统排碧阶和苗岭统古丈阶两个国际界线层型剖面（彭善池，2008），是我国南方寒武系年代地层划分对比的标准地区。虽然湘桃地 1 井井下岩心中三叶虫化石稀少，三叶虫化石带不十分清楚，但与苗岭统和芙蓉统底界大致对比的 ROECE 负偏移和 SPICE 正偏移分别在清虚洞组中上部和车夫组中上部清晰可见（图 3-1-2）。此外，从相对位置上看，Zhu 等（2006）在寒武系第二统和苗岭统自下而上识别出的其他稳定碳同位素异常事件，包括寒武纪节肢动物辐射碳同位素偏移（Cambrian Arthropod Radiation isotope excursion，CARCE）、MICE、AECE 和 DICE 应分别对应于湘桃地 2 井牛蹄塘组中部和上段的碳同位素正偏移及杷榔组和清虚洞组下部的碳同位素负偏移。换而言之，第二统的底界从湘桃地 2 井寒武系牛蹄塘组下—中段界线附近穿过，而苗岭统的底界可能从清虚洞组中部穿过（图 3-1-2）。

鉴于牛蹄塘组中段碳酸盐岩中的 $\delta^{18}O<10‰$，碳酸盐岩中 $\delta^{13}C$ 可能遭受强烈成岩作用影响而失真，为此，本节针对湘桃地 1 井牛蹄塘组中段下部—下段开展了有机质碳同位素测试，结果显示牛蹄塘组中段下部—下段的有机质碳同位素组成变化特点与滇东小滩剖面寒武系下部的有机质碳同位素组成相似（Cremonese et al.，2013）。有机质碳同位素组成变化不仅支持湘桃地 2 井寒武系第二统的底阶与牛蹄塘组中段底界接近的推断（图 3-1-3），而且暗示湘桃地 1 井寒武系牛蹄塘组下部一套有机质碳同位素组成具有明显正偏移的泥灰岩层，在层位上应大致与纽芬兰统灯影组顶部大海段对比，其底阶接近寒武系第二个阶的底界。由于湘桃地 1 井灯影组生物地层和碳同位素地层信息缺乏，湘桃地 2 井寒武系的底阶目前尚无法准确限定，从邻区贵州松桃四方井剖面推测寒武系底阶位于灯影组上部硅质白云岩段中部（Chen et al.，2019）。

由于峡东岩家河组第一、二小壳化石组合分别与滇东寒武系下部第一、三小壳化石组合对比（Jiang et al.，2012），可以确定鄂宜地 2 井岩家河组底部的碳同位素负偏移、岩家河组中部同位素正偏移及岩家河组顶部碳同位素应负偏移分别与滇东地区的 BACE、ZHUCE 和石岩头碳同位素偏移（Shiyantou carbon isotope excursion，SHICE）事件对比（图 3-1-1），寒武系及寒武系苗岭统的底界分别与岩家河组和灯影组，以及岩家河组和水井沱组的岩性转换面对应。宜昌地区晋宁阶和梅树村阶的下部和上部均存在不同程度的地层缺失。

**2. 碳同位素组成与海平面变化的变化**

不同岩性的自然伽马值不同，影响岩石自然伽马值的元素中，铀含量的影响程度相对较高，钍和放射性钾含量的影响程度相对较低，且铀的富集保存除了与岩性有关，还与沉积环境的氧化还原条件关系密切，因此，同一剖面上，相同岩性的伽马值变化能够较好地反映沉积环境的氧化还原条件变化特点。结合沉积岩石学特点，可以利用自然伽马测井曲

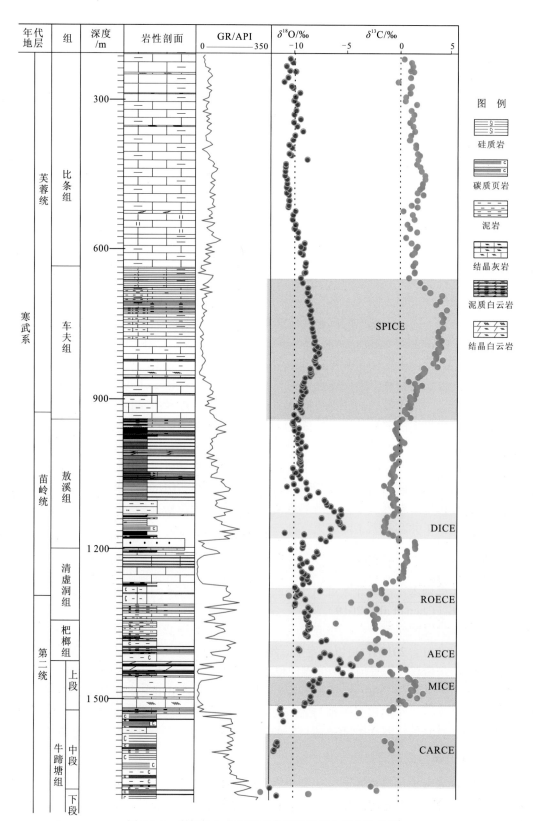

图 3-1-2　湘桃地 1 井寒武系多重地层划分综合柱状图

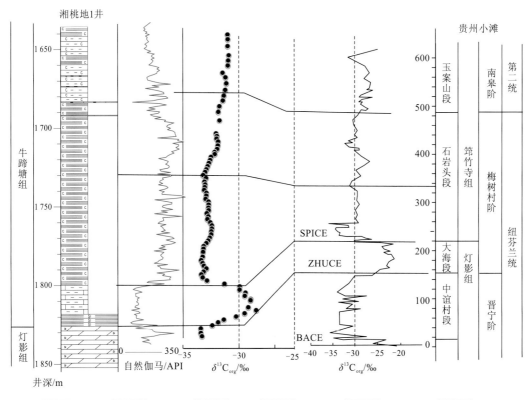

图 3-1-3　湘桃地 1 井寒武系牛蹄塘组有机质碳同位素组成变化曲线

线变化特点直观地获得地层沉积的环境变化特点，进而为海平面变化和层序地层的划分提供依据。对比鄂宜地 2 井和湘桃地 1 井寒武系自然伽马测井曲线和碳同位素组成变化曲线发现，纽芬兰世统的碳同位素组成变化曲线与自然伽马曲线的变化规律同步，但第二统以后两者的变化曲线相反，证明海水中碳同位素组成均受海平面变化影响，但纽芬兰世—第二世界线前后，海水中的碳同位素组成受海水氧化还原条件变化的影响方式不同。纽芬兰世大气含氧量较低，海洋表层生物死亡之后，在沉积埋藏过程氧化分解不彻底，深部海水可能存在一个巨大的可溶有机碳库（Jiang et al.，2007）。当海平面上升时，深部海水的可溶有机质随海水向浅水地区扩展，提升了浅水区有机质含量，有机质沉积后，有机质中富集的 $^{12}C$ 随有机质进入沉积岩，造成沉积岩 $\delta^{13}C$ 的下降。但第二世以后，大气含氧量较高，海洋表层生物死亡之后很快会发生氧化分解，生物中富集的 $^{12}C$ 通过分解产生的二氧化碳进入大气循环，难以影响海水的碳同位素组成。海水中碳同位素组成变化主要受海洋氧化还原环境影响，还原环境有利于有机质保存埋藏，生物中富集的 $^{12}C$ 随有机质保存埋藏进入沉积岩后，造成沉积岩 $\delta^{13}C$ 的下降。

**3. 地层格架与岩相古地理特点**

综合岩石地层学、生物地层学、碳同位素组成和伽马测井曲线变化特点，雪峰隆起周缘寒武系的底阶在雪峰隆起南缘安化—溆浦一带大致可与留茶坡组对比，往西、往北，至湖南桃源、张家界及鄂西宜昌一带，寒武系底阶与灯影组和岩家河组（或牛蹄塘组）的不整合接触面一致（图 3-1-4）。在雪峰隆起西侧地区寒武系纽芬兰统主要由留茶坡组（如湘

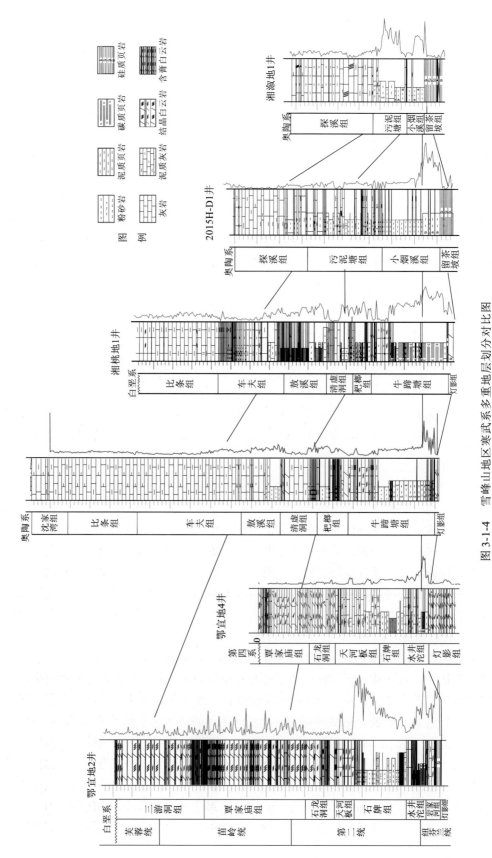

图 3-1-4 雪峰山地区寒武系多重地层划分对比图

溆地 1 井）或留茶坡组和小烟溪组硅质页岩（如 2015H-D1 井）组成；往西至湖南桃源—张家界一带主要由牛蹄塘组下段硅质页岩组成，鄂西宜地 2 井主要由岩家河组组成。湘桃地 1 井牛蹄塘组下部有机质碳同位素的强烈正偏移，大致与纽芬兰统小滩灯影组上部大海段、鄂宜地 2 井岩家河组上段碳同位素正偏移对应，属于梅树村阶下部。

第二统的底阶在雪峰隆起西侧安化—溆浦一带大致与小烟溪组页岩与留茶坡组硅质页岩界线接近；往西在湖南桃源—张家界一带，该界线与牛蹄塘组中段泥质页岩—下段硅质页岩段界线接近；往北至宜昌地区，与岩家河组（灯影组）—水井沱组界线对应。生物地层对比上看，湖南桃源—张家界一带牛蹄塘组上部灰岩的碳同位素正偏移，大致与鄂西天河板组及黔北的明心寺组碳同位素正异常对应，其上杷榔组下部和清虚洞组下部碳同位素负偏移，分别与鄂宜地 2 井石龙洞组下部和覃家庙组下部碳同位素负偏移对应，雪峰隆起周缘苗岭统的底阶在雪峰隆起西侧安化—溆浦一带大致从污泥塘组下部穿过，往西、往北在湖南桃源、湖北宜昌地区分别从清虚洞组下部和覃家庙组下部通过（图 3-1-1，图 3-1-2 和图 3-1-4）。

芙蓉统底界在雪峰隆起区与比条组底部碳同位素正偏移开始的位置接近，该界线往西至安化—溆浦一带大致从探溪组下部通过，往中扬子地区，在鄂宜地 2 井大致从三游洞群上部白云岩中通过，在那里存在一个明显的碳同位素正偏移（图 3-1-1，图 3-1-4）。总体上看，寒武纪早期纽芬兰世，雪峰隆起东缘安化—溆浦一带发生了海底拉张，沉积形成了层状硅质岩，第二世早期沿袭滇东期的古地理特点，安化—溆浦以硅质页岩为主，往西、往北逐步转化为碳质页岩、泥灰岩。第二世中期受中扬子北部陆缘碎屑输入的影响，北部发育粉砂质泥岩，向南逐步过渡为页岩、泥灰岩。第二世晚期以后，中扬子地区转化为碳酸盐岩台地，向南逐步转化台地边缘斜坡。

### 4. 构造演化对古地理制约

华南地区在震旦纪晚期—寒武纪早期发生了一次命名为桐湾运动的构造活动。该构造运动在峡东碳酸盐岩台地地区表现出两幕的特点，分别发生在震旦系末期和纽芬兰世中期。发生在震旦纪末期的第一幕运动导致台地凹陷带岩家河组与下伏灯影组呈低角度不整合接触，以及台地隆起区石板滩段顶部白云岩喀斯特化。第二幕运动以垂直抬升剥蚀为主，长期的抬升剥蚀导致台地隆起区灯影组白马沱段发育巨厚的喀斯特岩溶白云岩，成为我国南方重要的天然气碳酸盐岩储层（陈孝红 等，2022b）。在台地凹陷内部岩家河组表现为第二小壳化石带的缺失。

在湘西、湘中台地边缘斜坡-盆地相区，水深较深，碳酸盐岩相对不发育，往盆地方向碎屑岩含量增加。由于构造活动时期的初始沉积中碎屑岩中黏土矿物含量相对较少，碎屑岩的成分变异指数(index of compositional variability，ICV) 大于 1。当 ICV 小于 1 时，表明页岩中含较多黏土矿物，可能经历了再沉积作用或强烈风化条件下的初始沉积（Cullers et al.，2002；Cox et al.，1995）。因此，可以用 ICV 表示当时的构造活动。但沉积物的地球化学在很大程度上取决于风化原岩石的地球化学组成，构造作用或持续的风化作用导致沉积物源岩岩石组合发生变化时，同样会造成沉积物的地球化学组成的变化，进而影响其化学蚀变指数（chemical index of alteration，CIA）或 ICV。强抗风能力的锆（Zr）主要与沉积物中重矿物伴生，而重矿物在正常风化过程中不受气候条件变化的影响，其在沉积物中的赋存主要受物源区岩石地球化学的控制。因此，可以利用沉积物中 Zr/Ti 质量比值的变化特点来确定沉积物的源岩类型，分析沉积地球化学异常的原因（Scheffler et al.，2006）。

对比雪峰隆起及周缘不同位置鄂宜地 2 井、湘桃地 1 井、湘溆地 1 井和 2015H-D1 井寒武系纽芬兰统—第二统碎屑岩中 Zr/Ti 质量比值不难发现，不同层位的 Zr/Ti 质量比值不同，其中寒武系纽芬兰统下部（灯影组顶部或留茶坡组上部）Zr/Ti 质量比值较高，最大值与花岗岩的 Zr/Ti 质量比值接近，达到了 0.14（图 3-1-5，图 3-1-6）。其次是峡东地区石牌组中部的砂、泥岩，其 Zr/Ti 质量比值为 0.06 左右，普遍大于北美页岩 0.043 的 Zr/Ti 质量比值，与上地壳岩石 Zr/Ti 质量比值的平均值接近。较低的 Zr/Ti 质量比值位于寒武系第二统下部，Zr/Ti 质量比值主要变化于 0.02～0.035，与安第斯山火山岩的 Zr/Ti 质量比值变化范围（0.024～0.034）接近。区内上述不同层段 Zr/Ti 质量比值特点反映桐湾运动可能造成扬子地台发生了较大规模的抬升剥蚀，导致晋宁期花岗岩可能裸露，成为区内震旦纪末期或纽芬兰世早期的重要物源区。而随之而来的构造拉张作用，导致区域出现持续的大规模火山喷发，火山灰成为区内黔东期重要的沉积物来源。峡东寒武系第二统石牌组相对较高的 Zr/Ti 质量比值则可能与其颗粒较粗有关。

从穿越宜昌、桃源、溆浦、安化的震旦系—寒武系武陵统中碎屑 ICV 变化特点来看（图 3-1-5，图 3-1-6），纽芬兰统—第二统下部的 ICV 普遍大于 1，表明当时的碎屑是构造活动的初始沉积，构造活动贯穿整个纽芬兰世和第二世初期。雪峰隆起东侧寒武系—前寒武系界线、寒武系纽芬兰世早期—中期界线附近 ICV 的变化与 Zr/Ti 质量比值的剧烈变化相伴，剧烈的桐湾运动还引起了雪峰隆起周缘纽芬兰世海相盆地物源的变化，上述界线附近的气候或环境指标的指示意义不大。但雪峰隆起及其西侧纽芬兰统—第二统界线附近 Zr/Ti 质量比值变化不明显，因此，上述时期 ICV 的变化应与当时的构造活动有关。从寒武系—前寒武西界线附近 ICV 普遍较高，而从黔东早期 ICV 在南部溆浦地区较高，向西变小来看，第二世早期的构造活动主要发生在雪峰隆起东侧地区。

综合分析雪峰隆起周缘寒武系碎屑岩 ICV 与 Zr/Ti 质量比值变化关系，不难发现，发生在纽芬兰世早期前后的桐湾运动范围波及整个雪峰隆起及周缘。但第二世早期的构造活动主要发生在扬子东南缘，此次构造活动导致纽芬兰世拉张形成的裂陷在苗岭世逐步填平补齐。

（二）古气候和古环境条件

**1. 古气候特点**

CIA 是判别细碎屑岩化学风化程度的另一个指标，同时也是识别气候状态的重要化学指标之一（Nesbitt et al.，1989，1982）。在碎屑岩 Zr/Ti 质量比值没有明显波动，物源没有明显变化的正常情况下，50<CIA<65 时，反映碎屑岩来源于寒冷、干燥的气候条件，化学风化程度低；65<CIA<80 时，反映碎屑岩来源于温暖、湿润条件，化学风化程度中等；85<CIA<100 时，反映碎屑岩来源于炎热、潮湿热带亚热带条件，化学风化程度强。雪峰隆起及周缘地区寒武系纽芬兰统—第二统 ICV<1 层段中 CIA 普遍大于 65，且雪峰隆起东侧的 CIA 大于雪峰隆起及其西缘地区，ICV 与 CIA 揭示的区域风化条件较为接近，不仅证明 CIA 具有指示同期气候变化的能力，而且还揭示雪峰隆起东侧可能更接近低纬亚热带地区。

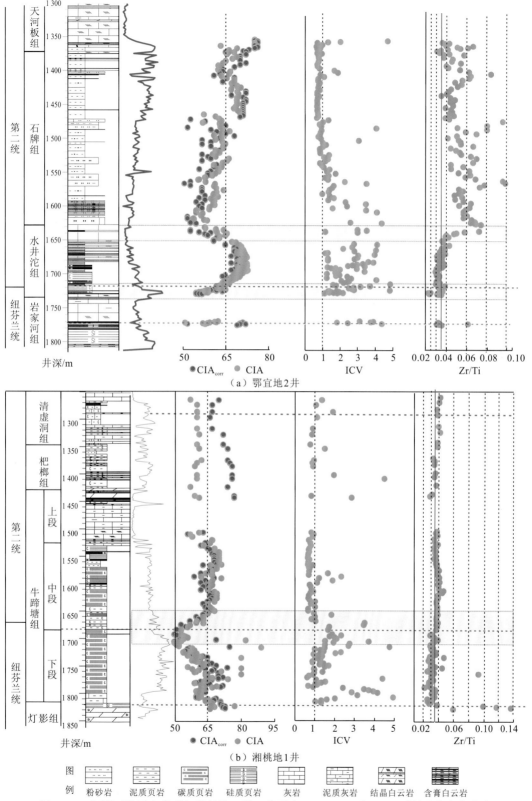

图 3-1-5　湘鄂西地区寒武系纽芬兰统—第二统页岩 CIA、ICV 和 Zr/Ti 质量比值变化曲线

图
例　粉砂岩　泥质页岩　碳质页岩　硅质页岩　灰岩　泥质灰岩　结晶白云岩　含膏白云岩

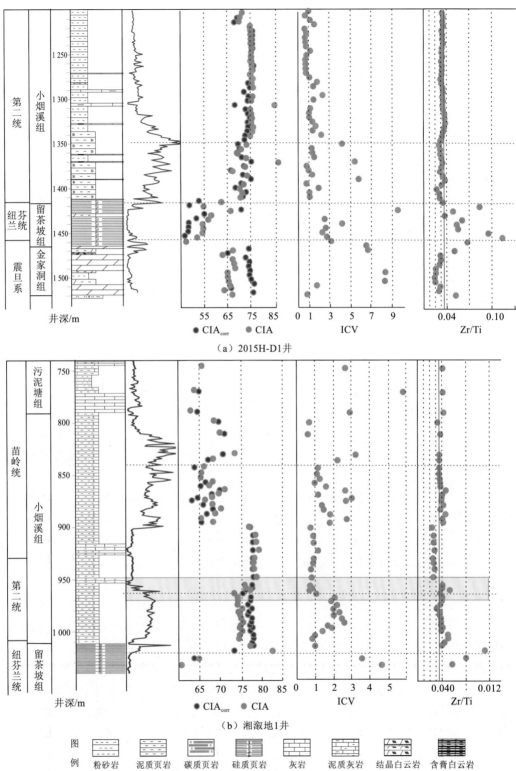

图 3-1-6　湘西、湘中地区寒武系纽芬兰统—第二统页岩 CIA、ICV 和 Zr/Ti 质量比值变化曲线

对比雪峰山及周缘不同位置的鄂宜地 2 井、湘桃地 1 井、湘溆地 1 井和 2015H-D1 井寒武系纽芬兰统—第二统碎屑岩的 CIA，不难看出，所有剖面在纽芬兰统—第二统附近均发生了 CIA 由降转升的变化，显示出从寒冷干燥向温暖潮湿转变的气候变暖事件（图 3-1-5，图 3-1-6）。类似的 CIA 波动还见于第二统中部[图 3-1-5（b），图 3-1-6（b）]，指示第二世早、晚期之间同样发生了气候变暖事件。

**2. 古环境条件**

海水中 Mn（锰）、Mo、Cr（铬）、V 和 U 等元素不同价态离子的溶解度相差极大，容易造成分异，并会反映在沉积物中。沉积环境的氧化还原条件还会影响 Ni、Cu、Zn 和 Co 等亲硫元素的赋存状态，使其在还原环境中以硫化物形式沉淀。以往的研究中通常借助这些微量元素在海相沉积岩中的特征，利用 V/Cr、Ni/Co、V/(V+Ni)、U/Th 等质量比值及 Mo-U 富集共轭关系、Mo 同位素组成特点等分析古海洋的氧化还原环境（林治家 等，2008）。

V 和 Cr 在氧化环境中都溶于水，在还原环境中易在沉积物中富集，V 的还原出现在反硝化作用界线的下部，Cr 的还原出现在界线的上部（Piper，1994），因此，V/Cr 质量比值变化的异常波动如快速升高或降低，可能与海洋的异常硫化或硝酸盐化作用有关。通常情况下，Co 在缺氧环境中，Ni 在硫化环境中可以形成不易溶的硫化物，以固溶体形式进入自生黄铁矿，并被保存在沉积环境中。海水中的 Ni 除与有机质的产甲烷作用有关外，同样还能作为甲烷厌氧氧化的还原剂，因此，非硫化环境中，Ni/Co 质量比值的异常升高很可能指示当时海洋环境存在甲烷厌氧氧化事件。此外，Cr 还是甲烷硝酸盐还原剂（陈悦 等，2021），Cr 的升高除与海洋表层硝酸盐化有关外，还与甲烷硝酸盐还原作用有关。

综合分析湘鄂西地区寒武系纽芬兰统—第二统下部 Ni/Co、V/Cr 质量比值变化特点[图 3-1-7（a）]，2015H-D1 井晋宁期和梅树村期的 Ni/Co、V/Cr 质量比值的垂向变化显示当时海水分带性明显，氧化、次氧化和硫化海水分带清楚。总体上看，雪峰隆起周缘地区在晋宁期晚期以氧化环境为主，但横向上看，Ni/Co、V/Cr 质量比值同步指示的氧化环境主要出现在台地内部（如鄂宜地 2 井）和台地边缘斜坡（如湘桃地 1 井和 2015H-D1 井），往裂陷盆地内部，虽然 V/Cr 质量比值表现为氧化，但 Ni/Co 质量比值表现为次氧化或硫化环境（如 2015H-D1 井和湘溆地 1 井）。结合 Ni、Co 在甲烷硫酸盐和硝酸盐还原氧化过程中的作用，不难发现纽芬兰世的海洋氧化应与当时海洋甲烷的异常释放，以及甲烷的硝酸盐还原氧化释放大量氧气有关。这一点从湘桃地 1 井晋宁期晚期及湘溆地 1 井梅树村期晚期氧化水体与硫化水体之间快速转化上得到进一步验证[图 3-1-7（a）]，即甲烷异常渗漏事件导致海洋硫酸盐层和硝酸盐层的快速消耗，出现海洋氧化现象。Ni 参与甲烷硫酸盐发生还原氧化过程，大量的 Ni 在甲烷硫酸盐还原氧化过程中被固化到黄铁矿中，造成 Ni 含量的升高，以致 Ni/Co 质量比值与 V/Cr 质量比值在环境判别上出现偏差。进入第二世之后，安化—溆浦一带裂陷盆地内部一直处于硫化缺氧环境，但往裂陷盆地边缘至桃源—宜昌一带则从硫化缺氧环境经次氧化环境进入氧化环境。第二世以后，中扬子海盆海水的垂直分带性明显，海水的氧化还原环境主要受盆地水深条件影响，具有与现代海水相似的特点。

稀土元素铈（Ce）的异常也是判别氧化还原环境的常用指标之一（Wright et al.，1987）。在氧化条件下，海水中的 $Ce^{3+}$ 易被氧化成 $Ce^{4+}$ 而被铁锰等氧化物胶体吸附，从而造成海水中 Ce 亏损、沉积物中 Ce 富集。在还原条件下，随着铁锰等氧化物的溶解，$Ce^{4+}$ 被还原成

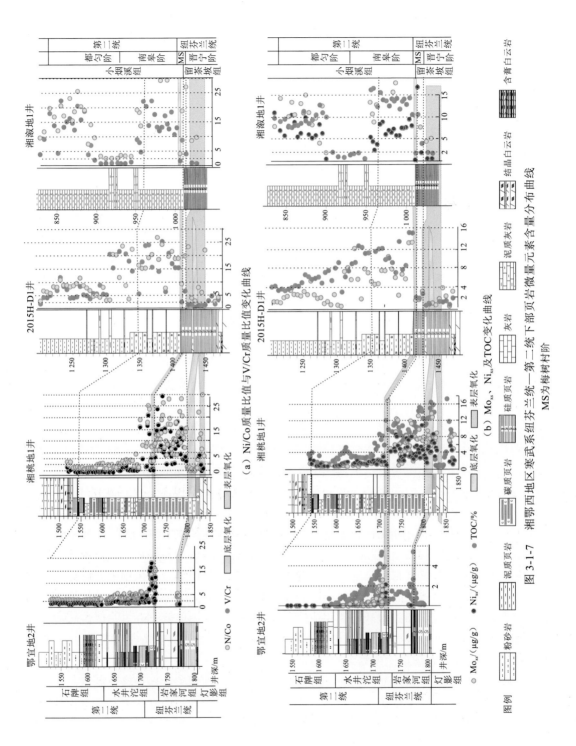

（a）Ni/Co 质量比值与 V/Cr 质量比值变化曲线

（b）Mo$_{\text{EF}}$、Ni$_{\text{EF}}$ 及 TOC 变化曲线

○N/Co  ●V/Cr  ▓底层氧化  ▓表层氧化  ○Mo$_{\text{EF}}$/（μg/g）  ●Ni$_{\text{EF}}$/（μg/g）  ●TOC/%

图 3-1-7  湘鄂西地区寒武系纽芬兰统—第二统下部页岩微量元素含量分布曲线
MS 为梅树村阶

图例  ▦泥质页岩  ▦粉砂岩  ▦碳质页岩  ▦硅质页岩  ▦灰岩  ▦泥质灰岩  ▦结晶白云岩  ▦含膏白云岩  ▦微量元素含量分布曲线

$Ce^{3+}$ 释放，造成海水中富集 Ce，而沉积物中 Ce 亏损（冯洪真 等，2000；Wright et al.，1987）。雪峰隆起周缘寒武系纽芬兰统和第二统下部 $\delta Ce[\delta Ce=3Ce_N/(2La_N+Nd_N)]$（下标 N 代表数据为经北美标准化后的值）的变化特点总体上与上述氧化还原环境变化特点相一致，纽芬兰世 Ce 普遍亏损，仅在湘桃地 1 井和鄂宜地 2 井纽芬兰统—第二统界线附近出现 Ce 的富集（图 3-1-8）。稀土元素中的 Eu 异常是海底热液活动的重要指标之一（Guo et al.，2007；Douville et al.，1999；Owen et al.，1999；Murray et al.，1991）。在 Eu 富集明显的层段，$\delta Ce$ 与 Eu 异常 $\delta Eu[\delta Eu=Eu_N/(Sm_N+Gd_N)^{1/2}$（Taylor et al.，1985）]具有同步变化，但在 Eu 富集不明显或出现亏损时，$\delta Ce$ 与 $\delta Eu$ 两者的变化具有解耦关系。因此，热水活动可能是造成海洋氧化的重要原因。

$\delta Eu>1$ 时，Eu 明显富集的地区或层段同步出现 $P_2O_5$ 的富集[图 3-1-8（b）]，具有含磷热液特点。而当 Eu 发生亏损，$\delta Eu<1$ 时，MnO 的富集系数升高，具有含铁锰热液的特点（Frimmel，2009）。由于铁锰热液有利于 Ce 的富集，铁锰热液发育层段，伴随 Eu 的亏损，出现 Ce 富集，从而出现 $\delta Ce$ 与 $\delta Eu$ 解耦现象（图 3-1-8）。甲烷硝酸盐化厌氧氧化（anaerobic oxidation of methane，AOM）的发生与沉积物中锰离子（$Mn^{4+}$）和铁离子（$Fe^{3+}$）浓度的减小密切关联（Beal et al.，2009），研究过程中，对铁锰同时减少层段还需要关注 AOM 事件发生的可能性。

### （三）有机质富集机理

#### 1. 热水活动与甲烷厌氧氧化

晋宁运动之后，扬子板块和华夏板块拼合，湘中地区在新元古代末期—早古生代转化为弧后陆盆地（赵小明 等，2019），构造特点与现代马里亚纳海槽相似。分析湘溆地 1 井、湘桃地 1 井页岩、硅质岩全岩氧化物和微量元素结果显示，在具有 Eu 异常的纽芬兰世晚期地层中硅质含量较高，地层中自生铜（$Cu_{xs}$）、自生锌（$Zn_{xs}$）、自生镍（$Ni_{xs}$）和自生钡（$Ba_{xs}$）含量丰富[图 3-1-9（a）]，此外还含有少量 Zr（图 3-1-5，图 3-1-6），微量元素组合特点与马里亚纳海槽硅质黑烟囱沉积物的微量元素组成特点接近（张德玉 等，1992）。构造背景和岩石地球化学特征共同指示湘西地区在纽芬兰世早期发生了热水沉积事件。根据 $Cu_{xs}$、$Zn_{xs}$、$Ni_{xs}$ 和 $Ba_{xs}$ 含量分布，位于慈利—大庸断裂带附近的湘张地 1 井、沅陵—桃源断裂带附近的湘桃地 1 井，以及安化—溆浦断裂带附近的湘溆地 1 井在纽芬兰世晚期发生了持续的海底热液喷发。

现代海洋调查在马里亚纳海槽热液口附近发现较高的甲烷异常，而甲烷的厌氧氧化作用对海洋环境的物理化学产生重要影响，因此热液中的甲烷是否对海洋环境产生重要影响也是分析盆地有机质富集机理首面面对和必须解决的关键问题。震旦纪—寒武纪早期大气含氧量较低，为此本小节借用现代甲烷渗漏区海洋底部沉积物孔隙水的水岩变化特点判别当时热水活动中甲烷对海洋环境的影响程度。参照挪威北部 Vesterålen 海岸水深 200 m 甲烷渗漏区孔隙水硫酸盐氧化还原界面附近磷酸盐、钙质、铁质变化特点，对湘西—湘中地区震旦纪—寒武纪早期地层黑色页岩的磷酸盐、钙质和铁质变化特点进行分析。结果发现，雪峰隆起地区寒武系纽芬兰统上部 Ni、Co 富集，热水活动情况强烈的湘张地 1 井、湘桃地 1 井和湘溆地 1 井纽芬兰世晚期—第二世早期页岩地层中的氧化物自下而上两次出现 $CaO_{xs}[CaO_{xs}=CaO_{total}-TiO_{total}\times(CaO/TiO_2)_{PAAS}]$含量、$Fe_2O_3/FeO$ 质量比值先升后降，自生 $P_2O_5$ 含量[$P_2O_{5xs}=P_2O_{5total}-TiO_{total}\times(P_2O_5/TiO_2)_{PAAS}$]先降后升的特点，具有与现代海洋甲烷渗漏区硫酸盐-甲烷转化带（sulfate-methane transition zone，SMTZ）相似的磷酸盐、钙质、

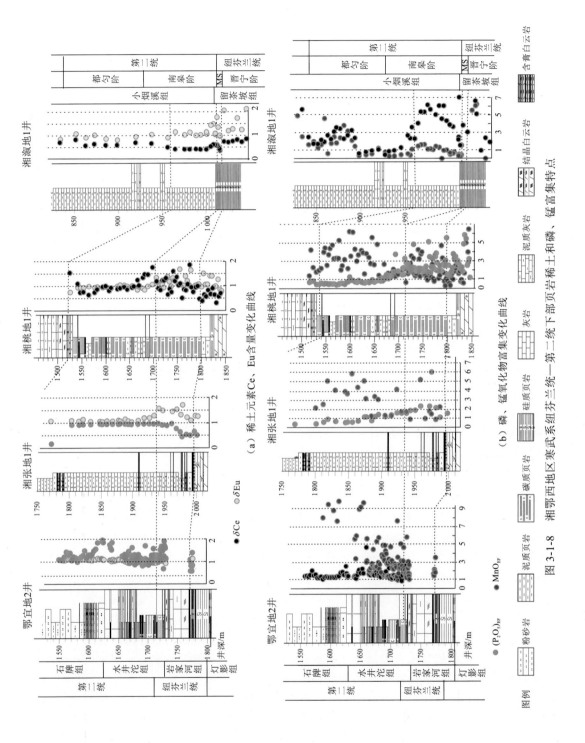

（a）稀土元素Ce、Eu含量变化曲线

$\delta Ce$ ● $\delta Eu$

（b）磷、锰氧化物富集变化曲线

● $(P_2O_5)_{EF}$ ● $MnO_{EF}$

图 3-1-8 湘鄂西地区寒武系纽芬兰统—第二统下部页岩稀土和磷、锰富集特点

图例

含青白云岩 | 结晶白云岩 | 锰富集特点 | 泥质灰岩 | 灰岩 | 硅质页岩 | 碳质页岩 | 泥质页岩 | 粉砂岩

还原性铁变化规律，证明雪峰隆起地区寒武纪纽芬兰世中—晚期的磷质热液活动过程中，相伴发生了甲烷硫酸盐还原氧化事件[图 3-1-9（b）]。从指示海底热水活动的 $Cu_{xs}$、$Zn_{xs}$ 和 $Ba_{xs}$ 含量在湘溆地 1 井、湘桃地 1 井和湘张地 1 井寒武系纽芬兰世晚期同期地层中发育程度不同，推测寒武纪纽芬兰世晚期湘西地区存在多处热液喷口，且不同地区的热水活动强度不同。$Ba_{xs}$ 在湘溆地 1 井第二世中期地层缺失，在 2015H-D1 井纽芬兰世—第二世早期不发育，与该地区钙、铁和磷质氧化物变化不明显、热水活动较弱、甲烷硫酸盐化作用不强、不利于以硫酸盐形式保存的 Ba 沉淀有关。

综上，雪峰隆起周缘纽芬兰世晚期—第二世早期两次海洋氧化事件与地层中 $Fe_2O_3/FeO$ 质量比值先升后降，$(P_2O_5)_{xs}$ 含量先降后升转折期紧密相伴。上述海洋氧化事件是海底热水活动产生的大量甲烷在经历海洋下部硫酸盐还原作用之后，剩余甲烷进入海洋上部硝酸盐层发生反硝酸盐厌氧氧化产生氧气的结果（陈悦 等，2021）。结合两次氧化事件均与 $\delta Eu$ 下降、从正异常向负异常转化，以及 $\delta Eu$ 的负异常相关，这两次氧化事件与海洋中铁锰质热液中大量还原性铁的加入有关，还原性铁与早先磷质热液滞留在海水中磷酸盐发生反应，促进了海洋氧化和生物的繁盛（Brady et al.，2022），并最终引起了寒武纪生命大爆发。

**2. 热水活动与有机质碳、氮同位素组成变化**

基于 $\delta Eu$ 的正偏离，湘桃地 1 井寒武系纽芬兰统上部牛蹄塘组下段页岩可以识别出 4 次热水活动（图 3-1-10 中 A1~A4）。与 4 次热水活动过程同步，出现了 $\delta^{13}C$ 的下降和 $\delta^{15}N$ 的上升。随着热水活动的停止，出现了 $\delta^{13}C$ 的上升和 $\delta^{15}N$ 的快速下降（图 3-1-10 中 B1~B4）。这证明热水活动促进了浮游藻类的繁盛。但在热水活动频繁的纽芬兰世晚期地层中 $\delta^{13}C$ 和 $\delta^{15}N$ 总体偏低，应与当时硫化分层的海洋环境特点有关。在这种特定环境下，生物有效氮仅以硝酸盐的形式存在于含氧表层，而更深的缺氧水体中主要含有铵（$NH_4^+$）（Liu et al.，2020）。因此，热水开始早期的牛蹄塘组底部氧化带具有 $\delta^{15}N$ 的正偏离特点。此后，伴随热水活动加剧和海平面上升，海水出现硫化分层。表层海洋硝酸盐在氧化还原楔（redoxcline）的反硝化/厌氧氨氧化导致生物有效态氮的大量流失，从而促进蓝藻重氮营养体固氮，使海水硝酸盐的 $\delta^{15}N$ 接近空气的同位素组成。间歇性热水活动导致区域内海水产生垂直对流，在上升流影响下，氧化还原过渡区厌氧氨氧化过程产生的残留富 $^{15}N$ 的 $NH_4^+$ 可能向上混合到海洋表层，导致海底沉积物出现正的 $\delta^{15}N$ 偏移。但持续的上升流最后势必大量耗尽过渡区富 $^{15}N$ 的氨氮，导致沉积物 $\delta^{15}N$ 快速下降，出现 $\delta^{15}N$ 负偏移（Baroni et al.，2015；Algeo et al.，2014；Higgins et al.，2012）。

**3. 有机质富集机理**

综合分析湘桃地 1 井 TOC 与有机质碳、氮同位素组成、稀土元素和铁氧化物含量变化关系，不难发现，沉积于缺氧环境条件的牛蹄塘组下部高 TOC 段与 $\delta Eu$ 的正偏移及 $\delta^{13}C$ 的下降和 $\delta^{15}N$ 的上升有关，暗示牛蹄塘组 TOC 的富集与热水活动引起藻类大量繁盛有关。高 TOC 段页岩中存在一定含量的 $(P_2O_5)_{xs}$ 和相对较低的 $Fe^{3+}/Fe^{2+}$ 质量比值，以及泥灰岩、钙质泥岩段 TOC 较低，但具有相对较高 $Fe^{3+}/Fe^{2+}$ 质量比值和 $(P_2O_5)_{xs}$ 应与高浓度磷酸盐在生命的化学起源中起着核心作用，而钙和（或）铁磷酸盐矿物沉积明显受制于磷酸盐浓度有关（Brady et al.，2022）。因此，雪峰隆起周缘寒武系牛蹄塘组下部页岩有机质富集是寒武纪早期构造拉张引起海底广泛发育海底热水的结果。由于海底热水携带大量硅质、磷质、

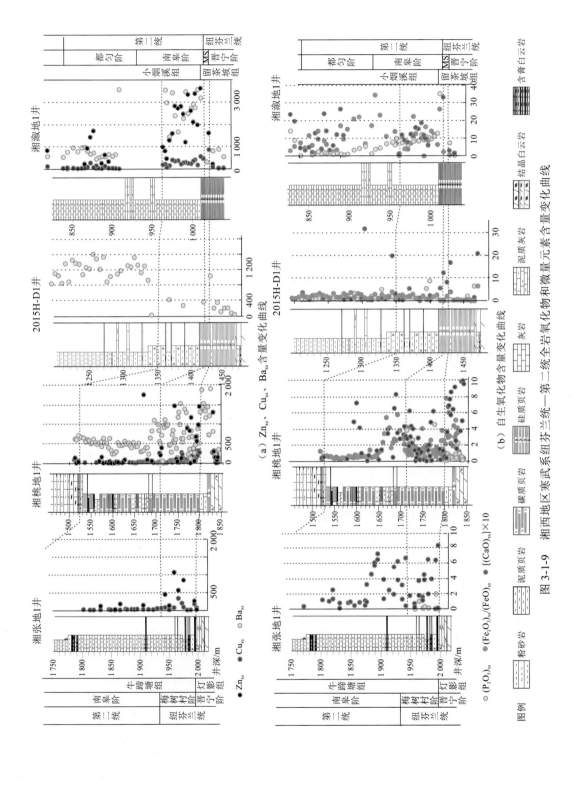

（a）$Zn_{xs}$、$Cu_{xs}$、$Ba_{xs}$ 含量变化曲线

（b）自生氧化物含量变化曲线

图例　● $Zn_{xs}$　● $Cu_{xs}$　○ $Ba_{xs}$　◐ 自生氧化物含量　● $(P_2O_5)_{xs}$　● $(Fe_2O_3)_{xs}/(FeO)_{xs}$　● $[(CaO)_{xs}]×10$

图 3-1-9　湘西地区寒武系纽芬兰统—第二统全岩氧化物和微量元素含量变化曲线

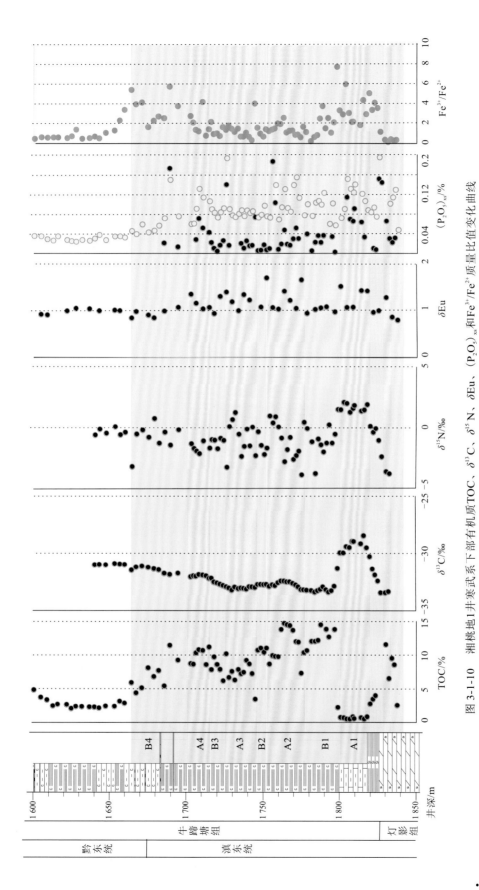

图 3-1-10　湘桃地 1 井寒武系下部有机质 TOC、$\delta^{13}C$、$\delta^{15}N$、$\delta Eu$、$(P_2O_5)_{xs}$ 和 $Fe^{3+}/Fe^{2+}$ 质量比值变化曲线

铁质氧化物，以及 Cu、Zn 等生命微量元素。喷发的热水进入海洋之后，硅质和钙、镁碳酸盐矿物首先沉淀，引起海水酸碱度发生改变，磷酸盐浓度升高，促进氨基酸、脂质前体和核苷酸等生命起源前原料分子形成，进而与活性固体和水物质相互作用促进生物合成，形成新的物种（图 3-1-11）。换句话说，华南寒武纪纽芬兰世晚期异常高的 TOC 很大程度上与当时海洋环境高浓度（0.1～1 mol/kg）磷酸盐促进氨基酸、脂质前体和核苷酸等生物大分子合成有关，也是纽芬兰世开始出现大量生物，并在第二世早期寒武纪生命大爆发的原因。

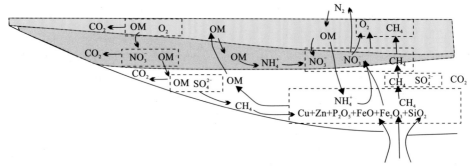

图 3-1-11　寒武纪纽芬兰世古海水剖面与生物地球化学行为示意图

OM 为生物

# 二、奥陶系五峰组—志留系龙马溪组

## （一）页岩形成的古气候、古环境背景

基于钻探于湖南桃源热市镇天会村湘桃地 2 井上奥陶统—下志留统黑色页岩笔石生物地层序列和 TOC 测试结果，该地上奥陶统发育厚不足 0.2 m 黑色钙质泥岩，黑色富有机质页岩主要分布在下志留统龙马溪组下部。从 TOC 纵向分布来看，底部 *C.vesiculosus* 笔石带中部的 TOC 最高，TOC 大于 2%；其次是 *C.vesiculosus* 笔石带上部和 *D. triangulatus* 笔石带上部，上述地层中的 TOC 主要分布在 1%～2%（图 3-1-12）。

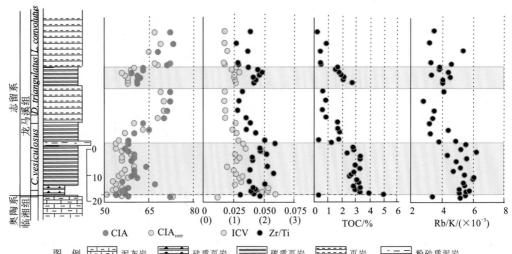

图 3-1-12　湘桃地 2 井页岩 TOC、ICV、CIA 和 Zr/Ti 质量比值变化曲线

对比同期地层中的 Zr/Ti 质量比值、ICV 和 Rb/K 质量比值，较高的 TOC 出现在 ICV 大于 1 和具有较高 Zr/Ti 和 Rb/K 质量比值的地层间隔中，暗示桃源地区下志留统富有机质页岩的形成与当时相对活动的构造活动有关（Cox et al.，1995）。但需要说明的是，湘桃地 2 井志留纪早期地层中的 Rb/K 质量比值、CIA 均与 Zr/Ti 质量比值具有一定的负相关，因此，上述地层中的 CIA 和 Rb/K 质量比值在一定程度上反映了当时的物源变化（Scheffler et al.，2006），但 Zr/Ti 质量比值波动幅度不大，没有物源上实质性变化的指标，该段地层中的气候和环境替代指标仍然具有一定的参考意义。

横向上，桃源东南安化仙溪一带上奥陶统—下志留统发育烟溪组和五峰组—下两江组两套富有机质页岩（图 3-1-13）。从碎屑岩的 ICV 均小于 1、CIA 普遍大于 65 上看，该地上奥陶统—下志留统碎屑岩主要为强烈风化产物。五峰组上部和磨刀溪组上部有个别样品的 CIA 接近或小于 65，且与对应地层中 Zr/Ti 质量比值变化不存在相关性，上述较低的 CIA 值可能与南冈瓦纳大陆冰期活动有关。由于该剖面五峰组顶部未见奥陶系—志留系界线附近的笔石，上奥陶统 *O.pacificus* 笔石带的笔石与下志留统 *P. leei* 笔石接触，结合 Rb/K 质

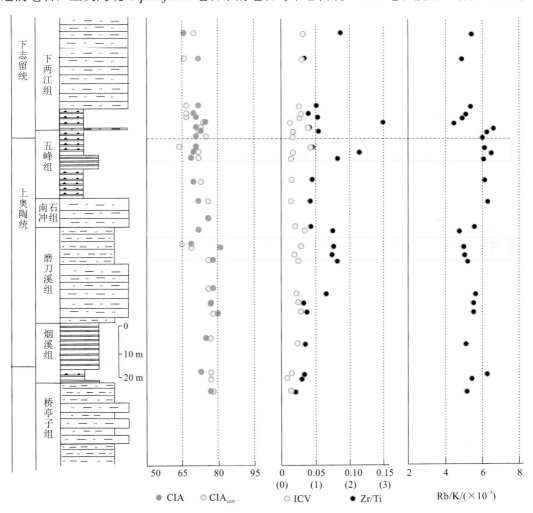

图 3-1-13　湖南安化仙溪上奥陶统页岩 CIA、ICV 和 Zr/Ti 质量比值变化曲线

量比值仅在五峰组大于 $6\times10^{-3}$，推测冰期的出现导致区域海平面下降和海水盐度的上升，并造成奥陶系—志留系界线地层的缺失。但介于新化仙溪与桃源热市之间的桃源九溪、光明村一带五峰组厚度明显变大，五峰组顶部可见以腕足类和三叶虫共同繁盛为特征的新开岭层。该剖面五峰组—龙马溪组下部硅质页岩的 Rb/K 质量比值普遍大于 $6\times10^{-3}$，ICV 普遍小于 1，但 CIA 普遍小于 65（图 3-1-14），推测光明村一带五峰组—龙马溪组下部可能为强风化作用下的再沉积产物，以正常海相沉积为主。但下伏南石冲组 ICV 大于 1，应为构造活动时期的产物。

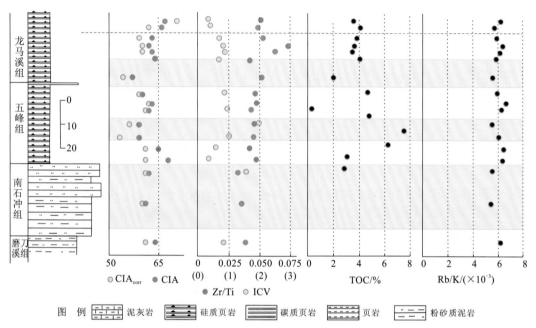

图 3-1-14  湖南桃源光明村上奥陶统页岩 CIA、ICV 和 Zr/Ti 质量比值变化曲线

湘西湘中地区上奥陶统—下志留统烟溪组、五峰组和龙马溪组（下两江组）硅质页岩稀土元素北美页岩标准化之后（图 3-1-15），除少量样品，如桃源光明村五峰组—龙马溪组样品 w11-10[图 3-1-15（c）]，湘桃地 2 井的大部分样品具有典型海水 Ce 亏损和 Y 富集，轻稀土亏损 REE 左倾的特点，大部分表现为无明显 REE 异常的相对平坦的配分模式。另外，虽有少量样品存在轻稀土亏损的左倾特点[图 3-1-15（d）、（f）]，但这些样品并不存在海水所具有的 Ce 亏损和 Y 富集特点，因此，所研究样品的稀土元素组成明显受盆内、外碎屑物质影响。从部分样品，如鄂宜地 2 井样品 14H[图 3-1-15（b）]、安化仙溪五峰组—龙马溪组样品 w27[图 3-1-15（d）]，以及桃源光明村样品 w5-4 和 w14-14[图 3-1-15（c）]具有轻微 Ce 亏损和 Eu 富集、无明显 REE 异常的相对平坦的淡水稀土模式特点（危凯 等，2015），推测湘鄂西地区上奥陶统—下志留统黑色页岩的形成可能受间歇性淡水侵入影响。稀土分配模式与采用 Rb/K 质量比值所获区内奥陶系—志留系界线附近淡水活动较为明显的特点相一致（图 3-1-12～图 3-1-14）。

稀土元素中的 Ce 异常 $\delta Ce$ [$\delta Ce=3Ce_N/(2La_N+Nd_N)$] 和 Eu 异常 $\delta Eu$[$\delta Eu=Eu_N/(Sm_N+Gd_N)^{1/2}$]（Taylor et al.，1985）常被用来指示海洋的氧化还原环境和海底热液活动（Guo et al.，2007；Douville et al.，1999；Owen et al.，1999；Murray et al.，1991）。研究样品的 $\delta Ce$ 和 $\delta Eu$ 主

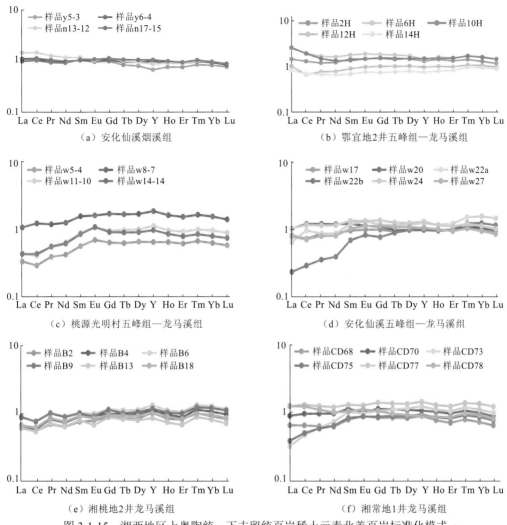

图 3-1-15 湘西地区上奥陶统—下志留统页岩稀土元素北美页岩标准化模式

要分布在 0.8～1.1，缺乏明显的异常特征，暗示区内晚奥陶世—早志留世处于热水活动并不发育的大陆边缘环境（Murray et al.，1991）。页岩 Mo-U 和 Mo-TOC 共轭关系显示湘西湘中桃源—安化一带在晚奥陶世—早志留世为弱局限海盆，古地理特征上与现代 Framvaren 频湾接近（Algeo et al.，2006，图 3-1-16）。总体上具有海盆宽度较窄，与大洋连通性较差，海洋表层受淡水影响明显，盐度、温度含量变化范围大，氧化还原界面较高，海水分层性明显等特征（Skei，1988）。

## （二）有机质富集机理

盆地不同部位 TOC 与海洋氧化还原环境、表层生物生产力和底层有机流体的替代指标（V/(V+Ni)质量比值）、$Ni_{xs}$ 和 $Mo_{xs}$ 的相关性分析，结果显示盆地中 TOC 与盆地的氧化还原环境关系不大，主要受海底有机流体的通量 $Mo_{xs}$ 和海洋表层生物生产力 $Ni_{xs}$ 制约，但两者在不同构造古地理部位与 TOC 的相关性程度不同。在盆地中心光明村一带，TOC 主要受 $Ni_{xs}$ 的影响，两侧则与 $Mo_{xs}$ 的关系更为密切（图 3-1-17）。湘西地区奥陶纪—志留纪界

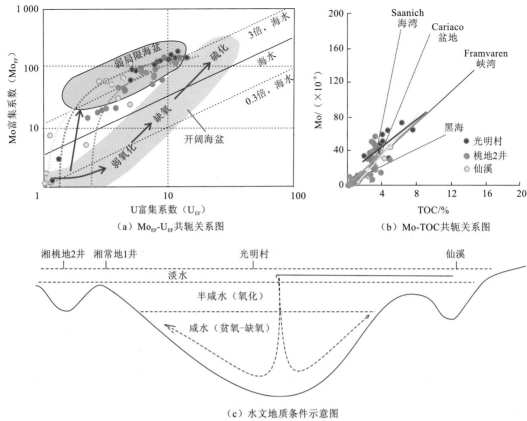

（a）Mo$_{EF}$-U$_{EF}$共轭关系图

（b）Mo-TOC共轭关系图

（c）水文地质条件示意图

图 3-1-16　湘西地区上奥陶统—下志留统页岩沉积环境判别图

线附近 TOC 与海洋氧化还原环境、表层生物生产力和底层有机流体的这一关系反映这一时期不同古地理部位富集的有机质主要来自海盆中央上部水体大量繁盛的生物。盆地边缘沉积的有机质是盆地内部上升时洋流将有机质从盆地中搬运而来。

## 三、石炭系天鹅坪组

### （一）页岩形成的古地理背景

湘中涟源地区的下石炭统整合在上泥盆统孟公坳组砂泥质沉积之上，以碳酸盐岩夹泥岩为特点。按照岩石组合特点，自下而上划分为马栏边组、天鹅坪组、陡岭坳组和石磴子组（Hance et al.，2011，1993；谭正修 等，1994）。按照 1.5～2 m 不等的间距对湘新地 4 井下石炭统碳酸盐碳氧同位素，以及黑色页岩相对发育的天鹅坪组和陡岭坳组页岩进行 TOC 及常量、微量元素样品的系统采集与分析，结果发现在所测试的 113 个样品中，全部样品的 TOC 均大于 0.5%，最大达到 2.84%，平均为 1.05%。但 TOC 连续大于 1%，且地层厚度超过 10 m 的样品主要出现在天鹅坪组下部（A 层）、中部（B 层）及陡岭坳组中部（C 层）和上部（D 层）（图 3-1-18）。其中 A 层对应井深 1 402.4～1 416.3 m，TOC 分布在 0.96%～1.25%，平均为 1.1%。B 层对应井深 1 344.4～1 363.6 m，TOC 分布在 1.04%～2.84%，平均为 1.46%。C 层对应井深 1 122～1 143 m，TOC 分布在 1.04%～2.66%，平均为 1.86%。

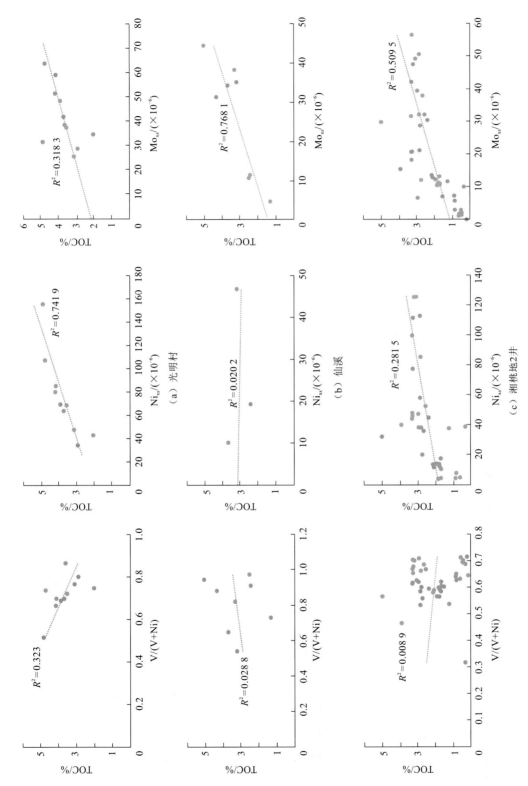

图 3-1-17　湘西地区上奥陶统—下志留统页岩TOC与V/(V+Ni)质量比值、$Mo_{xs}$、$Ni_{xs}$关系图

D 层对应井深 1 021～1 036 m，TOC 分布在 1.13%～2.83%，平均为 1.95%。测井和岩石的 X 衍射分析显示 4 层高 TOC 地层的岩石矿物组成不同。A 层以泥岩、碳质页岩为主，矿物组成上石英和黏土矿物占比超过 90%，属于典型的富有机质页岩。B 层以钙质泥岩为主，方解石含量接近或超过 50%，属于高钙富有机质页岩。C 层和 D 层以泥质灰岩为主，方解石含量普遍超过 50%。虽然上述 4 层富有机质页岩的岩石矿物组合不完全相同，但它们所在层位在湘新地 4 井钻探过程中均见有一定的气测异常（图 3-1-18），暗示湘新地 4 井下石炭统的含气性受地层 TOC 控制，具有页岩气自生自储的特点。对比分析湘新地 4 井与国内外特别是湘中邵阳凹陷下石炭统稳定碳同位素组成变化特和生物地层研究成果（Qie et al.，2015；Yao et al.，2015；Buggisch et al.，2008；Hance，et al.，1993）上述 4 个富有机质页岩层段中，A 层和 B 层大致与杜内期晚期地层相当，C 层和 D 层分别与维宪期晚期和谢尔普霍夫期早期地层对应，地层时代与北美著名的页岩气储层 Barnett 页岩接近（Abouelresh et al.，2012；Loucks et al.，2007），是迄今我国页岩气勘探的新层系。

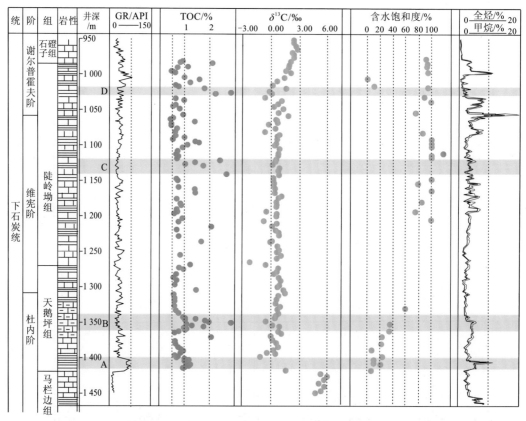

图 3-1-18 湘新地 4 井下石炭统岩性、GA、TOC、$\delta^{13}$C、含水饱和度与气测值

根据来自玻利维亚、秘鲁、巴西、南非、尼日利亚和阿巴拉契盆地泥盆纪最晚期（Brezinski et al.，2008；Isaacson et al.，2008；Garzanti et al.，1997）的沉积记录、我国西藏早石炭世杜内期的冰川沉积记录（李才 等，2008；Garzanti et al.，1997），以及国内外同期地层稳定碳同位素组成变化特点（Qie et al.，2015；Yao et al.，2015；Buggisch et al.，2008；Saltzman et al.，2000；Mii et al.，1999），指示泥盆纪末期及下石炭统杜内期中期和谢尔普

霍夫期中晚期是地史时期北美中大陆和冈瓦纳大陆的重要冰期。与上述冰期的形成和消融所引起的海平面下降和上升相关，在湘中拗陷早石炭世沉积形成了两套海进-海退沉积序列。根据湘新地4井岩心划分，自下而上，下部旋回由马栏边组下部台地相砂屑灰岩、泥质灰岩，中部缓坡-盆地相黑色页岩夹（互）泥质灰岩、黑色页岩和上部台地相中厚层状泥晶灰岩组成；上部旋回由天鹅坪组下部台盆相黑色页岩，天鹅坪组底部和上部—陡岭坳组台坡相泥晶灰岩、黑色页岩和石磴子组台地相碳酸盐岩组成。东西向横跨涟源凹陷的湘涟深1井—湘新地4井—湘涟深3井—安1井—湘涟深2井剖面来看[图3-1-19、图3-1-20（a）]，涟源凹陷早石炭世沉积中心大致位于湘涟深3井至安1井一带，在那里上泥盆统上部孟公坳组台地相泥灰岩和泥-微晶云质灰岩较为发育。下石炭统厚度相对较大，且以缓坡相的黑色页岩、泥质灰岩发育为特色[图3-2-19、图3-1-20（a）]。由此往东、往西上泥盆统孟公

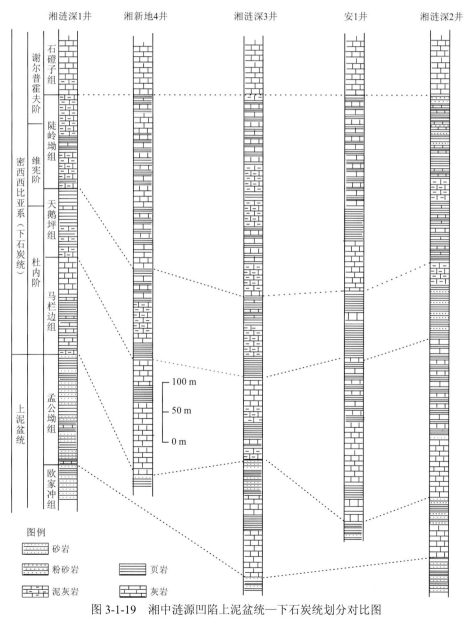

图 3-1-19　湘中涟源凹陷上泥盆统—下石炭统划分对比图

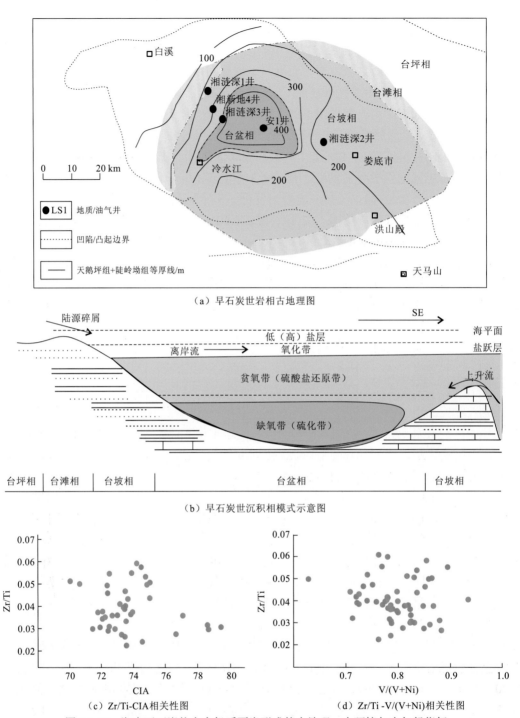

（a）早石炭世岩相古地理图

（b）早石炭世沉积相模式示意图

（c）Zr/Ti-CIA相关性图

（d）Zr/Ti-V/(V+Ni)相关性图

图 3-1-20 湘中下石炭统富有机质页岩形成的古地理、古环境与古气候指标

坳组以滨岸砂泥质沉积为主，早石炭世地层厚度逐步变小，且以台地相灰岩（如湘涟深 1 井）或滨岸沙坝（如湘涟深 2 井）沉积为特色。据此，并结合东南部界岭—香花井一带以潮下浅水环境沉积的泥微晶灰岩为主，间夹泥页岩，暗示涟源凹陷在早石炭世时期，西部和东部靠近古陆，南部为开阔台地，构造古地理特点与现今构造特点较为相似，为中部较低，四周较高的凹陷盆地[图 3-1-20（b）]。

（二）页岩形成的古气候古环境特点

湘新地 4 井下石炭统杜内阶马栏边组和谢尔普霍夫阶石磴组强烈的同位素正偏移广泛见于北美、西欧同期碳酸盐岩地层中，被认为是早石炭世二次气候变冷，富 $^{12}$C 的有机质被大量埋藏，海水中 $^{13}$C 升高的结果（Cheng et al.，2019；Buggisch et al.，2008；Saltzman et al.，2000；Mii et al.，1999）。对比分析湘新地 4 井富有机质页岩的分布层位（图 3-1-18），A 层和 B 层富有机质页岩出现在杜内期 $\delta^{13}$C 强烈正偏移之后，与 $\delta^{13}$C 下降紧密相关，而 C 层和 D 层富有机质页岩则出现在谢尔普霍夫期 $\delta^{13}$C 强烈正偏移之前，与 $\delta^{13}$C 振荡上升相对应。显然，湘新地 4 井下石炭统富有机质页岩的形成除与气候变冷、有机质被大量埋藏有关外，还可能与气候变暖，冰川消融产生大量淡水注入海洋引起海水分层缺氧，有利于有机质埋藏有关（Armstrong et al.，2009）。

在以往的研究中，CIA 及微量元素 V/(V+Ni) 质量比值和 Rb/K 质量比值被分别用作古气候及古海洋环境氧化还原条件和海水盐度的替代指标（Chen et al.，2021；王宪峰 等，2020；陈孝红 等，2018a；胡亚 等，2017；Scheffler et al.，2006；Hatch et al.，1992；Nesbitt et al.，1989，1982）。沉积物的地球化学成分在很大程度上取决于风化作用所产生源岩的地球化学成分，而作为重矿物组分之一的 Zr 在沉积物中的赋存状态主要受物源岩的地球化学控制，当沉积物中 Zr 含量变化与古气候、古环境替代指标存在良好协变关系时，这些指标的变化结果都指示的是物源变化，而不是气候或环境变化。湘新地 4 井下石炭统天鹅坪组—陡岭坳组泥页岩样品（碳酸钙含量小于 10%）的 Zr/Ti 质量比值与 CIA 及环境指标 V/(V+Ni) 质量比值的协变关系不强［图 3-1-20（c）、（d）］，湘新地 4 井下石炭统泥页岩中 CIA 和 V/(V+Ni) 质量比值的变化趋势在一定程度上代表了当时古气候、古环境变化趋势（Scheffler et al.，2006）。总体上看，湘中地区下石炭统天鹅坪组—陡岭坳组的 CIA 分布在 70～80，属于温暖潮湿气候［Nesbitt et al.，1989，1982，图 3-1-20（c），图 3-1-21］。进一步研究发现，在天鹅坪组—陡岭坳组下部出现 CIA 的振荡升高，而在岭坳组上部发生 CIA 振荡下降，陡岭坳组中部发生了气候的转折。湘新地 4 井下石炭统 CIA 与碳同位素组成变化趋势所指示的古气候变化特点一致，且与 Zr/Ti 质量比值在陡岭坳组发生先降后升的剧烈变化相互印证，共同揭示湘中地区在早石炭世维宪中期前后发生了气候的重大转折，从维宪中期开始（天鹅坪组—陡岭坳组下部沉积时期）气候由逐步变暖转化为逐步变冷。

与维宪期前后气候变暖或变冷，南冈瓦纳大陆或北美中大陆冰川的消融和形成对应，湘中地区同期海水的盐度和海洋氧化还原环境发生了同步变化。其中，盐度替代指标 Rb/K 质量比值在湘新地 4 井天鹅坪组底部小于 $6×10^{-3}$，具有非正常海相沉积的特点（王宪峰 等，2020；Scheffler et al.，2006）。其上天鹅坪组中上部—陡岭坳组下部的 Rb/K 质量比值普遍大于 $6×10^{-3}$，为正常海相沉积，但有随 CIA 增大而减小，由于海水淡化的特点，陡岭坳组中部再次出现 Rb/K 质量比值小于 $6×10^{-3}$ 的非正常海相沉积（王宪峰 等，2020；Scheffler et al.，2006）。陡岭坳组上部页岩的 Rb/K 质量比值明显高于 $6×10^{-3}$，且有随 CIA 变小而增大，海水咸化的趋势（图 3-1-21）。在海水分层和海底氧化还原环境变化方面，湘新地 4 井下石炭统天鹅坪组—陡岭坳组页岩中的 V/(V+Ni) 质量比值分布在 0.64～0.94，平均为 0.76，总体上沉积形成于分层不强的厌氧环境，局部层段的 V/(V+Ni) 质量比值大于 0.84，具有硫化分层的古环境特点。具体到湘新地 4 井识别出的 4 层富有机质页岩上，除了 A 层的 V/(V+Ni) 质

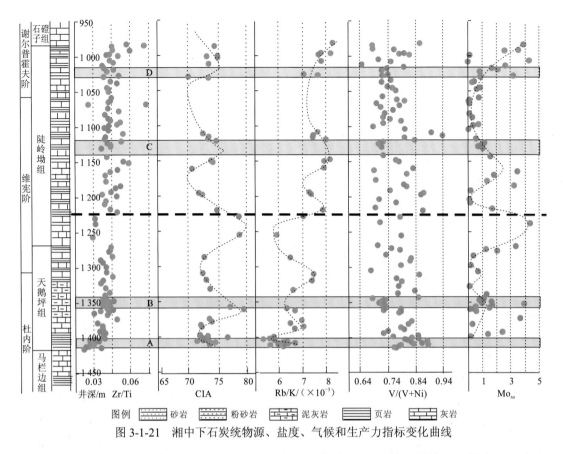

图 3-1-21　湘中下石炭统物源、盐度、气候和生产力指标变化曲线

图例　[ ] 砂岩　[ ] 粉砂岩　[ ] 泥灰岩　[ ] 页岩　[ ] 灰岩

量比值分布在 0.84 附近,最高达到 0.94,局部具有硫化分层海洋环境特点,其余三层富有机质页岩的 V/(V+Ni)质量比值均小于 0.82,为分层不强的厌氧环境产物(图 3-1-19)。

（三）有机质富集机理

虽然目前尚未在华南地区发现杜内期或谢尔普霍夫期冰碛沉积的记录,但气候与盐度和海水分层的上述协同变化证明杜内期气候变暖,北美中大陆和冈瓦纳地区的冰川融化确实造成湘中地区海水淡化和分层,而谢尔普霍夫期气候变冷,北美中大陆和冈瓦纳地区的冰盖增生同样引起湘中地区海水盐度的上升和海水分层。也可能正是由于冰川融化产生的大量淡水进入海洋,在造成表层海水淡化,海水出现盐度分层的同时,淡水携带的大量富营养物质的陆源碎屑为海洋硫酸盐还原作用提供了大量硫酸盐,导致海洋硫酸盐还原作用加强而大量消耗氧气,造成海底贫氧[图 3-1-20（b）]。同样也正是冰川形成吸收了海洋表层海水中的大量淡水,造成海洋表层海水咸化而出现海水分层,引起海底缺氧,有利于有机质埋藏保存。值得注意的是,在湘新地 4 井下石炭统测试的 113 件岩石样品中,代表海洋表层生物生产力水平的 $Ni_{xs}$(即利用澳大利亚太古代平均页岩中微量元素含量对样品微量元素含量进行 Ti 校正后得到的剩余值)仅见于极少数样品,而反映沉积时期海底有机质碳通量的 $Mo_{xs}$ 含量较高,且有随沉积时期古气候变暖而升高、气候变冷而降低的协同变化趋势(图 3-1-20),暗示湘中涟源地区早石炭世海洋表层生物生产力较低,海底有机质大部分来源于气候变化所引起的洋流活动[图 3-1-20（b）]。

# 第二节 页岩气富集机理与富集模式

## 一、页岩储层热演化模拟实验的启示

### （一）样品的来源及试验目的

众多的研究显示：富有机质页岩在热演化过程中，随着有机质成熟度的增加，黏土矿物、有机质孔隙、无机质孔隙、孔隙结构、孔隙度、吸附气含量都将发生变化，但物质组成-孔隙结构-吸附气含量的耦合演化关系并不清楚，需要通过试验查明其演化特征理解地层条件下页岩油气的赋存规律。

### （二）成岩物理模拟装置简介

成岩物理模拟装置是在 3 个专利的基础上设计制造的仪器设备，是国内首台可以通过控制上覆压力、围压、孔隙压力、温度模拟不同地层条件下的岩石成岩模拟过程，根据时间与温度补偿原理，通过高温短时间模拟地下低温长时间的成岩过程的仪器。该仪器包括 4 大系统：高温高压釜系统、控制系统、测量系统和力学系统。试验开展条件如下。

（1）温度：模拟温度范围室温-600 ℃、温度控制精度±1 ℃。

（2）上覆压力：0～200 MPa，控制精度±0.2 MPa。

（3）孔隙流体压力：0～100 MPa，控制精度±0.2 MPa。

（4）模拟成岩样品规格：直径 25 mm，高度 30～100 mm。

利用该仪器设备，已经完成了 300 余次的成岩物理模拟，证实该仪器设备性能稳定，达到了设计要求。通过设定不同的温度、压力，该仪器可以模拟烃源岩的成岩及生烃过程，提供不同成熟度的烃源岩样品，用于观察和分析不同成熟度条件下烃源岩的有机质孔隙、无机质孔隙、黏土矿物转化的耦合特征。

### （三）试验测试方案

**1. 试验方案**

试验采用鄂尔多斯盆地低熟页岩样品，共 3 块（成熟度为 0.7～1.0，干酪根为 I 型）。将油页岩样品按切割方案切割出 8 份样品（规格为 2.5 cm×2.5 cm 的柱样），其中 1 份作为对比样，1 份作为备份样品（避免样品破损或丢失），另外 6 份加温烧制，分别选取 250 ℃、300 ℃、350 ℃、400 ℃、450 ℃、500 ℃为温度点，恒温加热保持 72 h，用以分析页岩随成熟度的增加其孔体积、比表面积、形态、黏土矿物转化特征、甲烷吸附气含量的变化特征。

**2. 试验步骤**

1）样品切割方案

基于成岩物理模拟装置的规格限制，将采集的 3 块低熟页岩样品（编号为 C7-1、C7-2、C7-3，直径为 130 mm，长度为 220 mm）每块都切割出 8 小块尺寸为 2.5 cm×2.5 cm 的柱样，切割方案、切割后样品及柱样如图 3-2-1 所示，在切割过程中，为了避免对样品造成破坏，切割采用线切割的方式。

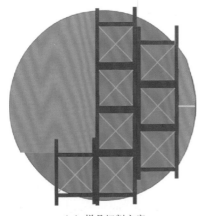

（a）样品切割方案

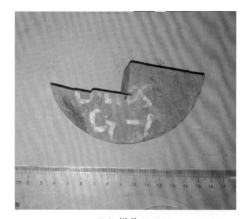

（b）样品C7-1

（c）样品C7-3

（d）切割获取柱样

图 3-2-1　样品制备示意图

2）试验方案

在页岩样品的 8 个柱样中各选取 1 块样品作为备份，1 块样品为对照样品，编号为 0。对照样品不进行加热，其他样品根据温度的依次升高编号为 1、2、3、4、5、6。样品编号及样品加热温度对应关系如表 3-2-1 所示。参照国内外的相关试验研究结果，模拟温度从250℃开始，每隔 50℃加热制备 1 个样品，直到 500℃，共制作 6 个热模拟样品，包含对照样，每组总结测试分析 7 个样品。

表 3-2-1　样品编号及模拟温度

| 模拟温度/℃ | C7-1 | C7-2 | C7-3 |
|---|---|---|---|
| 室温（对照样品） | C7-1-0 | C7-2-0 | C7-3-0 |
| 250 | C7-1-1 | C7-2-1 | C7-3-1 |
| 300 | C7-1-2 | C7-2-2 | C7-3-2 |
| 350 | C7-1-3 | C7-2-3 | C7-3-3 |
| 400 | C7-1-4 | C7-2-4 | C7-3-4 |
| 450 | C7-1-5 | C7-2-5 | C7-3-5 |
| 500 | C7-1-6 | C7-2-6 | C7-3-6 |

3）热模拟特色

（1）将每组的 7 块小样品近似看作与组分、物性类似的样品，再给每个样品加热至不同的温度，观察其黏土矿物、TOC、孔隙结构、孔隙类型、物性、吸附气含量的变化特征，实验目的明确且系统。

（2）本次所有的测试都是围绕着一块样品进行测试分析，尽管测试周期较长，但试验结果具有可对比性和验证性，能够实现差异性分析。

## （四）试验结果讨论

### 1. 岩石学特征的变化

在不断加热后，可以看到页岩样貌特征发生了明显变化。页岩加热后，相对于加热前，页岩的页理缝明显增加，颜色变成黑色，而且随着温度增加（热演化程度增加），页理缝越来越发育，且越来越宽（图 3-2-2）。这表明随着成熟度的增加，发生由生油为主向生气为主的变化，地层超压越来越大，致使页理缝越来越发育。加热至 250℃时，页岩样貌特征未见明显变化；加热至 300～400℃时，生成石油，可见明显的油浸现象，在包裹样品的锡纸上可见石油；加热至 400～500℃时，样品上未见油浸显现，在包裹其的锡纸上见到油碳化后的沥青，表明油开始裂解生气，转为主要以生气为主。

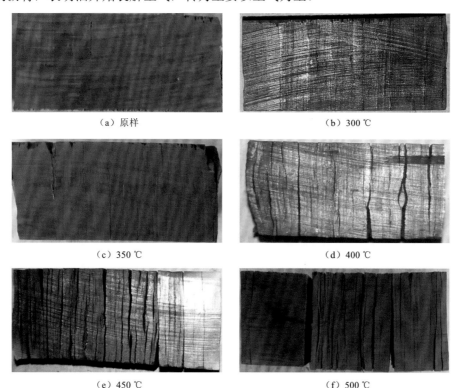

（a）原样 （b）300℃

（c）350℃ （d）400℃

（e）450℃ （f）500℃

图 3-2-2　C7-3 页岩加热至不同温度后的形貌特征

### 2. 黏土矿物含量与 TOC 的变化特征

1）黏土矿物含量与 TOC 耦合关系

从全岩测试分析（图 3-2-3）中可以看出，C7-1 页岩和 C7-3 页岩的 TOC 明显高于 C7-2

页岩的 TOC。从全岩组分来看，C7-1 页岩和 C7-3 页岩的黏土矿物含量明显低于黄铁矿含量[图 3-2-3（b）、（c）]。这充分表明页岩 TOC 高主要受低陆源输入通量和缺氧环境控制。

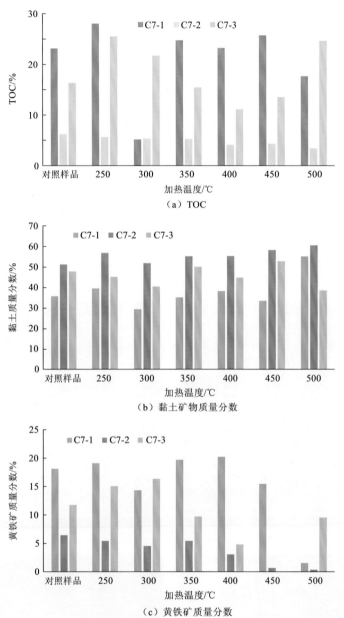

图 3-2-3  页岩加热不同温度后的 TOC、黏土矿物和黄铁矿质量分数

2）黏土矿物转化特征

从 3 组样品中的黏土矿物相对含量来看，伊蒙混层占比最高，其次是伊利石含量。从伊蒙混层占比来看，C7-1 页岩、C7-2 页岩和 C7-3 页岩含量都随着热成熟度的增加，有增大趋势[图 3-2-4（a）]。从不同温度下样品中伊蒙混层与未加热样品伊蒙混层比值[图 3-2-4（b）]来看，随着温度的增加，伊蒙混层含量将有所增加，这为利用黏土矿物中伊蒙混层含量来分析成岩作用提供了思路。

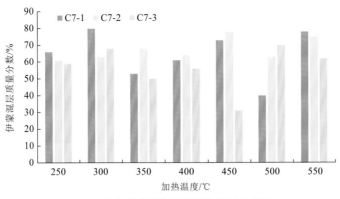

（a）黏土矿物中伊蒙混层占比分布图

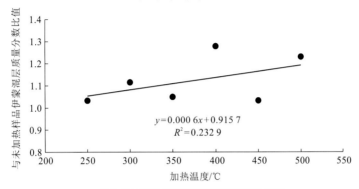

（b）C7-2样品加热后伊蒙混层比值分布图

图 3-2-4 页岩黏土矿物伊蒙混层随温度变化特点

3）TOC 变化

从 3 组页岩样品中的 TOC 来看，C7-1 页岩和 C7-3 页岩 TOC 远高于 C7-2 页岩 TOC ［图 3-2-3（a）］。C7-1 页岩和 C7-3 页岩属于油页岩，C7-2 页岩属于正常的富有机质页岩。 C7-2 页岩显示随着温度增加，与未加热样品 TOC 比值逐渐降低，且具有良好的线性函数 表征（图 3-2-5），可以利用残余 TOC 恢复不同埋深期的古 TOC。

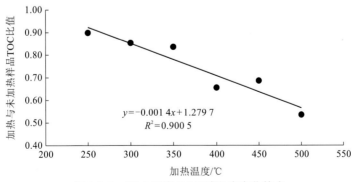

图 3-2-5 C7-2 页岩 TOC 随温度变化特点

## 3. 孔隙形貌特征变化

C7-1 页岩、C7-2 页岩和 C7-3 页岩加热样品的电镜扫描图像具有以下特征。

（1）3 组样品中都含有大量的黄铁矿，主要以草莓状黄铁矿为主，这些黄铁矿主要分布在有机质中，黄铁矿晶间孔也充填了有机质（图 3-2-6）。

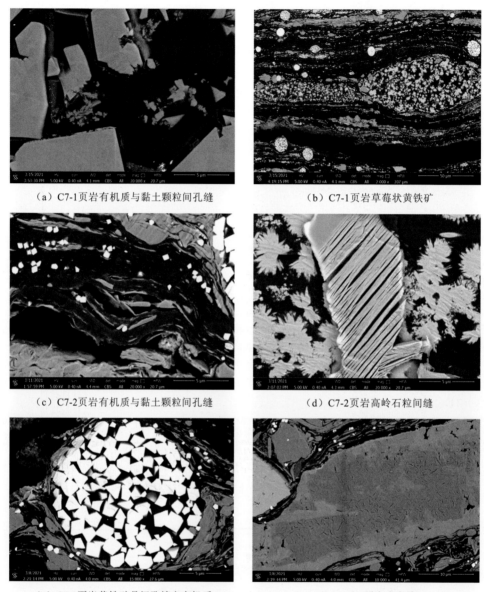

（a）C7-1页岩有机质与黏土颗粒间孔缝 　　　　（b）C7-1页岩草莓状黄铁矿

（c）C7-2页岩有机质与黏土颗粒间孔缝 　　　　（d）C7-2页岩高岭石粒间缝

（e）C7-3页岩黄铁矿晶间孔填充有机质 　　　　（f）C7-3页岩成岩缝

图 3-2-6　页岩样品加热前电镜照片

（2）储集空间主要包含孔隙和微裂缝。其中孔隙类型主要为无机质孔隙（粒间孔、晶间孔）和少量的有机质孔隙。

（3）有机质孔隙在高温时较为普遍，且孔隙较大，圆度较高（图 3-2-7）。但并不是所有有机质都发育为孔隙，远离粒间孔缝的有机质孔隙不发育。此外，层理缝也随温度升高而变宽。

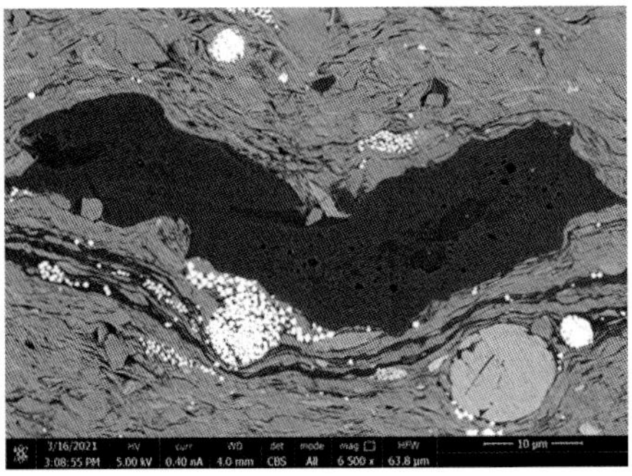

（a）250 ℃有机质孔隙 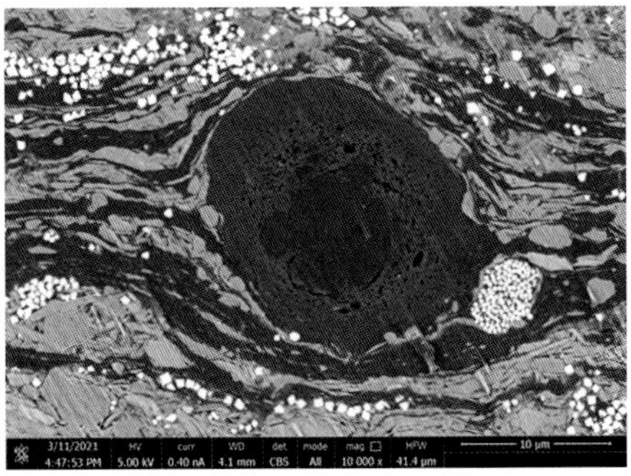                  （b）300 ℃有机质孔隙

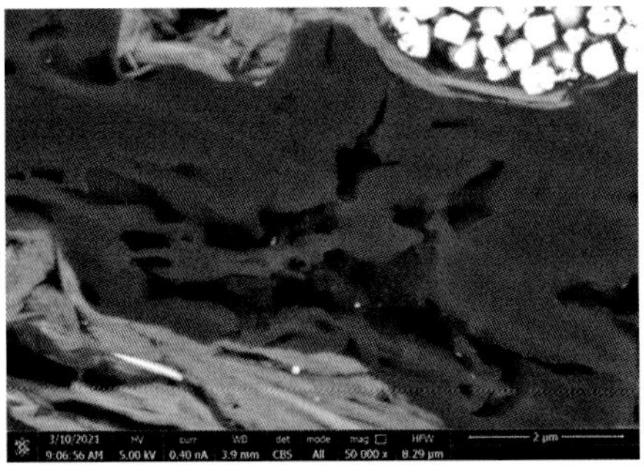

（c）400 ℃有机质孔隙                   （d）500 ℃有机质孔隙

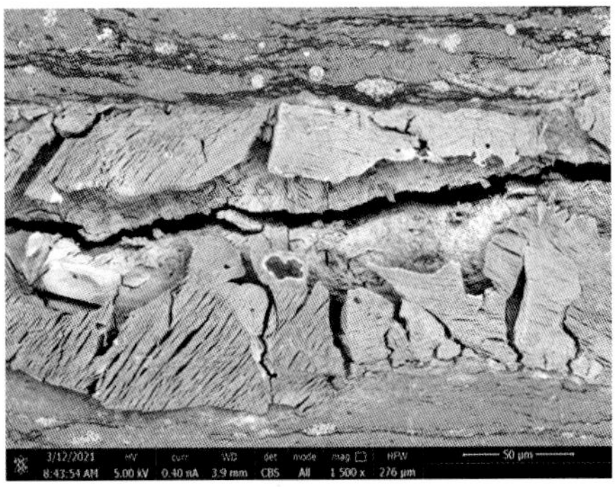

（e）350 ℃颗粒间缝隙                   （f）450 ℃颗粒间缝隙

图 3-2-7　C7-2 页岩不同加热阶段有机质孔隙、颗粒间缝隙变化特点

通过以上现象的观察，可以做出以下推断。

（1）在低温生油阶段，生成的石油几乎占据了所有的孔隙，包括黏土矿物粒间孔、晶间孔、页理缝等。随着温度的升高，石油开始裂解，连通性好的粒间孔能够将裂解的天然气运移出去，可以看到大量沿着粒间分布的有机质孔隙，之后再逐渐向有机质中心扩展，可以观察到大量沿着颗粒呈同心圆状分布的有机质孔隙[图 3-2-7（a）、（b）]。

（2）页岩中最有效的输运通道为粒间孔缝。它们连通性好，是石油裂解气逸散后形成的孔缝，之后远离粒间孔的有机质以粒间孔输运通道为中心，逐渐开始裂解。

有机质孔隙大且圆度好，最大有机质孔隙超过了 3.8 μm，普遍呈近圆形。这些有机质孔隙主要为沥青孔隙，是石油裂解为天然气时形成的孔隙，被保留了下来。尽管放大到 6 万倍，大部分有机质没有观察到有机质孔隙，这可能是由于生成的石油裂解为天然气时，孔隙连通性差，裂解的天然气无法及时逸散出去，阻止了有机质孔隙的形成，又或是孔隙连通性差，生成的石油及天然气仅有少量排出，孔隙仍然被沥青占据，故看不到有机质孔隙。

### 4. 孔隙结构的变化

对 C7-1 页岩、C7-2 页岩、C7-3 页岩总计 21 块样品进行低温 $CO_2$ 和 $N_2$ 吸附试验，获取不同加热温度条件下的孔体积和比表面积变化特点（图 3-2-8 和图 3-2-9）。

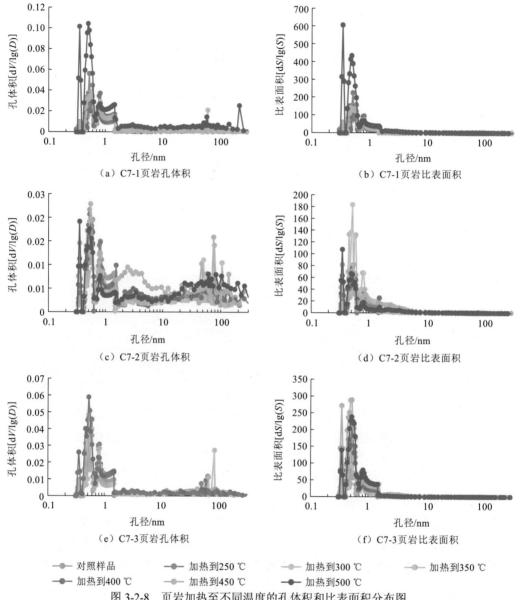

图 3-2-8　页岩加热至不同温度的孔体积和比表面积分布图

总体上来看，页岩孔体积、比表面积主要由微孔所贡献。介孔所贡献的孔体积占比最低，宏孔所贡献的孔体积占比较介孔高。但介孔与宏孔所贡献的比表面积都很低。C7-2 页岩无论是微孔还是总的孔体积、比表面积都低于 C7-1 页岩、C7-3 页岩，但 C7-2 页岩宏孔的孔体积与比表面积高于 C7-1 页岩、C7-3 页岩。随着热成熟度的增加，页岩的孔体积与比表面积都是增加的，比表面积增加更为显著。

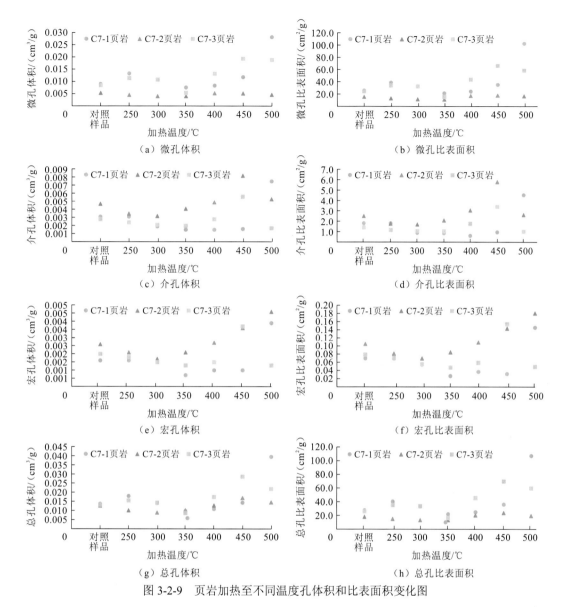

图 3-2-9　页岩加热至不同温度孔体积和比表面积变化图

1）微孔体积与比表面积分布特征

C7-1 页岩和 C7-3 页岩微孔体积与比表面积均高于 C7-2 页岩，且随着温度升高，越来越高于 C7-2 页岩[图 3-2-9（a）、（b）]。加热至 350℃之前，C7-1 页岩和 C7-3 页岩微孔体积与比表面积呈现明显减小的趋势，之后随着温度增加，微孔体积与比表面积逐渐增大，但 C7-2 页岩微孔体积与比表面积没有明显变化。

2）介孔体积与比表面积分布特征

C7-2 页岩介孔体积与比表面积均高于 C7-1 页岩、C7-3 页岩，且加热温度超过 300℃后，差异越来越大[图 3-2-9（c）、（d）]；加热至 250～300℃时，C7-1 页岩、C7-2 页岩、C7-3 页岩介孔体积与比表面积相对于对照样品，稍有下降。加热温度超过 300℃后，C7-2 页岩介孔体积和地表面积呈现明显增大趋势，但 C7-1 页岩、C7-3 页岩波动性较大，规律性不强。

3）宏孔体积与比表面积分布特征

C7-2页岩宏孔体积与比表面积均高于C7-1页岩、C7-3页岩[图3-2-9（e）、（f）]。加热至250~300℃时，C7-1、C7-2、C7-3页岩宏孔体积与比表面积相对于对照样品，稍有下降。加热温度超过300℃后，3组页岩的宏孔体积与比表面积都呈现增大趋势。

4）总孔体积与比表面积分布特征

在未加热时，C7-1页岩、C7-2页岩、C7-3页岩总孔体积与比表面积变化趋势类似，且相差不大。加热至250~300℃时，C7-1页岩、C7-3页岩总孔体积与比表面积高于C7-2页岩；加热至350℃时，3组页岩总孔体积与比表面积非常相近；加热至400℃、450℃、500℃时，C7-1页岩、C7-3页岩比表面积普遍高于C7-2页岩，但总孔体积波动较大，规律性不强[图3-2-9（g）、（h）]。C7-1页岩和C7-3页岩比表面积普遍高于C7-2页岩。加热温度超过350℃时，随着温度增加，3组页岩比表面积差异越来越大。

5）分析与讨论

C7-1页岩、C7-3页岩较C7-2页岩的TOC高、黏土矿物含量低，但C7-1页岩、C7-3页岩的微孔体积与比表面积、总比表面积普遍高于C7-2页岩，这表明页岩中微孔主要由有机质贡献。低TOC的C7-2页岩介孔和宏孔体积与比表面积普遍高于高TOC的C7-1页岩、C7-3页岩。另外据扫描电镜观察分析，C7-2页岩的孔隙主要为粒间孔，大部分有机质孔隙不发育（主要为微孔，扫描电镜看不到），这进一步证明前面依据扫描电镜观察所做的分析是正确的：在低温生油阶段，生成的石油占据了几乎所有的孔隙，包含黏土矿物粒间孔、晶间孔、页理缝等；随着温度的增加，进入石油裂解为天然气的阶段，石油开始裂解，高TOC的页岩可以生成更多的油气，充满可到达的整个孔隙系统，只有石油全部裂解成天然气才能够形成可见的、较大的孔隙（介孔和宏孔）；在同样的加温条件下，低TOC的页岩将比高TOC页岩更早完成石油裂解为气，因此C7-2页岩介孔和宏孔比C7-1页岩、C7-3页岩介孔和宏孔更为发育。

**5. 孔隙度与渗透率变化**

图3-2-10所示为3组页岩加热至不同温度后孔隙度与渗透率的变化。从3组页岩样品中的孔隙度与渗透率来看，C7-2页岩孔隙度普遍高于C7-1页岩和C7-3页岩；C7-1页岩和C7-3页岩孔隙度差异不大，二者变化趋势较为一致。扫描电镜观察到C7-2页岩大孔隙更发育，这与低温$CO_2$和$N_2$吸附试验所识别的介孔和宏孔占比更高相一致。

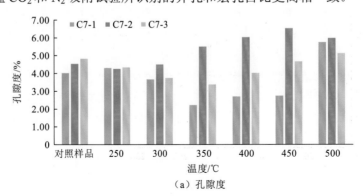

（a）孔隙度

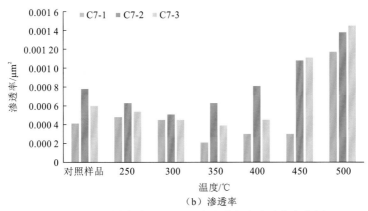

（b）渗透率

图 3-2-10　页岩加热至不同温度孔隙度和渗透率变化图

当加热温度低于等于 350℃时，3 组页岩渗透率差异不大，但当加热温度超过 350℃时，渗透率有明显增大趋势，且 C7-2 页岩渗透率高于 C7-1 页岩和 C7-3 页岩，这与介孔和宏孔的变化趋势较为一致，这表明对渗透率有贡献的主要为介孔和宏孔。

**6. 吸附气含量变化**

3 组页岩加热至不同温度的吸附量变化如图 3-2-11 所示。从 3 组页岩样品中的等温吸附试验来看，具体有以下几个显著特征。页岩的总比表面积由微孔比表面积决定，C7-1 页岩和 C7-3 页岩的吸附气含量远高于 C7-2 页岩，是由 C7-1 页岩和 C7-3 页岩的微孔比表面积远高于 C7-2 页岩的微孔比表面积所致。

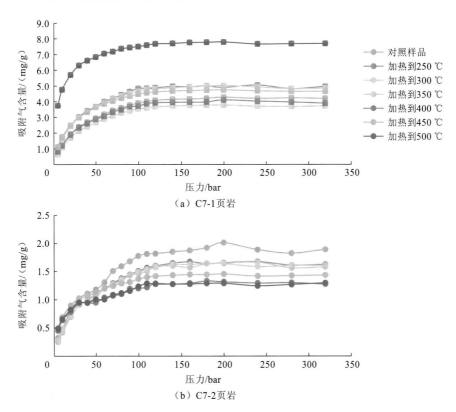

（a）C7-1页岩

（b）C7-2页岩

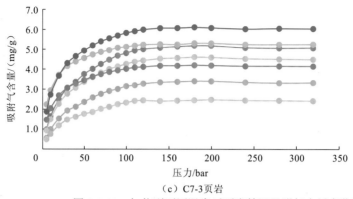

（c）C7-3页岩

图 3-2-11　加热到不同温度后页岩等温吸附气含量变化图

C7-2 页岩等温吸附试验结果[图 3-2-11（b）]显示：压力小于 50 bar 时，不同加热温度下的吸附气含量差异不大；但当压力大于 50 bar 时，随热模拟温度升高，吸附气含量有降低的趋势，表明微孔有向介孔或宏孔转化的趋势，致使比表面积和吸附气含量减小；C7-1页岩和 C7-3 页岩的吸附气含量整体较高[图 3-2-11（a）、（c）]，特别是当加热温度超过350 ℃时，吸附气含量随着模拟温度升高而增大，这主要是随着石油持续裂解为天然气，页岩开始形成更多的微孔，致使其比表面积和吸附气含量逐渐变大。

**7. 成熟度变化**

图 3-2-12 为 C7-1 页岩加热不同温度成熟度变化线。受热过程中，在原油未完全裂解成气之前，页岩的成熟度几乎没有变化；只有当原油全部裂解成气之后，页岩的成熟度才进入生干气阶段。说明在半开放条件下，页岩的成熟度在单一热因素影响下，主要受原油生成阶段成熟度的影响。

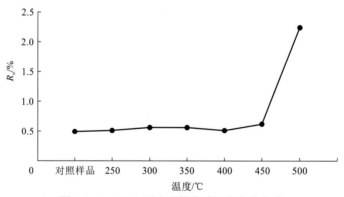

图 3-2-12　C7-1 页岩成熟度随温度变化曲线

# 二、煤层气流动特点对页岩气赋存方式的启示

在地质调查过程中，通常采用燃烧法开展页岩气现场解吸，在模拟地层温度条件下，稳定地向装有页岩样品的解吸罐内输入氢气和氧气，将解吸罐内页岩表面的烃类气体携带至解吸罐口燃烧产生二氧化碳，再通过碳元素将二氧化碳换算为甲烷以获得页岩的含气量。整个燃烧法解吸过程中，解吸罐内储层的温度和压力保持相对稳定，解吸过程获得的累积

产气量和瞬时解吸气量变化曲线基本可以代表常压下页岩气随时间的累积和瞬时产出（流动）变化特征。

由于煤层普遍含水，且煤层中发育的裂隙和煤基质的大量微孔共同构成了煤气储层的双重孔隙介质（苏喜立 等，1999），煤层气的相态、储集空间类型多样决定煤层气产出过程中流动行为复杂多变。对煤层气产出（解吸）特征的研究，能较全面地获得多相态、复杂裂隙和多类型基质微孔气体的赋存方式和产出特点，从而为正确认识和理解在页岩储层中微裂缝和基质孔隙等不同微观储集空间页岩气的赋存方式提供参考。

本小节采用的煤层气解吸样品 XD4-12（$R_o$=2.3%，TOC=13%）和 XXD-3（$R_o$=2.0%，TOC=11.42%）分别采自湘南 2015H-D4 井上二叠统龙潭组和湘中湘新地 4 井下石炭统测水组，不同成熟度煤层气解吸曲线如图 3-2-13 所示。埋藏史-演化史恢复显示上述地区在印支—燕山期花岗岩侵入之后，因古地温梯度升高，石炭系和二叠系煤层中的有机质成熟度分别升高 0.6%和 0.4%以上（陈孝红 等，2022a；毕华 等，1996）。结合模拟试验和上述样品目前的成熟度可以推测石炭系和二叠系煤系在遭受印支—燕山期岩浆热作用改造之前的成熟度分别为 1.4%和 1.9%，有机质热演化分别处于生油和生湿气阶段，储层中的微裂缝部分或全部被原油充注。依照中低成熟页岩储层的热模拟试验结果推测，测水组目前处于生湿气向干气转化阶段，储层中原始微观储集空间大多被原油充填，但有较发育的层理缝。龙潭组则进入生干气阶段，储层中微观储集空间中原油已经裂解，除了存在发育的层理缝，有机质孔隙、溶蚀孔等微孔也较为发育（陈孝红 等，2022a）。与上述储层微观储集空间特征相对应，测水组 XXD-3 解吸曲线简单，虽然瞬时产气量变化具有二分性特点，但

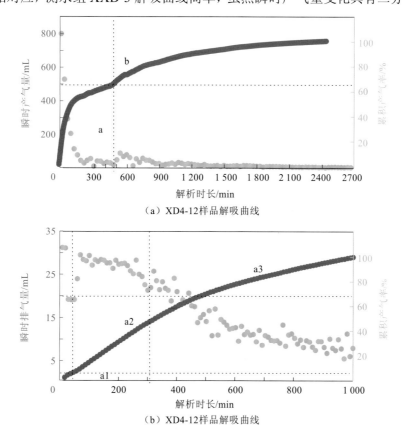

（a）XD4-12样品解吸曲线

（b）XD4-12样品解吸曲线

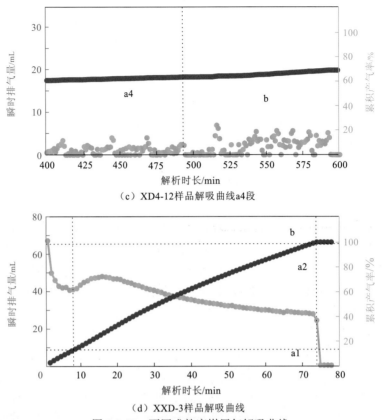

（c）XD4-12样品解吸曲线a4段

（d）XXD-3样品解吸曲线

图 3-2-13    不同成熟度煤层气解吸曲线

累积产气率线几乎呈直线，随时间变化产气率均匀增加，直至产气最后阶段［图 3-2-13（d）］，反映湘新地 4 井测水组煤层气中吸附气含量极低。测井显示煤层含水饱和度达到 100%，说明湘新地 4 井测水组煤层气主要由微裂缝中饱和水溶气组成。瞬时产气量变化上的二分特点反映湘新地 4 井测水组煤层气中存在少量（不到 20%）游离气。

在龙潭组 XD4-12 样品的解吸曲线上，累积产气率变化曲线明显可以识别出产气速率从快变慢的两个弧形段 a 和 b。该储层具有裂缝和微孔双重孔隙介质特征，且煤层裂缝中普遍含水，而基质孔隙中存在的大量水分子难以进入微孔，考虑基质孔隙吸附气的解吸是吸附的逆向过程，曲线 b 的累积产气率曲线与等温吸附曲线相似，可以确定曲线 b 代表的气流应该是基质孔隙吸附气解吸产物。根据累积产气率斜率和瞬时产气量的波动特征，可将裂缝型气体 a 段进一步划分为累积产气量变化速率和瞬时产气量变化频率不同的 4 类气体 a1~a4［图 3-2-13（a）~（c）］。在不考虑吸附气和裂缝气相态情况下，以黏性流和克努森扩散为特征的裂缝性气体的流动机理取决于多孔介质的孔隙尺度。按照多孔介质的孔径所确定的克努森数，可以将气体的流动形式划分为连续流、滑动流、过渡流和自由分子流（Song et al.，2016）。因此，理论上，a1~a4 应代表不同流动行为气体的产出特征。从气体相态来看，煤层中含水，解吸罐内聚集的游离气 a1 排出之后，解吸气排出之前，还存在一个产水阶段。因此，游离气排除之后，解吸气排除之前，理论上还应依次排出游离气和水溶气的混合气、水溶气及水溶气和吸附气的混合气流。气体的产量很大程度上同时受孔隙大小及其对相态和运移性质的影响（Sun et al.，2017），因此，混合气流中不同相态的瞬时产量应该不同。在解吸气的产出特点上表现为随时间变化存在瞬时产气量不稳定。在煤层气解吸的不同阶段出现 2 个或 3 个有规律交替变化的瞬时产气量[图 3-2-13(b)、(c)]，应该是不同解吸阶段的煤层气存在 2 个或 3 个不同相态的气体共存所致。

综上分析，利用煤层气解吸过程获得的瞬时产气量和累积产气率变化特点可以有效区分气体的流动形式和赋存状态，定性获取不同赋存状态煤层气的含量，从而为煤层气的富集机理提供基础资料。这一方法为利用页岩气现场解吸曲线开展页岩气赋存和富集机理研究提供了新的思路。

## 三、古隆起边缘寒武系页岩气赋存方式和富集机理

为探索页岩气的赋存方式和富集机理，前人开展了大量模拟试验和理论探索。其中，方朝合等（2015）通过模拟试验，证明页岩气成藏过程中大量生烃会产生排驱效应与气携液作用，导致页岩气藏存在超低含水饱和度现象。页岩中的天然气赋存方式以有机质和黏土矿物表面吸附，以基质孔、缝和构造裂缝中的游离气为主，溶解气含量较低。李倩文等（2020）采用定性分析和定量计算方法研究了不同赋存状态下页岩气含量差异，建立了页岩气赋存动态演化模式，认为页岩气的赋存方式与储集空间的孔径有关。当储集空间孔径小于 2 nm 时，赋存的主要是吸附气。此后，随着储集空间孔径的增加，甲烷分子间作用力急剧减小，开始呈现游离状态。当储集空间孔径大于 10 nm 时，充填的气体几乎全是游离态。显然，储层的裂缝和基质孔隙的大小对页岩气的赋存方式有关键控制作用，不同大小储集空间中的气体含量在页岩气含量中的占比直观反映了页岩气的赋存方式和富集机理。然而，页岩储层的孔隙在页岩中的有机质和无机质中均可出现。有机质是油湿的，烃类气体和液体可以很容易地以连续相的形式沿着有机物表面或通过有机物本身移动和传播，而有机质干酪根的润湿性取决于干酪根成熟度和页岩储层表面的非均质性（Sayeda et al.，2017），因此，除储层储集空间孔隙大小外，孔隙类型、有机质成熟度也是影响页岩气赋存和富集的两个重要因素。

气体流动状态与克努森数相关，克努森数被定义为气体分子平均自由程与平均孔径之比（Sayeda et al.，2017；Song et al.，2016）。微观储集空间大小不仅影响页岩气的赋存方式，而且直接制约页岩气的流动方式。定量获取页岩储层中不同流动状态气体的含量是获取不同赋存状态页岩气含量，进而确定页岩气富集机理的有效途径之一。虽然通过理论建模和孔隙结构分析，国内外学者获得了大量有关页岩气多尺度运移的规律和表征方式（Sun et al.，2017；Chen et al.，2016），但页岩中的烃类气体可以通过天然裂缝、无机质孔隙及有机质和有机质孔隙等多种方式进行流动，具有多类型多尺度流动特征，页岩气的流动行为预测相当复杂（Sayeda et al.，2017）。类比煤层气现场解吸曲线特征，采用页岩气现场解吸过程获得的累积产气量和瞬时解吸气量变化曲线，代表常压下页岩气随时间的累积和瞬时产出变化特征。据此可以方便地定量获取不同岩石类型页岩气的产出特征。页岩的解吸是吸附的逆过程，吸附气解吸过程形成的累积产气量具有与页岩等温吸附相似的变化特征。且在不考虑吸附气情况下，气体在多孔介质中以黏性流和克努森扩散形式运移的流量均与多孔介质的气体密度、渗透率、压力梯度成正比，与气体的黏度成反比（Sun et al.，2017），因此，可以利用累积产气率变化曲线区分页岩储层中的吸附气和游离气含量。在极

短的时间内（即"瞬时"）多孔介质的气体密度，渗透率、压力梯度变化可以忽略不计，瞬时产气量直接受制于气流的黏度，因此，瞬时产气量非连续性应该是流动气体相态变化的结果。据此，结合页岩含水饱和度测试结果，理论上可以利用瞬时解吸量的变化来获取页岩气流体的相态变化，进而分析页岩气的赋存状态，确定达西流、滑脱流和过渡流等不同流动状态气体的含量，为页岩气富集机理研究提供基础数据。

中扬子地区在寒武纪跨越了中扬子地台及其南部被动大陆边缘。受全球板块拉张、海平面上升影响，寒武纪早期发育了遍布全区的富有机质页岩，是中国南方页岩勘探的重要层位。按照寒武纪构造古地理格局和岩石组合分布特征，大致以慈利—大庸和安化—溆浦断裂为界，可将区内寒武系自北而南划分为中扬子、江南和湘中三个地层分区。其中，中扬子分区的寒武系纽芬兰统自下而上可以划分为岩家河组和水井沱组，岩家河组页岩仅分布于台内洼陷，往台隆区相变为碳酸盐岩或缺失（陈孝红 等，2018b）。江南和湘中地层分区的下寒武统发育较全，江南地层分区以碳质硅质岩为主，通常沿用黔北的地层名称，称为牛蹄塘组。湘中地层分区以细碎屑岩为主，称为小烟溪组（下部）。由于差异隆升，目前区内的地质构造总体上具有东西分段、南北分带的特点。其中西段为湘鄂西褶皱带，东段为江汉—洞庭新生代盆地。湘鄂西褶皱带的北、南两侧分别发育黄陵隆起和雪峰隆起（图 3-2-14）。

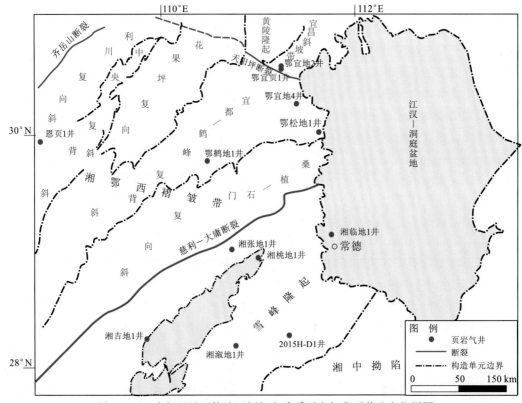

图 3-2-14 中扬子地区构造区划与寒武系页岩气典型井分布位置图

继 2015 年鄂宜地 2 井在中扬子黄陵隆起东南缘宜昌斜坡带寒武系水井沱组获得页岩气重大发现，2017 年鄂宜页 1 井通过采用水平井分段压裂试气测试，在寒武系水井沱组获得高产工业页岩气流（Chen et al.，2021；Zhai et al.，2019；陈孝红 等，2017），有关中扬子古隆起周缘寒武系页岩气的调查评价引起了高度重视。中国石化集团勘探分公司在雪峰隆起西侧雪峰5区块部署实施了峰1井。中国地质调查局在黄陵隆起和雪峰隆起周缘部署实施了多个地质调查项目，加强了对古隆起周缘页岩气地质调查，并在黄陵隆起和雪峰隆起周缘获得了一系列页岩气新发现，进一步揭示出古隆起与寒武系页岩气成藏的相关性。为此，本小节以黄陵隆起周缘的鄂宜页1井、鄂宜地2井和湘桃地1井为对象（图3-2-14），在确定中扬子古隆起周缘寒武系页岩储层微观储集空间类型、大小及其影响基础上，分析古隆起周缘寒武系页岩气现场解吸曲线及其对页岩气流动行为的指示意义，探讨古隆起边缘页岩气赋存方式和富集机理。

（一）典型页岩气井介绍

**1. 鄂宜页1井**

鄂宜页1井位于湖北省西部宜昌市点军区土城乡车溪村，大地构造上处于中扬子板块黄陵隆起东南缘（图3-2-14）。钻探目的为获取黄陵隆起南缘寒武系水井沱组页岩厚度、有机地球化学特征、岩石矿物、储集性能、保存条件和含气性等关键参数，为中扬子地区寒武系页岩气有利区优选提供基础资料。

鄂宜页1井于2016年3月28日从白垩系一开，9月23日三开钻至井深2 418.00 m南华系南沱组顶部完钻。全井自上而下依次钻遇中生界下白垩统石门组，下古生界卜奥陶统南津关组，寒武系芙蓉统娄山关组、苗岭统覃家庙组、第二统石龙洞组、天河板组、石牌组、水井沱组和纽芬兰、滇东统岩家河组，新元古界上震旦统灯影组、下统陡山沱组，上南华统南沱组（未穿）。井深1 729～1 872 m钻遇目的层系寒武系水井沱组。水井沱组厚度为143 m，分上下两段。上段为深灰色泥质灰岩与深灰色灰岩不等厚互层，下段主要由灰黑色灰质页岩、黑色碳质页岩夹深灰色泥质灰岩组成（图3-2-15）。

1）录井显示

鄂宜页1井全井段气测录井，共获15个气测异常层段。其中气测异常高值见于1 744 m寒武系水井沱组钙质页岩，全烃由0.123%上升到18.965%。目的层系水井沱组下段见气测异常2层，厚64 m，全烃由0.246%上升到2.71%（图3-2-15）。页岩气体可燃，采用燃烧法进行现场解吸，水井沱组上部1 762.24～1 720.15 m井段，岩心解吸气含量0.203～0.980 m³/t，损失气含量0.094～0.409 m³/t，总含气量0.315～1.389 m³/t，含气较差。水井沱组中部井段1 821.76～1 860.51 m，岩心解吸气含量0.925～1.690 m³/t，损失气含量0.263～1.816 m³/t，总含气量1.188～3.537 m³/t，含气中等。水井沱组下部井段1 862.33～1 870.95 m，岩心解吸气含量1.713～2.721 m³/t，损失气含量1.567～2.758 m³/t，总含气量3.280～5.479 m³/t，含气较好。

2）测井解释与综合评价

井深1 735～1 872m钻遇下寒武统水井沱组地层厚度137 m。本段1 786.50 m以上地层岩性为灰岩和泥质灰岩，1 786.50 m以下主要为灰质页岩，夹泥质灰岩，底部少量碳质页岩。上部灰岩自然伽马大多在15～45 API，双侧向电阻率曲线大部分在1 000～7 000 Ω·m，密度曲线多在2.71 g/cm³左右，数字声波为52～62 μs/ft[①]，中子孔隙度在4%～7%，井径上部扩径。下部灰质页岩的自然伽马大多在35～300 API，双侧向电阻率曲线大部分在260～9 000 Ω·m，数字声波数值在51～84 μs/ft，井径扩径。底部的碳质页岩自然伽马曲线异常高值，多在

---

① 1 ft≈30.48 cm。

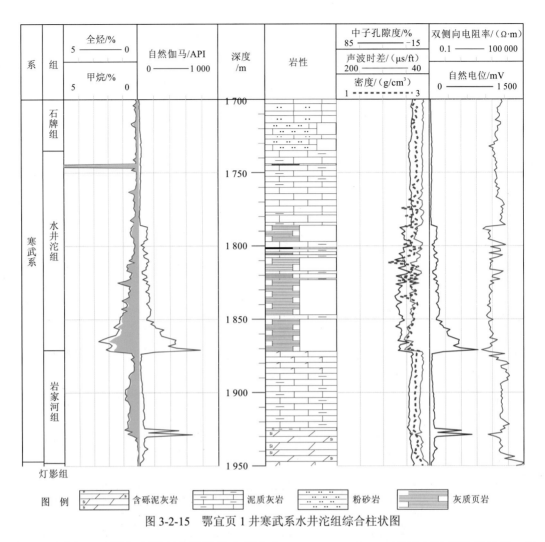

| 系 | 组 | 全烃/% 5 — 0<br>甲烷/% 5 — 0 | 自然伽马/API 0 — 1 000 | 深度/m | 岩性 | 中子孔隙度/% 85 — -15<br>声波时差/(μs/ft) 200 — 40<br>密度/(g/cm³) 1 ----- 3 | 双侧向电阻率/(Ω·m) 0.1 — 100 000<br>自然电位/mV 0 — 1 500 |
|---|---|---|---|---|---|---|---|

图 3-2-15　鄂宜页 1 井寒武系水井沱组综合柱状图

图例：含砾泥灰岩　泥质灰岩　粉砂岩　灰质页岩

300 API 以上，双侧向电阻率曲线数值大部分在 200~2 000 Ω·m，局部电阻率数值较低，只有 40 Ω·m 左右，数字声波在 65~93 μs/ft。该段钻井取心 9 次，取心进尺 117.34 m，多处岩心出筒观察及浸水试验见裂缝中有少量气泡或串珠状气泡溢出，水面见沸水状气泡。根据测井曲线，综合解释认为井深 1 850.8~1 871.8 m 为 III 类页岩气层。该层岩性为页岩，自然伽马曲线高值，在 160 API 以上，铀值曲线显示台阶性上升，数值为 $12×10^{-6}$~$110×10^{-6}$，声波时差值明显增大，特征值为 81.4 μs/ft，深侧向电阻率特征值为 605.03 Ω·m；计算的孔隙度为 2.25%，TOC 为 3.68%，总含气量为 1.89 m³/t。地质录井在 1 812.0~1 872.0 m 井段见气测异常显示，全烃从 0.264%上升到 2.710%，甲烷从 0.236%上升到 1.982%。在 1 843.54~1 877.54 m 钻井取心 2 次，岩心出筒时浸水试验可见串珠状气泡溢出，水面见沸水状气泡。

**2. 湘桃地 1 井**

湘桃地 1 井位于湖南省常德市桃源县牛车河镇黄伞坪村，构造位置处于中扬子板块雪峰隆起基底冲断带北缘沅古坪向斜（图 3-2-14）。钻探目的为获取雪峰冲断带前缘凹陷盆地（沅麻盆地）寒武系牛蹄塘组页岩厚度、有机地球化学特征、岩石矿物、储集性能、保存条件和含气性等关键参数，进一步探索页岩气的构造保存条件，为寒武系页岩气有利区优选提供基础资料。

湘桃地 1 井于 2019 年 6 月 21 日开钻，2019 年 11 月 22 日钻至 1 850.88 m 完钻。全井由上至下依次钻遇地层为白垩系东井组（石门组）、寒武系比条组、车夫组、花桥组、敖溪组、清虚洞组、杷榔组、牛蹄塘组和震旦系灯影组（未钻穿）。在井深 1 576.73～1 826.25 m 钻遇目的层系寒武系牛蹄塘组。该组与上覆杷榔组底部薄层灰色细砂岩，下伏灯影组顶部硅质白云岩呈整合接触，岩性三分明显，上部主要为厚层碳质页岩、碳质泥岩、含灰质碳质页岩，钙质条带；中下部主要为灰色含硅质碳质泥岩、黑色碳质泥岩夹薄层灰色泥灰岩、黑色含硅质碳质泥岩、灰色泥质灰岩；下部为一套黑色含硅质碳质泥岩（图 3-2-16）。

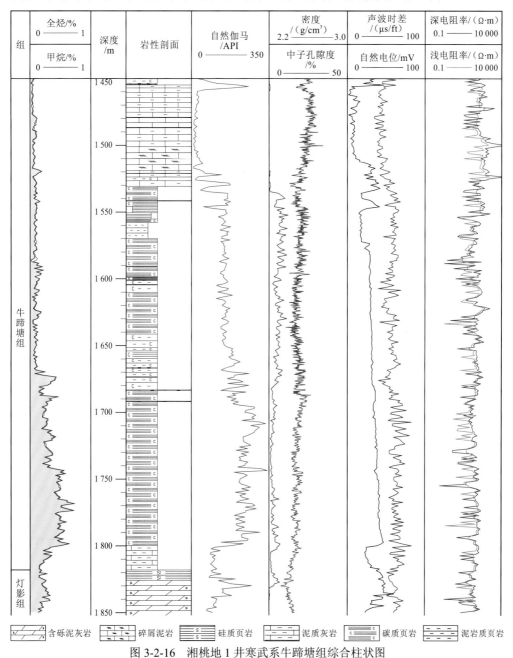

图 3-2-16　湘桃地 1 井寒武系牛蹄塘组综合柱状图

1）录井显示

全井段气测录井，共获 9 个气测异常层段。其中气测异常高值见于 1 185 m 敖溪组灰白色泥晶白云岩，全烃由 0.072%上升到 3.131%。目的层系牛蹄塘组见气测异常 3 层，厚75.5 m。其中井深为 1 671～1 677 m 时，全烃由 0.081%上升到 0.518%；井深为 1 687～1 690 m 时，全径由 0.084%上升到 0.645%；井深为 1 734～1 800.5 m 时，全径由 0.236%上升到 0.736%（图 3-2-16）。页岩气体可燃，采用燃烧法进行现场解吸，井深 1 772 m 处最大解吸气含量为 0.343 4 m³/t。

2）测井解释与综合评价

测井解释湘桃地 1 井牛蹄塘组 1 622.5～1 830.9 m 的 10 个页岩储层游离气含量为0.16～0.36 m³/t，平均为 0.24 m³/t；吸附气含量为 0.63～0.73 m³/t，平均为 0.66 m³/t，总含气量在 0.82～1.03 m³/t，平均为 0.91 m³/t（表 3-2-2）。

**表 3-2-2 湘桃地 1 井牛蹄塘组页岩储层综合评价**

| 解释层号 | 起始深度/m | 截止深度/m | 厚度/m | 自然伽马/API | 黏土质量分数/% | 孔隙度/% | 总含气量/（m³/t） |
|---|---|---|---|---|---|---|---|
| 14 | 1 622.5 | 1 625.6 | 3.1 | 158.5 | 42.2 | 0.9 | 0.88 |
| 15 | 1 652.5 | 1 656.4 | 3.9 | 177.0 | 46.7 | 1.0 | 0.89 |
| 16 | 1 661.8 | 1 663.7 | 1.9 | 205.0 | 53.5 | 1.1 | 0.82 |
| 17 | 1 674.3 | 1 682.6 | 8.3 | 205.9 | 53.8 | 1.0 | 1.01 |
| 18 | 1 685.0 | 1 691.2 | 6.2 | 186.9 | 49.1 | 0.9 | 1.03 |
| 19 | 1 711.0 | 1 720.2 | 9.2 | 269.9 | 69.3 | 1.5 | 0.90 |
| 20 | 1 741.8 | 1 744.7 | 2.9 | 302.8 | 77.3 | 1.3 | 0.86 |
| 21 | 1 768.4 | 1 774.1 | 5.7 | 266.1 | 68.4 | 0.9 | 0.93 |
| 22 | 1 798.4 | 1 800.9 | 2.5 | 168.2 | 44.6 | 0.8 | 0.89 |
| 23 | 1 827.3 | 1 830.9 | 3.6 | 210.1 | 54.8 | 0.9 | 0.89 |

测井解释泥页岩层 10 层，共厚 47.3 m，自然伽马为 158.5～302.8 API，平均为 210.5 API，黏土质量分数为 42.2%～77.3%，平均为 55.92%，孔隙度为 0.8%～1.5%，平均为 1.03%（表 3-2-2）。

（二）页岩微观储集空间类型及影响因素

**1. 页岩微观储集空间类型**

采用场发射电镜对黄陵隆起东南缘鄂宜地 2 井、鄂宜页 1 井寒武系岩家河组和水井沱组页岩进行系统观察，识别出微观储集空间。鄂宜页 1 井岩家河组和水井沱组页岩孔隙类型如图 3-2-17 所示，主要有层理缝[图 3-2-17（a）]、垂直裂缝、片状矿物之间的顺层缝[图3-2-17（b）]和少量溶蚀孔[图 3-2-17（b）、（c）]。有机质（沥青质体）与方解石、石英、黄铁矿相互交织[图 3-2-17（d）]，粒间缝被沥青质充填而不明显。在氩离子抛光面上见微裂缝和有机质孔隙[图 3-2-17（e）、（f）]。

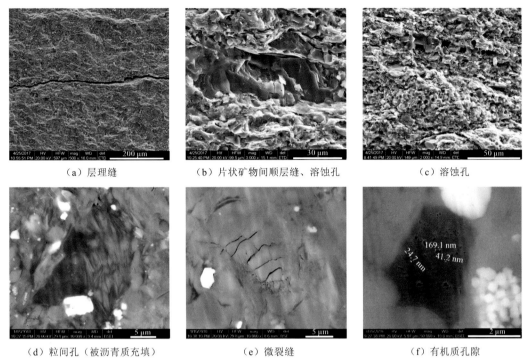

（a）层理缝　　　　　　（b）片状矿物间顺层缝、溶蚀孔　　　　　（c）溶蚀孔

（d）粒间孔（被沥青质充填）　　　（e）微裂缝　　　　　　（f）有机质孔隙

图 3-2-17　鄂宜页 1 井寒武系水井沱组页岩孔隙类型

**2. 岩石矿物组合对孔隙度的制约**

基于鄂宜地 2 井寒武系富有机质页岩等间距采集样品所获孔隙度与 TOC、石英、碳酸盐岩和黏土矿物含量的测定和统计学分析，结果表明无论是水井沱组的碳硅泥岩型富有机质页岩，还是岩家河组泥灰岩型富有机质页岩，页岩的孔隙度与 TOC、石英、碳酸盐岩及黏土矿物含量的相关性均不明显（图 3-2-18）。证明在同一成熟度条件下，页岩的孔隙度不受岩石矿物组合类型的影响。

**3. 构造变形对页岩微观储集空间类型的影响**

位于雪峰隆起西缘的湘张地 1 井寒武系牛蹄塘组页岩储层曾遭受过较为强烈的构造挤压和滑脱作用影响（苗凤彬 等，2019）。湘张地 1 井牛蹄塘组页岩孔隙类型如图 3-2-19 所示。与鄂宜地 2 井相比两者的微观储集空间类型一致，且有机质同样与方解石、石英、

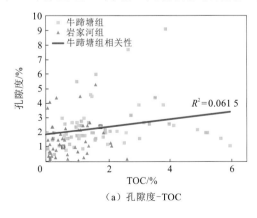

（a）孔隙度-TOC

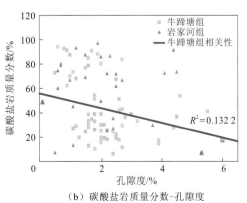

（b）碳酸盐岩质量分数-孔隙度

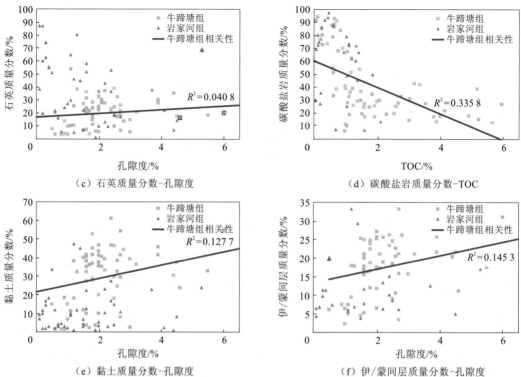

（c）石英质量分数-孔隙度

（d）碳酸盐岩质量分数-TOC

（e）黏土质量分数-孔隙度

（f）伊/蒙间层质量分数-孔隙度

图 3-2-18　宜地 2 井页岩孔隙度与 TOC 和碳酸盐岩、石英和黏土矿物含量相关性图解

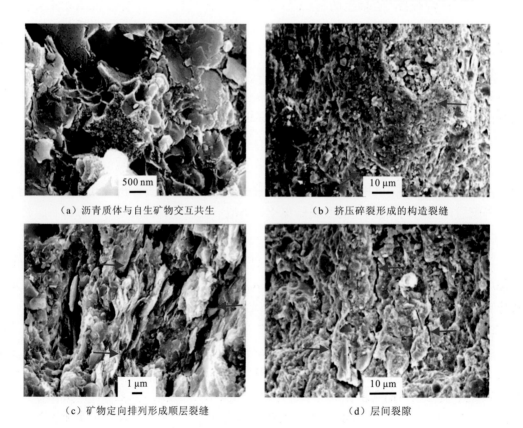

（a）沥青质体与自生矿物交互共生

（b）挤压碎裂形成的构造裂缝

（c）矿物定向排列形成顺层裂缝

（d）层间裂隙

（e）溶蚀孔、矿物间缝　　　　　　　　　　（f）溶蚀孔

图 3-2-19　湘张地 1 井寒武系牛蹄塘组页岩孔隙类型

黄铁矿相互交织，沥青质体充填于各种原生岩石矿物颗粒间［图 3-2-19（a）］，但湘张地 1 井牛蹄塘组层理缝、片状矿物的顺层裂缝［图 3-2-19（c）］、溶蚀孔［图 3-2-19（e）、（f）］更为发育，此外还见到有与构造挤压相关的构造裂缝［图 3-2-19（b）］，表明构造虽然不影响储层的微观孔隙类型，但可能改变微观储集空间的大小和孔喉结构特征，使储层微裂缝更为发育，微裂缝与基质孔隙共同形成与煤层较为接近的基质孔隙加裂缝的双重孔隙介质。

为进一步揭示构造对页岩储层微观储集空间的影响，采用核磁共振方法对鄂宜页 1 井寒武系水井沱组、鄂宜页 2 井志留系龙马溪组及湘张地 1 井寒武系富有机质页岩的孔喉结构进行测试。结果表明同一储层中页岩的孔喉结构特点相似，但相同孔径的孔隙度在总孔隙度中占比，以及同一类孔隙（如微孔、纳米孔、宏孔或大孔）在总孔隙度中占比最大的孔隙的孔径随 TOC 升高而增大［图 3-2-20（a）］，表明岩性变化对储层的孔喉结构影响不大，但储层中总 TOC 影响储层微观储集空间的大小。对比分析鄂宜页 1 井和湘张地 1 井寒武系富有机质页岩的孔喉结构，不难发现，TOC 接近但成熟度不同时，成熟度较高的湘张地 1 井页岩的孔隙为孔径集中在 $10 \sim 100$ nm 的纳米孔，微孔和宏孔的孔隙度在孔隙度组成中占比明显降低［图 3-2-20（a）］，证明成熟度对页岩储层的孔隙类型和微观孔隙结构具有一定的制约作用。

**4. 热演化对页岩储层微观储集空间影响**

为查明热演化对储层孔隙度的影响，本小节对华南不同地区已知寒武系页岩成熟度和孔隙度进行相关性分析，结果显示高演化（$R_o > 2.0\%$）页岩的孔隙度与成熟度具有一定的负相关性［表 3-2-3，图 3-2-20（b）］，证明热演化对高演化页岩的孔隙度的发育具有一定的抑制作用。进一步的研究发现，当 $R_o$ 在 2.75% 和 3.5% 附近时，页岩的孔隙度会发生剧烈下降。$R_o > 2.75\%$ 的热演化阶段与肖七林等（2020）基于高演化页岩储层的热演化模拟试验结果获得的自生矿物溶蚀开始的热演化阶段一致，$R_o > 3.5\%$ 的热演化阶段与王玉满等（2018）基于测井获得的页岩有机质碳化开始的热演化阶段接近，上述孔隙度的剧烈波动应分别与热演化阶段中自生矿物的溶蚀和有机质碳化导致页岩储层储集空间变小有关。

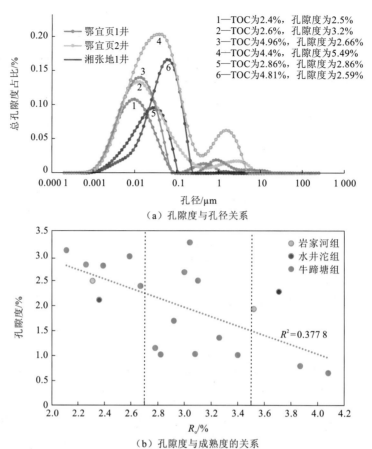

（a）孔隙度与孔径关系

（b）孔隙度与成熟度的关系

图 3-2-20　雪峰隆起及周缘寒武系页岩孔隙结构与总 TOC 和成熟度的关系

表 3-2-3　华南不同地区寒武系页岩气井 TOC、$R_o$ 和孔隙度统计表

| 井名 | TOC/% | $R_o$/% | 孔隙度/% | 数据来源 |
|---|---|---|---|---|
| 鄂宜页 3 井 | 0.78～3.99（2.37） | 2.02～2.19（2.11） | 0.47～4.95（3.12） | 自测 |
| 鄂宜页 1 井 | 0.43～10.45（2.70） | 2.18～2.30（2.26） | 0.6～3.9（2.83） | |
| 鄂宜地 4 井 | 0.56～7.10（2.84） | 2.80～2.83（2.82） | 0.42～1.86（1.02） | |
| 湘吉地 1 井 | 1.36～12.96（5.72） | 2.49～3.11（2.78） | 0.56～4.10（1.15） | |
| 湘张地 1 井 | 1.19～10.50（3.83） | 2.56～3.30（3.00） | 1.26～3.49（2.68） | |
| 湘桃地 1 井 | 1.12～11.45（3.86） | 2.92～3.17（3.08） | 0.59～1.74（1.03） | |
| 鄂秭地 2 井 | 1.44～9.23（3.78） | 2.17～2.59（2.37） | 1.92～3.38（2.74） | 何晶等（2020） |
| 鄂鹤地 3 井 | 0.82～11.23（3.11） | 3.20～3.57（3.40） | 0.3～3.7（1.01） | 吴祥等（2021）（未刊） |
| 鄂松地 2 井 | 2.38～12.79（5.83） | 3.23～4.54（3.87） | 0.20～1.17（0.79） | 何勇等（2021）（未刊） |
| 岑巩 TX-1 | 0.8～7.6（3.89） | 2.50～2.88（2.59） | 2.3～3.3（3.0） | 王濡岳等（2019） |
| 滇东曲 1 | 0.11～9.70（2.45） | 2.00～3.55（3.04） | 1.20～6.07（3.28） | 董云超等（2016） |
| 川南 | 0.77～3.55（1.85） | 2.35～2.67 | 1.8%～4.2%（2.4） | 王同等（2021） |
| 威远威 201 井 | 0.31～4.89（1.32） | 2.72～3.09（2.92） | 1.0～2.0（1.7） | 任东超等（2017） |
| 井研 JS1 井 | 0.36～0.85（0.55） | 2.29～3.73（3.26） | 0.89～2.38（1.36） | 孟宪武等（2014） |

| 井名 | TOC/% | $R_o$/% | 孔隙度/% | 数据来源 |
|---|---|---|---|---|
| 巴地 1 井 | 1.04~9.79（3.0） | 2.50~3.58（3.10） | 1.89~3.05（2.51） | 陈葛成等（2019） |
| 长地 B 井 | 0.90~12.49（5.03） | 2.21~2.56（2.39） | 1.20~4.35（2.81） | 余江浩等（2016） |
| 盐源 YQ2 井 | 0.55~9.37（1.80） | 4.01~4.12（4.08） | 0.3~1.3（0.65） | 梁兴等（2011） |
| 恩页 1 井水井沱组 | 1.10~11.15（5.59） | 3.2~4.0（3.52） | 0.74~3.14（1.94） | |
| 恩页 1 井岩家河组 | 1.02~10.09（6.49） | 3.44~4.33（3.71） | 1.17~3.42（2.29） | |
| 鄂宜地 2 井水井沱组 | 0.52~5.96（2.05） | 2.25~2.35（2.31） | 0.5~9.1（2.5） | 江汉油田 |
| 鄂宜地 2 井岩家河组 | 0.53~2.62（1.64） | 2.36 | 1.10~5.3（2.12） | |

### （三）孔喉结构对页岩气赋存方式的制约

黄陵隆起南缘湖北宜昌、宜都及雪峰隆起西缘湖南张家界和吉首地区寒武系页岩气储层条件不尽相同（见第二章），两者虽有相同的储集空间类型，但孔喉结构差别明显。

#### 1. 黄陵隆起东南缘

宜昌地区页岩的微孔相对发育，而雪峰隆起西侧页岩的孔隙结构相对简单。表现在页岩气现场解吸曲线特点上，不同古地理部位页岩气的累积含气量变化曲线和瞬时含气量变化曲线形态各异（图 3-2-21），显示出赋存方式存在明显差异。与煤层气解吸曲线相比，构造稳定、成熟度相对较低的鄂宜地 2 井寒武系底部页岩气解吸曲线与二叠系龙潭组煤岩的解吸曲线接近，但累积产气率曲线气体 a、b 的二分性不十分明显。在瞬时产气量曲线上，只存在两个相态转化[图 3-2-21（a）、（c）与（b）、（d）]，暗示宜昌地区寒武系水井沱组富有机质页岩的微裂缝和孔隙均较为发育，且两者连通性较好。硅质含量相对较高的样品 YD2-52 的早期裂缝瞬时产气量不连贯，存在二分特点[图 3-2-21（b）]，应该与硅质碳质页岩的脆性较高，且发育多期次微裂缝及游离气含量较高有关。宜昌地区寒武系水井沱组页岩气的这一解吸特点，反映宜昌地区寒武系页岩气以游离气和吸附气为主，不含或含有极少量的水溶气，与水井沱组页岩分段压裂试气测试获得的该页岩气藏不含水的结论一致（陈孝红 等，2017）。根据富有机质页岩累积产气量变化特点，可以确定宜昌地区寒武系水井沱组页岩气以裂缝型游离气为主，占比以 60%~80% 为主[图 3-2-21（a）、（b）]，裂缝充填及微孔和有机质吸附是页岩赋存的主要方式，微裂缝、基质孔隙和有机质含量共同制约页岩气的富集。

#### 2. 湘鄂西褶皱带

黄陵隆起以南，湘鄂西褶皱带北缘的鄂宜地 4 井寒武系水井沱页岩早期埋深较大，后期抬升较晚（陈孝红 等，2022a；Chen et al.，2021；沃玉进 等，2007），页岩成熟度较高，$R_o$ 平均值达到 2.84%（表 3-2-2）。加之储层遭受较为强烈的褶皱挤压改造，储层中构造裂缝较发育，构造保存条件较宜昌斜坡差（刘安 等，2021c）。与鄂宜地 2 井相比，鄂宜地 4 井水井沱组页岩气的累积产气率曲线与新地 4 井煤层气（XD4-12）解吸曲线接近[图 3-2-21（c）]，指示该页岩气以裂缝型为主，裂缝充填和水溶液溶解是其主要赋存方式。由于黏性流和克努森扩散流动在多孔介质中气体运移的质量流量的影响因素相同（Song et al.，2016），在相同

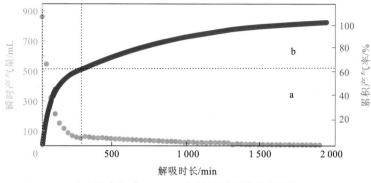

（a）鄂宜地2井1 716.5 m水井沱组含钙质碳质页岩

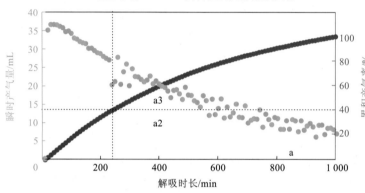

（b）鄂宜地2井（1 716.5 m）水井沱组含钙质碳质页岩前半部分

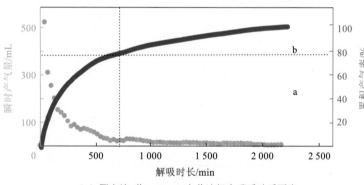

（c）鄂宜地2井1 723.2 m水井沱组含碳质硅质页岩

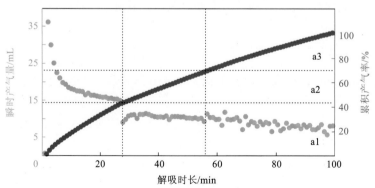

（d）鄂宜地2井（1 723.2 m）水井沱组含碳质硅质页岩前半部分

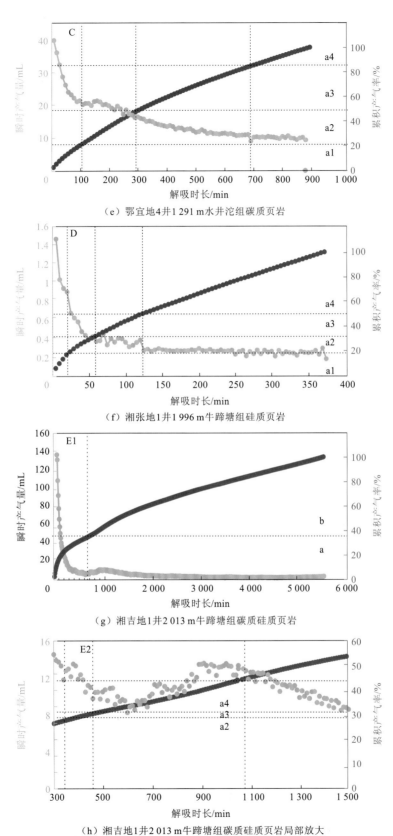

（e）鄂宜地4井1 291 m水井沱组碳质页岩

（f）湘张地1井1 996 m牛蹄塘组硅质页岩

（g）湘吉地1井2 013 m牛蹄塘组碳质硅质页岩

（h）湘吉地1井2 013 m牛蹄塘组碳质硅质页岩局部放大

图 3-2-21　中扬子古隆起周缘主要寒武系页岩气井页岩气解吸曲线

物性(孔径和渗透率)情况下，减少气体流动的压力差，提高流体的黏度有利于减少气体运移的质量流量，说明储层含水和良好的封闭条件有利于页岩气的富集。

**3. 雪峰隆起西缘**

湘张地 1 井和湘吉地 1 井均位于雪峰隆起西侧雪峰冲断褶皱带的对冲向斜内（表 3-2-1，彭中勤 等，2019；苗凤彬 等，2019），构造保存条件优于鄂宜地 4 井。从成熟度上看，湘张地 1 井寒武系牛蹄塘组页岩的成熟度较鄂宜地 4 井略高，两者的累积产气率变化曲线特征相似，证明湘张地 1 井寒武系页岩气也以裂缝型气体为主，较少甚至不含吸附气[图 3-2-21（d）]。湘吉地 1 井寒武系牛蹄塘组页岩的成熟度较鄂宜地 4 井略低，但两者的累积产气率变化曲线差别明显，鄂宜地 2 井的页岩气现场解吸曲线与高演化煤层气的产出曲线最为接近，具有明显的二分性[图 3-2-21（c）]，但在湘吉地 1 井以分钟计算的瞬时产气量变化曲线上，只存在两相流特点[图 3-2-21（g）、（h）]，证明湘吉地 1 井寒武系牛蹄塘组的页岩气与宜昌地区寒武系水井沱组页岩气一样不含水，主要由游离气和吸附气组成，只是吸附气含量占比较高，超过 60%[图 3-2-21（g）]，证明有机质和微孔对页岩的吸附作用在湘吉地 1 井页岩气的保存富集中发挥了重要作用。

**（四）成熟度对有机质吸附能力制约的高演化页岩气差异富集机理**

发生在早古生代晚期的加里东运动导致中扬子地区不同程度隆升，直至中泥盆世再次沉降。区内寒武纪—早志留世沉积厚度普遍接近 4 000 m，在正常古地温条件下，早寒武世富有机质页岩在早志留世之后进入生油阶段。加里东运动时期，伴随油气的调整运移，寒武系富有机质页岩储层的原生基质孔隙，包括沉积和成岩期形成的微裂缝、粒间孔等将被原油或沥青质充填，孔隙度受到抑制，但进一步提升了有机质在页岩油气储集中的作用。晚古生代之后，伴随中扬子海盆沉降，寒武系富有机质页岩埋深加大，有机质（包括沥青质）二次生、排烃形成的有机质孔隙和与此相关形成的微裂缝、溶蚀孔等将成为高演化页岩气主要微观储集空间（陈孝红 等，2022a）。页岩气储集在微裂缝、基质和有机质孔隙中，而有机质是油湿润性的，较无机物对烃类气体和液体的储集和运移具有更为明显的影响。因此，除影响页岩气赋存方式的储集空间大小和制约游离气运移的圈闭构造外，制约页岩吸附能力的有机质成熟度无疑将对页岩气赋存和富集产生重要影响。从不同成熟度富有机质页岩 TOC 与页岩等温吸附获得的朗缪尔（Langmuir）体积之间的关系上看，虽然两者在不同成熟度页岩中均存在良好的线性关系，但随着成熟度的升高，相关性函数的斜率下降，截距升高，尤其在 $R_o$>3% 之后表现得更为明显（图 3-2-22）。表明有机质的吸附能力随着成熟度的升高而降低。

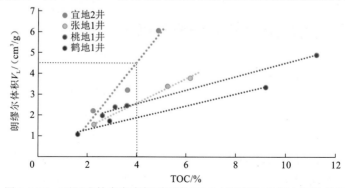

图 3-2-22　不同成熟度富有机质页岩 TOC 与朗缪尔体积之间的关系

（五）高演化页岩气差异富集机理

综合分析页岩孔隙结构与成熟度之间的变化关系，以及不同储集空间类型页岩气的赋存特点，结合热演化对页岩有机质吸附能力的影响，认为高演化页岩气在不同演化阶段的赋存方式和富集机理不同。

**1. 高演化早期**

高演化早期（$2\% < R_o < 2.8\%$）阶段的页岩仍具有一定的生烃能力，页岩储层的孔隙度较高，孔隙类型多样，微孔、纳米孔、宏孔和大孔均有发育，但排烃携水使得该阶段页岩储层的含水饱和度较低（方朝合 等，2015）。因此，该阶段页岩气以游离气和吸附气为主，不含或含有极少量的水溶气。除制约游离气运移的圈闭条件外，页岩气的富集还主要受到制约页岩生烃能力的 TOC 和影响页岩吸附能力的有机质成熟度影响。在同等圈闭条件下，高的 TOC 和成熟度有利于页岩气的富集。在雪峰隆起地区目前已知 $R_o < 2.8\%$ 的地区主要分布在吉首向斜地区，吉首向斜为对冲向斜，页岩气保存条件较好，有利于页岩气的保存。页岩的 TOC 高，$R_o$ 在该演化阶段达上限，在该区部署实施的湘吉地 1 井也是目前雪峰山地区页岩气显示最好，现场解吸气含量最高的地区。

**2. 高演化中期**

高演化中期（$2.8\% < R_o < 3.5\%$）页岩储层内石英等页岩自生矿物开始溶蚀，并转化形成新的矿物，导致储层内微孔减少（肖七林 等，2019），微观储集空间向 $10 \sim 100\ nm$ 集中（图 3-2-20），页岩吸附能力下降。该阶段页岩中的游离气含量相对升高，吸附气含量相对下降。加之该阶段页岩的生、排烃能力进一步下降，地层水滞留导致水溶气含量上升，水溶气也是该阶段页岩气的重要赋存形式。游离气、水溶气和吸附气是该阶段烃类的气体赋存形式，除制约游离气运移的圈闭条件和影响页岩吸附能力的有机质成熟度外，影响储层矿物溶蚀特点的原生自生矿物类型和含量也是这一阶段页岩气富集的重要影响因素。在同等圈闭条件下，高自生矿物含量，低热演化程度有利于页岩气的富集。

**3. 演化晚期**

演化晚期（$R_o > 3.5\%$）页岩储层内的有机质已经基本碳化，储层逐步丧失生、排烃能力和对烃类的吸附能力，富有机质页岩的储集性能与常规天然气储层接近，游离气或水溶气是该阶段页岩气的主要赋存形式，圈闭构造成为影响该阶段页岩气富集保存的关键因素。

# 四、雪峰隆起志留系页岩气的形成与保存

（一）典型页岩气井介绍

**1. 湘桃地 2 井**

湘桃地 2 井位于湖南省常德市桃源县热市镇郝平乡，构造位置处于雪峰隆起北缘冲断褶皱带沅古坪复向斜。钻探目的为获取雪峰冲断带前缘褶皱带（景龙桥向斜）志留系龙马溪组页岩厚度、有机地球化学特征、岩石矿物、储集性能、保存条件和含气性等关键参数，

为志留系岩相古地理和页岩气有利区优选提供基础资料。

湘桃地 2 井于 2019 年 5 月 28 日从志留系溶溪组开钻，2019 年 8 月 29 日钻入奥陶系临湘组完钻。完钻井深 1 578.8 m。全井取心，由上至下依次钻遇下志留统溶溪组、小河坝组、龙马溪组、上奥陶统五峰组及临湘组（未钻穿）。在井深 1 540～1 568.4 m 钻遇目的层系志留龙马溪组下段和五峰组碳质页岩、硅质岩。龙马溪组下段与上覆龙马溪组上段深灰色泥岩、下伏五峰组硅质岩呈整合接触，岩性二分明显，上部主要为碳质页岩夹泥质粉砂岩，下部为硅质页岩；五峰组为硅质页岩、碳质泥岩，厚约 20 cm（图 3-2-23）。

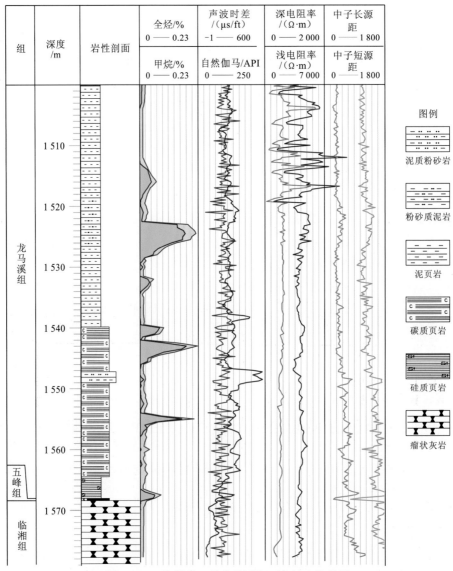

图 3-2-23　湘桃地 2 井龙马溪组下部综合柱状图

1）录井显示

全井段气测录井，共获 4 个气测异常层段。其中气测异常高值见于 1 527 m 龙马溪组下段上部碳质页岩，全烃由 0.026%上升到 0.221%。目的层系龙马溪组气测异常 3 层，厚 7.5 m，全烃由 0.026%上升到 0.221%。五峰组见气测异常 1 层，全烃由 0.013%上升到 0.084%，页岩气体可燃，采用燃烧法进行现场解吸，井深 1 567 m 处最大解吸气含量为 0.342 6 m³/t。

2）测井解释与综合评价

测井解释泥页岩层 7 层（表 3-2-4），共厚 20.1 m，TOC 为 1.13%～2.59%，平均为 1.65%，硅质质量分数为 58.0%～66.5%，平均为 60%；黏土质量分数为 28.2%～45.9%，平均为 38.8%，孔隙度为 0.9%～2.1%，平均为 1.39%。测井解释湘桃地 2 井五峰组—龙马溪组 1 522.5～1 567.3 m 内的 7 个页岩储层游离气含量在 0.48～1.16 m³/t，平均值为 0.72 m³/t；吸附气含量在 0.62～1.14 m³/t，平均值为 0.93 m³/t，总含气量在 1.1～2.63 m³/t，平均值为 1.65 m³/t。

表 3-2-4　湘桃地 2 井五峰组—龙马溪组页岩储层测井解释结果

| 解释层号 | 起始深度/m | 截止深度/m | 厚度/m | TOC/% | 黏土质量分数/% | 硅质质量分数/% | 孔隙度/% | 总含气量/（m³/t） |
|---|---|---|---|---|---|---|---|---|
| 1 | 1 522.5 | 1 524.9 | 2.4 | 1.50 | 35.3 | 61.3 | 1.4 | 1.44 |
| 2 | 1 542.9 | 1 545.9 | 3.0 | 1.77 | 35.1 | 60.8 | 1.7 | 1.70 |
| 3 | 1 548.6 | 1 551.3 | 2.7 | 1.54 | 45.9 | 56.6 | 1.3 | 1.56 |
| 4 | 1 552.6 | 1 555.1 | 2.5 | 1.13 | 41.9 | 58.6 | 1.0 | 1.10 |
| 5 | 1 556.5 | 1 559.1 | 2.6 | 1.25 | 43.4 | 58.2 | 0.9 | 1.33 |
| 6 | 1 559.8 | 1 563.7 | 3.9 | 2.59 | 41.8 | 58.0 | 2.1 | 2.63 |
| 7 | 1 564.4 | 1 567.4 | 3.0 | 1.75 | 28.2 | 66.5 | 1.3 | 1.82 |

综合气体产出特征和储层特征，认为湘桃地 2 井龙马溪组页岩气基本逸散，主要残留少量的裂缝性或致密气体。

**2. 湘常地 1 井**

湘常地 1 井位于常德市鼎城区雷公庙乡沈家岗村西北部。在大地构造位置上位于洞庭盆地太阳山凸起西缘。钻探目的是查明雪峰古陆北缘太阳山凸起奥陶系—志留系序列，以及五峰组—志留系龙马溪组富有机质页岩沉积学、岩石学、地球化学及含气性特征。

湘常地 1 井设计井深 1 750 m，于 2020 年 6 月 1 日开钻，2020 年 8 月 23 日完钻，完钻层位为上奥陶统红花园组，完钻井深 1 673 m。钻遇地层自上而下依次为第四系、吴家院组、溶溪组、小河坝组、龙马溪组、五峰组、临湘组、宝塔组、牯牛潭组、大湾组、红花园组（未穿）。在井深 1 543～1 571.22 m 钻遇目的层系志留系龙马溪组下段和五峰组黑色泥页岩和钙质泥岩、粉砂质泥岩。龙马溪组下段与上覆龙马溪组上段深灰色粉砂质泥岩，以及下伏五峰组黑色泥岩呈整合接触。五峰组为钙质页岩、碳质泥岩，厚度为 1.57 m（图 3-2-24）。

1）录井显示

目的层见气测异常 2 层，第一层位于井深 1 428～1 445 m 的龙马溪组上段，全烃从 0.013 3%上升至 0.193 9%；甲烷从 0.012 4%上升至 0.182%；第二层位于井深 1 550～1 571 m 的龙马溪组下段，气测值全烃从 0.048 5%上升至 0.249 8%；甲烷从 0.044%上升至 0.236 5%（图 3-2-24）。

2）测井解释

湘常地 1 井 7 层气测异常段解释结果见表 3-2-5。井深 1 524～1 571 m 五峰组—龙马溪

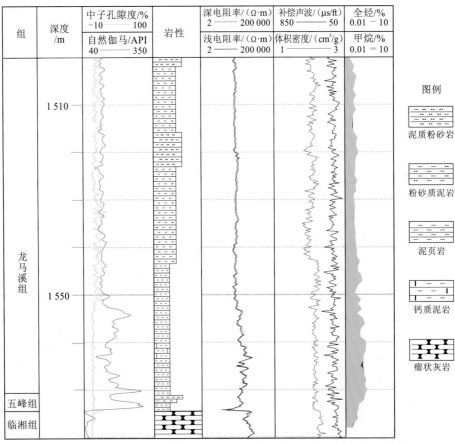

图例

泥质粉砂岩

粉砂质泥岩

泥页岩

钙质泥岩

瘤状灰岩

图 3-2-24 湘常地 1 井奥陶系五峰组—志留系龙马溪组下部综合柱状图

组黑色页岩段测井解释总含气量介于 0.83~1.45 m³/t，平均为 1.32 m³/t，其中游离气含量介于 0.32~0.35 m³/t，平均为 0.34 m³/t，吸附气含量介于 0.48~1.11 m³/t，平均为 0.85 m³/t。

表 3-2-5 湘常地 1 井五峰组—龙马溪组黑色页岩含气性测井解释结果

| 解释层号 | 起始深度/m | 截止深度/m | 厚度/m | 含水饱和度/% | 孔隙度/% | TOC/% | 游离气含量/（m³/t） | 吸附气含量/（m³/t） | 总含气量/（m³/t） |
|---|---|---|---|---|---|---|---|---|---|
| 1 | 1 524.5 | 1 526.8 | 2.3 | 67.0 | 0.78 | 0.53 | 0.32 | 0.65 | 0.97 |
| 2 | 1 529.3 | 1 531.6 | 2.4 | 62.9 | 1.40 | 0.17 | 0.35 | 0.48 | 0.83 |
| 3 | 1 531.6 | 1 539.3 | 7.6 | 62.3 | 1.63 | 0.94 | 0.34 | 0.86 | 1.20 |
| 4 | 1 549.1 | 1 551.6 | 2.5 | 48.0 | 1.92 | 1.39 | 0.35 | 1.10 | 1.45 |
| 5 | 1 551.6 | 1 552.5 | 0.9 | 58.3 | 1.51 | 0.47 | 0.35 | 0.63 | 0.98 |
| 6 | 1 552.5 | 1 555.9 | 3.4 | 46.1 | 1.82 | 1.40 | 0.34 | 1.11 | 1.45 |
| 7 | 1 555.9 | 1 561.9 | 6.0 | 42.7 | 1.63 | 0.91 | 0.35 | 0.88 | 1.23 |
| 8 | 1 561.9 | 1 564.4 | 2.5 | 37.5 | 1.78 | 1.33 | 0.35 | 1.09 | 1.44 |
| 9 | 1 564.4 | 1 565.4 | 1.0 | 43.3 | 1.51 | 0.67 | 0.35 | 0.75 | 1.10 |
| 10 | 1 565.4 | 1 571.1 | 5.8 | 48.8 | 1.70 | 1.19 | 0.33 | 0.99 | 1.32 |

## （二）页岩气成藏地质条件

### 1. 地层格架

以湖北宜昌鄂宜地 1 井和湖南桃源湘桃地 2 井五峰组—龙马溪组笔石带为基础，结合测井获得的自然伽马变化曲线，雪峰隆起周缘五峰组—龙马溪组地层划分对比结果显示雪峰慈利—桃源一带五峰组相变为泥灰岩、碳质泥岩，往南往北相为碳质、硅质页岩，但在湘西和鄂西南部缺失五峰组上部地层（图 3-2-25）。志留系龙马溪组与五峰组岩石组合的横向变化特点相似，陆丹期雪峰隆起（太阳山一带）以碳质页岩为主，往南至桃源九溪相变为硅质岩，但往东部至安化、桃江一带分别相变为碳质页岩、泥质砂岩。埃隆期早期，鄂西宜昌地区缺失 *D.triangularis* 笔石带沉积，湘西地区相变为浅水陆棚沙泥质沉积。雪峰隆起桃源九溪一带水体相对较深，*D.triangularis* 笔石带为沙泥质沉积，*L.convolutus* 下部带出现黑色碳质页岩，中上部以巨厚的沙泥质沉积为特点（图 3-2-25）。同期南部安化一带为沙泥质沉积，具有潮坪潮间砂泥互层的特点。据此，并结合雪峰北缘地区从景龙桥向斜向南至桃源九溪一带，以及雪峰南缘从湖南桃江向西北至安化一带五峰组—龙马溪组页岩厚度进一步增厚，推测五峰组—龙马溪组页岩的沉积盆地的中心应在湖南桃源与安化之间。埃隆期开始，安化一带已经逐步转化为滨岸带沉积，盆地的中心已经逐步西移至桃源九溪一带。需要说明的是，虽然湘常地 1 井—湘桃地 2 井—明光村五峰组—龙马溪组东西向的岩相分异，但从中扬子地区奥陶纪—至志留纪过渡期的沉积相总体具有南北分带特点，以及

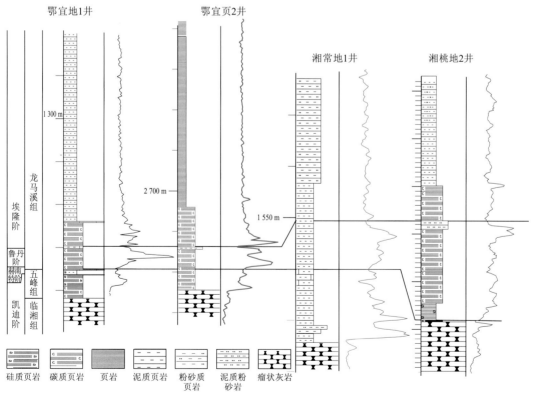

图 3-2-25　雪峰隆起区五峰组—龙马溪组页岩多层地层划分对比图

景龙桥向斜被近南北向断裂切块，与邻近的断裂走向相加推测，西部湘桃地 2 井—景龙桥向斜原本为龙潭平向斜一部分，只是景龙桥向斜在洞庭盆地形成演化过程发生了旋转、走滑，以致出现沉积相与区域相带变化相交现象。

（二）沉积-构造演化史

晋宁运动之后，扬子和华夏板块拼合为统一的华南板块，但伴随超大陆裂解，中扬子南部雪峰隆起及周缘再一次被拉张打开成陆内裂谷，并接受了新元古界青白口系冷家溪群和南华系板溪群巨厚的沙泥质沉积。震旦纪—中奥陶世，武陵山及以北地区为稳定碳酸盐岩台地，雪峰山地区为台地—台地边缘缓坡，向南至溆浦、安化一带相变为盆地相沉积［图 3-2-26（a）、（b）］。震旦纪—早寒武世及中奥陶世发育厚度较大的碳硅泥岩型沉积［图 3-2-26（a）］。中奥陶世以后，伴随华夏板块向中扬子地块俯冲，湘中裂陷盆地东

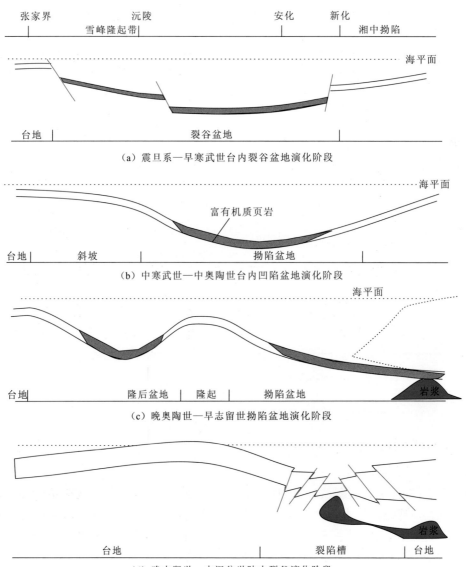

图 3-2-26 雪峰隆起周缘早古生代沉积—构造演化示意图

部隆升成陆，湘中地区转化为前陆盆地，接受上奥陶统天马山组复理石沉积。同期，湘中裂陷盆地西部边缘挠曲变形，雪峰地区东部隆升，西部沉陷转化为隆后盆地，沉积了厚度巨大的五峰组—龙马溪组硅质页岩[图 3-2-26（c）]。奥陶纪末期，伴随板块挤压后的松弛沉降，雪峰隆起带海平面相对上升，龙马溪组下部黑色碳质页岩遍布全区。进入埃隆期之后，伴随新的挤压作用开始，湘中地区隆升成陆，前陆盆地前移至雪峰隆起带，以致慈利高桥至桃源九溪一带为盆地相硅质、碳质泥岩沉积。同期鄂西地区隆起，缺失 *D. triangularis* 笔石带沉积。早志留世末期之后，雪峰隆起，乃至整个中扬子地区被填平补齐。

城步—新化深大断裂两侧，越城岭花岗岩岩基中部和西南部及白马山岩基分别发育 418～429 Ma 和 411±4.5 Ma 的 S 型花岗岩（程顺波 等，2016；杨俊 等，2015），指示雪峰隆起带加里东期发生了陆内挤压造山[图 3-2-26（c）]，至志留纪末期—泥盆纪早期前后在城步—新化断裂带附近发生了从褶皱缩短、逆冲加厚向伸展垮塌阶段快速转化（程顺波 等，2016）。伴随城步—新化断裂的伸展垮塌，晚古生代早期城步—新化一带沉陷转化为裂陷槽沉积，接受了中泥盆统—中三叠统海相沉积[图 3-2-26（d）]。

发生在中三叠世的印支运动，使雪峰隆起带遭受强烈的挤压褶皱改造。但由于雪峰隆起带新元古代—志留纪构造层与泥盆系—中三叠统构造层的岩性和断裂发育状况不同，在此次挤压褶皱过程中，上构造层以整体褶皱变形为主，下构造层则以深大断裂之间的地层挤压缩短为主。从雪峰隆起南缘湘中地区零星分布的上三叠统—下侏罗统与下伏上古代界下石炭统测水组之上不同层位呈微角度不整合接触，证明印支运动导致湘中地区海西期地层发生褶皱形变后，还接受了强烈的抬升剥蚀作用。

根据零星分布的上三叠统—下侏罗统残留沉积，以及印支期花岗岩大多沿城步—新化及新宁—娄底深大断裂分布，结合越城岭、白马山印支期花岗岩分别为 236～222 Ma、215～225 Ma 时期深大断裂松弛调整时期的产物（程顺波 等，2018），证明湘中拗陷基底断裂带在燕山早期再次活化拉张，断裂两侧发生垮塌沉陷，形成断陷盆地。中侏罗世开始的早燕山运动使雪峰隆起遭受南东向北西的挤压，产生以北东—北北东向为主的断裂与褶皱变形，断裂前缘发生垮塌堆积形成类前陆盆地碎屑沉积。

进入白垩纪之后，区域构造体制再次从挤压转化为强烈伸展，类前陆盆地进一步扩大，并转化为规模不一的断陷盆地，沉积了一套红色陆相湖盆砾、砂、泥质碎屑岩。古近纪开始区域构造体制再次由伸展断陷转为挤压，先期断陷盆地大多收缩消亡。新近纪之后，区内主要表现为间歇性抬升，构造活动较弱。

## （三）页岩气形成与保存

### 1. 湘常地 1 井页岩气成藏过程分析

1）烃源岩埋藏史分析

湘常地 1 井井区早奥陶世早中期为台地-台地边缘浅滩相，沉积了桐梓组和红花园组内碎屑、生物屑碳酸盐岩；早奥陶世晚期—中奥陶世，为台地边缘浅滩-斜坡相，沉积大湾组和牯牛潭组紫红色、灰绿色碳酸盐岩、钙泥质等岩石；晚奥陶世早期测区进一步沉降，沉积宝塔组龟裂纹灰岩夹泥灰岩；晚奥陶世晚期—早志留世早期，测区均为水体相对较深、水流不畅、缺氧的还原条件下的闭塞陆棚沉积，沉积五峰组—龙马溪组底部碳质、硅质富有机质页岩。随即，该区转变为浅海陆棚-滨海环境，形成了一套龙马溪组上段—小河坝组—溶溪组—吴家院组等砂、泥质沉积，局部层位夹少量碳酸盐岩，该套砂泥质碎屑岩沉积厚度较大，局部地区超过 2 000 m，湘常地 1 井残余厚度达到 1 550 m。

在系统收集和整理前人调查研究成果的基础上，结合雪峰隆起沉积-构造演化特点，认为湘常地 1 井在五峰组—龙马溪组黑色页岩沉积以来，主要经历了早志留世—中志留世快速沉降、晚志留世—早二叠世间断沉积抬升、晚二叠世—早侏罗世快速沉降及中侏罗世以来多期构造抬升等 4 个阶段，其中中侏罗世以来主要构造抬升可进一步划分为燕山期构造抬升和喜山期构造抬升两个主抬升阶段（图 3-2-27）。

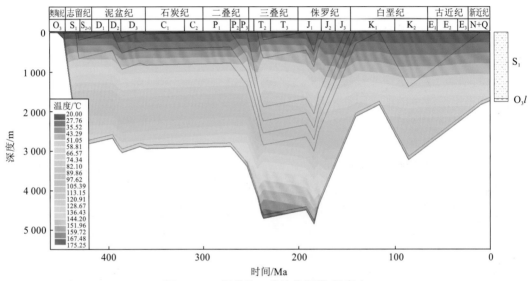

图 3-2-27　湘常地 1 井单井埋藏-温度史

郭彤楼等（2005）、李天义（2021）等通过磷灰石、锆石裂变径迹和单井热模拟反演等手段对江汉盆地、鄂西渝东等地区开展了大量热史恢复研究，结果表明中扬子地区在晚二叠世初期达到最高古热流（局部裂陷中心可达 68～78 mW/m²，地表热流），从晚二叠世初到现今古热流持续降低，在侏罗纪末期古热流平均为 54 mW/m²，中新生代以来，普遍热流值较低，介于 48～54 mW/m²，其中晚白垩世由于盆地拉张，热流值上升，最高达到 59 mW/m²。通过对湘常地 1 井构造和沉积演化环境分析，五峰组—龙马溪组黑色页岩沉积以来主要经历的两期深埋阶段，前泥盆纪热流值与区域一致，热流值为 56 mW/m²，在早二叠世热流值达到 62 mW/m²，侏罗世末期热流值下降至 54 mW/m²，白垩纪晚期热流值上升至 56 mW/m²，随后逐渐降低至现今 50 mW/m² 左右。相应地，常地 1 井五峰组—龙马溪组黑色页岩经历的最高古地温约为 170 ℃（图 3-2-28）。

2）油气运聚特征

通过单井埋藏热演化史模拟，湘常地 1 井在早志留世晚期开始生油，在早石炭世晚期进入生油高峰期，中三叠世早期进入生湿气阶段，中侏罗世后停止生烃（图 3-2-28）。在中侏罗世生烃终止后，五峰组—龙马溪组页岩气主要经历了燕山期和喜山期构造两期构造抬升引起的逸散和调整，造成区内页岩气藏的破坏。

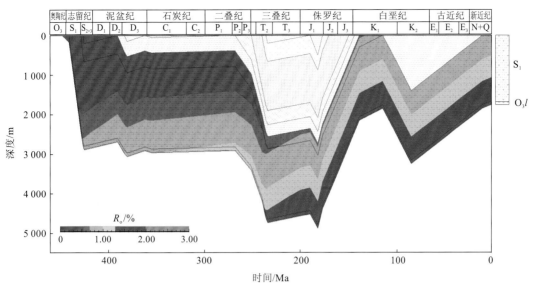

图 3-2-28　湘常地 1 井单井五峰组—龙马溪组黑色页岩生烃演化史

## 2. 构造变形与页岩气有利保存单元

从沅陵地区上古生界被侏罗系呈角度不整合覆盖，表明印支运动变形对沅麻盆地产生一定影响。结合盆地东侧的北北东向安化—溆浦断裂在印支运动中产生的逆冲活动，推测此次运动可能还导致盆地内基底形成了北东—北北东向褶皱和逆断裂，这些断裂的后续继承性的逆冲控制了晚三叠世—中侏罗世沅麻盆地类前陆盆地的分布和发育（柏道远 等，2015）。中侏罗世晚期开始的早燕山活动以沅麻盆地中发育的白垩系与中侏罗统之间的角度不整合为标志。由于本期构造变形主要有最新卷入地层为中侏罗统的南北向、北北东向褶皱和逆断裂，本次构造变形表现为自南向北的滑脱与推覆（柏道远 等，2015）。

白垩纪时期以伸张构造为特点，早期形成一系列北东向控盆正断层，晚期转化为南北向拉张。古近纪中晚期开始的喜山运动最初形成北西向褶皱、北西向逆断裂。但古近纪末—新近纪初形成北西向褶皱、北东—北北东向逆断裂是沅麻盆地分布最广、最为发育的断裂和褶皱，它们与早白垩世北西—南东伸展体制下形成的北东—北北东向正断裂共同组成了沅麻盆地中新生代主体构造格架（柏道远 等，2015）。

综上分析，结合太阳山凸起逆冲断裂下盘寒武系牛蹄塘组、志留系龙马溪组，以及具有对冲构造特点的沅古坪向斜内部寒武系牛蹄塘组页岩的含气量极低，表明雪峰地区缺乏白垩系覆盖的逆冲推覆上盘或缺乏逆冲推覆体上盘覆盖的逆冲推覆体下盘，其页岩气藏已经遭受强烈破坏。鉴于安化—溆浦断裂以西，沅麻盆地基底逆冲断裂最初形成于印支运动，并在燕山期和喜山期得到继承性发展，而印支运动之前雪峰隆起地区志留系页岩分别处于生湿气演化阶段（图 3-2-28），雪峰隆起推覆体下盘夹块的志留系龙马溪组页岩在多次推覆体叠加深埋过程中二次生烃有可能形成新的页岩气藏。根据目前雪峰隆起地区有限的二维地震资料分析，结果显示沅陵—桃源断裂以西的雪峰隆起冲断褶皱带下盘志留系页岩埋深在 3 000～6 000 m，具有志留系页岩气勘探的巨大潜力（图 3-2-29）。

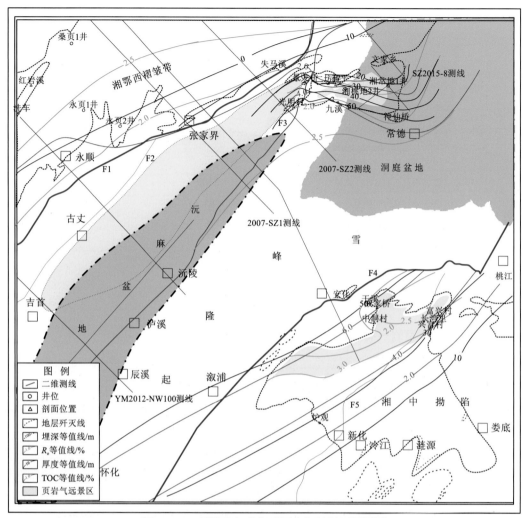

图 3-2-29　雪峰隆起志留系页岩气远景区预测图

# 五、湘中拗陷石炭系页岩气富集机理与富集模式

　　湘中拗陷位于湖南省中南部，行政区划包括涟源、邵阳、衡阳大部分地区及零陵和湘潭部分地区。在大地构造上属于华南后加里东地台赣湘桂拗陷区的一部分，由湘潭凹陷、涟源凹陷、邵阳凹陷和零陵凹陷 4 个凹陷，以及沩山、龙山凸起和关帝庙凸起 3 个凸起共 7 个次级构造单元组成（图 3-2-30），总面积约 55 600 km²。湘中拗陷是我国南方上古生界海相油气勘探领域的重点地区之一。1978～1985 年的油气地质普查工作，取得了区内丰富的油气地质基础资料和岩相、构造、油气各方面的研究成果，并在涟源凹陷冷水江—杨家山、邵阳凹陷东部保和堂和零陵凹陷砂井地区获得了不同程度的油气发现。1995～2005 年还针对其中勘探前景较好的冷水江—杨家山含气区块实施了湘冷 1 井、湘中 1 井和新 1 井钻探和含油气测试。上述工作虽未获得油气勘探的重大突破，但已证实涟源凹陷上古生界地层中浅层天然气活跃，油气勘探前景良好。

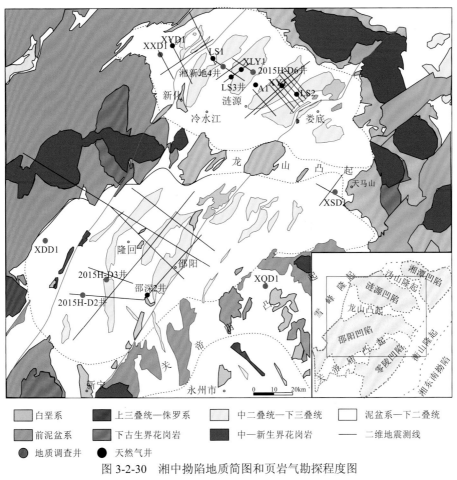

| | | | |
|---|---|---|---|
| 白垩系 | 上三叠统—侏罗系 | 中二叠统—下三叠统 | 泥盆系—下二叠统 |
| 前泥盆系 | 下古生界花岗岩 | 中—新生界花岗岩 | —— 二维地震测线 |
| ● 地质调查井 | ● 天然气井 | | |

图 3-2-30　湘中拗陷地质简图和页岩气勘探程度图

据陈孝红等（2022d）修改

　　对湘中地区页岩气的调查时间不长。2011 年中国石油化工股份有限公司华东油气分公司在前期石油普查成果基础上，以二叠系大隆组、石炭系测水组为目的层，在湖南省涟源市桥头河镇部署实施了湘页 1 井。并针对 $600\sim620$ m 井段压裂测试获得日产 2 409 m³ 的低产气流，证实该区大隆组页岩气具备一定的勘探潜力（汪凯明 等，2021）。2014 年以来中国地质调查局武汉地质调查中心先后以石炭系测水组、泥盆系佘田桥组页岩为目的的层共钻探页岩气调查井 8 口，参数井 2 口（图 3-2-30），系统查明了湘中拗陷石炭系测水组和泥盆系佘田桥组页岩气储层的岩石矿物学、地球化学、物性和含气性特点（陈林 等，2021；田巍 等，2019a，2019b；苗凤彬 等，2016）。为进一步扩大湘中页岩气地质调查成果，2020 年选择涟源凹陷浅层天然气发育的杨家山地区，以逆冲断裂下盘石炭系天鹅坪组页岩为目的层部署实施湘新新 4 井获得了页岩气发现。这一发现不仅证实湘中拗陷石炭系天鹅坪组是南方页岩气勘探的新层系，而且发现燕山期逆冲断裂下伏低幅构造或印支期背斜有利于页岩气富集和保存。对湘中下石炭统天鹅坪组页岩成因和页岩气赋存方式和富集机理的研究有利于确定天鹅坪组页岩气形成富集的主控因素，进一步提升对南方页岩气勘探潜力的认识，丰富和完善页岩气保存富集模式。

## （一）湘新地4井

湘新地4井地理位置位于娄底市新化县温塘镇黄桥村桥冲，构造位置处于华南湘中拗陷涟源凹陷杨家山背斜东翼（图3-2-30，图3-2-31）。钻探目的为获取下石炭统天鹅坪组页岩厚度、有机地球化学特征、岩石矿物、储集性能、保存条件和含气性等关键参数，为探索逆冲推覆带下盘低幅构造区页岩气保存条件，开展下石炭统天鹅坪组页岩气有利区优选提供基础资料。

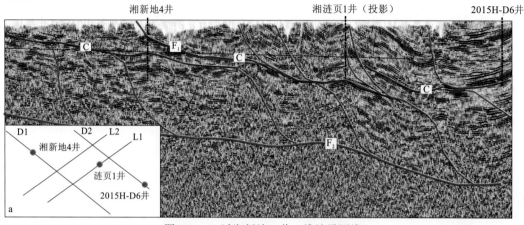

图3-2-31　过湘新地4井二维地震测线
$F_1$：顶板断裂；$F_2$：底板断裂；C：测水组底阶

湘新地4井于2020年6月2日从上石炭统梓门桥组开钻，2020年9月22日钻入下石炭统马栏边组完钻。完钻井深1 466.5 m。全井取心，由上至下依次钻遇石炭系梓门桥组、测水组、马平组、大浦组、梓门桥组、测水组、石磴子组、陡岭坳组、天鹅坪组及马栏边组（未钻穿）。其中梓门桥组和测水组因钻穿逆冲而重复出现。在井深1 268.8～1 416.8 m钻遇目的层系天鹅坪组。天鹅坪组岩性上为灰黑色钙质页岩、含碳质泥岩，夹生物屑粉晶灰岩，底部见薄层状细砂岩。与上覆陡岭坳组、下伏马栏边组灰岩呈整合接触，视厚为148 m（图3-2-32）。

### 1. 录井显示

全井段气测录井，在井深981～1 416 m段下石炭统石磴子组、陡岭坳组和天鹅坪组共获13个气测异常层段。其中气测异常高值见于1 067 m石磴子组下部灰岩夹页岩中，全烃由2.6%上升到20.23%。目的层系天鹅坪组钻获两套优质连续页岩层，其中井深1 343.9～1 367.5 m（厚度为23.6 m），为一套优质钙质泥岩层，气测录井全烃由2.163%上升至5.844%，甲烷由1.693%上升至5.322%；井深1 390.5～1 416.8 m（厚度为26.3 m），为一套优质泥页岩层，气测录井全烃由2.47%上升至11.205%，甲烷由2.11%上升至10%。页岩气体可燃，采用燃烧法进行现场解吸，天鹅坪组6个样品的现场解吸气含量1.639～4.29 $m^3/t$，平均2.69 $m^3/t$（不含残余气）。

### 2. 测井解释与综合评价

井深1 268.8～1 416.8 m目的层系天鹅坪组测井解释泥页岩层11层，其页岩储层测井解释结果见表3-2-6。11层解释泥岩层共厚度为84.1 m。TOC为0.52%～2.43%，平均为1.48%。硅酸盐质量分数为20.2%～39.0%，平均为26.1%；碳酸盐质量分数为37.5%～42.5%，

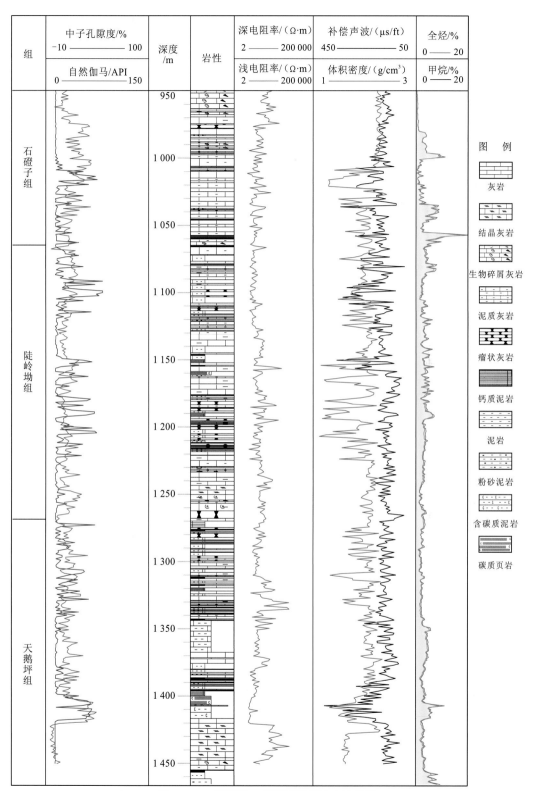

图 3-2-32　湘新地 4 井下石炭统综合柱状图

平均为 40.8%；黏土质量分数为 18.9%～35.0%，平均为 30%。孔隙度为 0.75%～2.16%，平均为 1.55%。总含气量为 0.78～1.89 m³/t，平均为 1.21 m³/t。需要说明的是，测井解释主要依据礁石坝志留系储层建立的模型，部分参数有待进一步检验。

**表 3-2-6　湘新地 4 井天鹅坪组页岩储层测井解释结果**

| 解释层号 | 起始深度/m | 截止深度/m | 厚度/m | 孔隙度/% | 黏土质量分数/% | 硅酸盐质量分数/% | 碳酸盐质量分数/% | TOC/% | 总含气量/（m³/t） |
|---|---|---|---|---|---|---|---|---|---|
| 1 | 1 339.8 | 1 354.4 | 14.6 | 1.23 | 34.0 | 22.3 | 41.4 | 1.05 | 0.82 |
| 2 | 1 355.3 | 1 364.1 | 8.9 | 1.44 | 33.5 | 21.4 | 42.2 | 1.47 | 1.14 |
| 3 | 1 364.8 | 1 372 | 7.3 | 1.33 | 33.0 | 21.7 | 42.5 | 1.51 | 1.13 |
| 4 | 1 377.9 | 1 382.3 | 4.4 | 1.38 | 35.0 | 20.2 | 42.0 | 1.46 | 1.11 |
| 5 | 1 384.3 | 1 391.0 | 6.8 | 0.75 | 32.8 | 23.4 | 42.5 | 0.52 | 0.78 |
| 6 | 1 392.3 | 1 400.3 | 8.0 | 1.64 | 32.3 | 25.1 | 39.9 | 1.08 | 0.92 |
| 7 | 1 400.3 | 1 404.3 | 4.5 | 1.86 | 28.5 | 28.3 | 39.6 | 1.62 | 1.43 |
| 8 | 1 404.8 | 1 409.4 | 4.6 | 2.16 | 18.9 | 39.0 | 37.5 | 2.43 | 1.89 |
| 9 | 1 409.4 | 1 411.1 | 1.8 | 2.00 | 27.4 | 27.7 | 41.1 | 1.77 | 1.52 |
| 10 | 1 411.1 | 1 419.8 | 8.6 | 2.00 | 21.1 | 35.7 | 39.0 | 2.27 | 1.79 |
| 11 | 1 339.8 | 1 354.4 | 14.6 | 1.23 | 34.0 | 22.3 | 41.4 | 1.05 | 0.82 |

## （二）天鹅坪组页岩储层埋藏史—热演化史

湘中拗陷地层发育较完整，从元古界到第四系均有分布，其中拗陷内主要出露泥盆系—下三叠统海相碳酸盐岩、碎屑岩及少量海陆过渡相的含煤沉积，总厚度达 5 000 m 以上。拗陷边缘见中泥盆统跳马涧组与凸起上广泛发育的下伏下寒武统—志留系黑色灰质板状页岩、千枚岩或元古界千枚岩、板岩、凝灰质砂岩呈角度不整合。此外，盆地内见零星分布的上三叠统—侏罗系不整合覆盖在上古生界不同地层之上。区内岩浆活动强烈，凸起带内前泥盆系地层中见有加里东期、印支期和燕山期多期次多阶段岩浆侵入活动形成的复式岩基（程顺波 等，2016；杨俊 等，2015；刘建清 等，2013）（图 3-2-30）。

湘中拗陷石炭统测水组 $R_o$ 等值线分布明显受岩浆分布影响（图 3-2-33）。湘新地 4 井下石炭统测水组煤岩的 $R_o$ 分布在 1.95%～2.16%，平均为 2.01%。按照晚三叠世—白垩纪大规模岩浆活动产生的高热流值使涟源凹陷测水组煤系的埋藏温度从 152 ℃上升到 250 ℃，导致测水组煤 $R_o$ 升高了 0.6%以上（毕华 等，1996），推测印支运动之前测水组的 $R_o$ 分布在 1.35%～1.56%。该 $R_o$ 与湘中地区测水组在正常古地温下最大埋深（约 4 000 m）的 $R_o$（1.3%～1.6%）相互印证（图 1-5-11）。湘新地 4 井石炭系测水组下伏天鹅坪组页岩沥青的 $R_o$ 实测为 1.25%～1.74%，平均为 1.44%，与基于测水组 $R_o$ 获得的页岩成熟度阶段一致，证明湘新地 4 井有机质热演化处于生油阶段。参考模拟试验中沥青反射率不同受热阶段的变化特点，湘新地 4 井下石炭统天鹅坪组富有机质页岩在晚三叠世—白垩纪大规模岩浆活动发生前处于生油高峰向生湿气转换的生烃演化阶段，与模拟试验样品从 350 ℃加热至 450 ℃阶段大致相当。

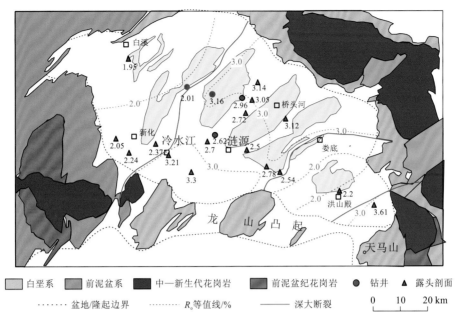

图 3-2-33　湘中涟源凹陷石炭系测水组 $R_o$ 等值线分布图

## （三）天鹅坪组页岩气赋存方式和富集机理

与模拟试验获得的页岩二次生烃，从原油裂解到生干气转变阶段的页岩孔隙结构类型、物性特征相互印证，湘新地 4 井下石炭统天鹅坪组页岩中的无机孔隙被沥青质充填，有机质孔隙以微孔为主，有机质孔隙孔径主要分布于 0.2～1.5 μm（图 2-2-19，图 2-2-20），页岩气的储集空间以层理缝、有机质与矿物间裂隙及有机质微孔和溶蚀孔为主。页岩储层的物性较差，页岩吸附能力一般。天鹅坪组底部 3 个页岩样品常规测试获得的渗透率值分布在 0.017 2～0.159 mD，孔隙度分布在 1.01%～1.50%，朗缪尔体积分布在 1.94～2.69 cm³/g。

湘新地 4 井钻探过程中，陡岭坳组多次发生井涌现象。测井解释天鹅坪组底部页岩储层含水饱和度较低，向上逐步升高，至陡岭坳组钙质泥岩和碳酸盐岩储层的含水饱和度接近 100%（图 3-1-18）。

现场解吸获得页岩气累积产气量曲线与甲烷等温吸附曲线相似，证明解吸过程获得的气体以吸附气为主。累积产气率缺乏高演化煤层气和深层页岩气二分性特点，一方面与解吸样品游离气大量散失、含量不高有关，另一方面与页岩气运移的主要通道被沥青质充填、页岩气的储集和运移均受有机质和水溶液影响有关。在瞬时产气量变化曲线上，天鹅坪组底部富有机质页岩主要有 a、b 两种瞬时产气量随时间递减的产出方式，应分别与页岩气中常见的游离气和吸附气产出曲线对比（图 3-2-34）。但天鹅坪组下部和陡岭坳组高钙富有机质页岩的解吸曲线除了 a、b 两种瞬时气体产出方式外，在 a、b 之间则明显可以识别出第三种瞬时产气量随时间递增的产出方式[图 3-2-34（b）、（d）]。结合富钙页岩 b 段瞬时产气量曲线在含水饱和度较低的天鹅坪组下部连续[图 3-2-34（b）]，而在储层含水饱和度较高的陡岭坳组[图 3-2-34（c）、（d）]不连续，推测 c 段主要为微裂缝或宏孔中的水溶气，

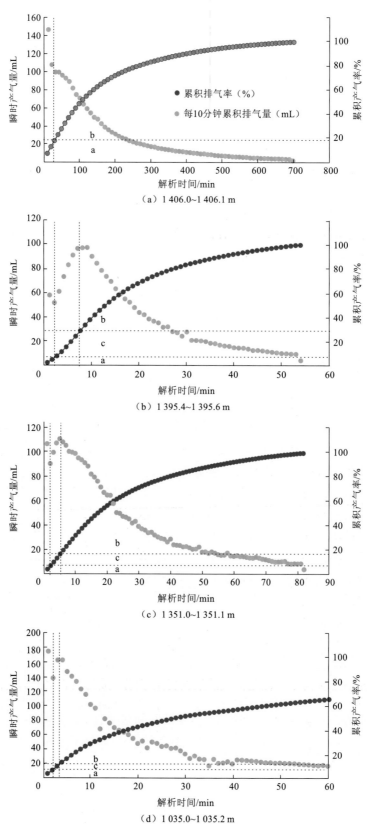

图 3-2-34 湘新地 4 井下石炭统页岩气产出曲线

b 段为微孔中的水溶气和吸附气的混合气。解吸过程中，伴随解吸（页岩储层受热）时间的延长，气体克服溶液束缚能力升高，致使 c 段瞬时产气量随时间增大。随着溶解气含量下降，吸附气逐步被解吸出来，当吸附气解吸出较大气泡时会阻碍微孔中水溶液的流动，并造成气体扩散不连续，致使 b 段或 b 段局部瞬时产气量曲线不连续［图 3-2-34（c）、（d）］。湘新地 4 井下石炭统天鹅坪组和陡岭坳组内部天然气、水和压力气水倒置，上部地层压力异常特征显然应该与上述地层中发育的富有机质页岩储层物性较差相符，页岩中有机质热解产生的天然气进入页岩储层后难以排出，只有当页岩内有机质持续生烃，页岩储层内天然气量和能量不断积累到足够克服储层孔喉毛细管力及地层水静压力时才会发生向上运移，并大规模排驱孔隙水（金之均 等，2003）。也正是湘新地 4 井下石炭统这一特定的页岩气赋存方式和富集机理，除了引起气水倒置和上部压力异常特点外，还造成高含气量页岩，或气测异常不是出现在富有机质页岩 TOC 最高层段，而是分布在富有机质页岩层段的顶部（图 3-1-18）。这实际上也是为什么湘新地 4 井下石炭统陡岭坳组中上部灰岩与页岩互层地层中频繁出现气测异常，且含气量最高或气测异常高值出现在陡岭坳组上部的原因（图 3-1-18）。

（四）保存富集模式

综合分析天鹅坪组页岩成因、页岩气储层演化特点及页岩气赋存方式和富集机理，可以发现涟源凹陷下石炭统天鹅坪组页岩气的富集主要受构造和岩浆活动的共同影响，是晚古生代台内凹陷盆地和中生长—新生代构造和岩浆活动控藏的结果。

志留纪末期—早泥盆世的拉张沉降导致涟源地区再次由陆转海，接受海相沉积。在经历中—晚泥盆世沉积充填之后，涟源地区基本形成四周高、中间低的台内凹陷。海西期构造稳定，下石炭统富有机质页岩在晚石炭世至中三叠世一直处于持续深埋和深成热演化过程。至中三叠世天鹅坪组页岩达到最大埋深时，页岩储层中的有机质正处于生油高峰向生湿气阶段转化时期。因此，中三叠世末，伴随印支运动引起的区域褶皱抬升，储层中的油气将逐步向背斜核部运移聚集。晚三叠世—早侏罗世时期，伴随印支褶皱挤压后的松弛回弹，再次发生了区域性小规模的拉张沉降，接受了沉积厚度不大的陆相沉积。但由于沉降规模不及印支构造抬升的轻度，构造沉降产生的页岩深埋增温不足以促使天鹅坪组页岩发生二次生烃。然而同期大规模的岩浆入侵，使区域古地温梯度明显升高，页岩中的有机质和原油再次受热分解生成新的油、气。与此同时，强烈的燕山运动在造成印支期古背斜进一步遭受挤压形成高陡背斜并伴随断裂发育，引起油气大量散失的同时，强烈的水平挤压产生的逆冲推覆构造在局部推覆到印支期背斜之上，形成新的构造圈闭，或者在宽缓向斜翼部形成新的低幅隐伏构造，促进油气的重新富集成藏，成为页岩气的有利勘探目标。井—震结合揭示湘新地 4 井天鹅坪组页岩气分布在印支期背斜转折带，测水组滑脱断层（何红生，2004）与泥盆系底界滑脱断层之间的夹块内，因此，湘中石炭系天鹅坪组页岩气属于双冲断层夹块控藏的新颖页岩气保存富集模式（图 3-2-31）。

## 第一节 资源潜力评价

### 一、地质资源量计算方法

页岩气地质资源量的计算方法主要有概率体积法、类比法等。根据调查区的工作程度，在有钻井控制的条件下，优先采用体积法计算资源量。具体方法参考《页岩气资源/储量计算与评价技术规范》（DZ/T0254—2014），体积法计算公式为

$$Q_{总} = Q_{吸} + Q_{游} = SH\rho G / 100 \tag{4-1-1}$$

式中：$Q_{总}$ 为待求页岩气的总资源量；$Q_{吸}$ 为吸附气资源量；$Q_{游}$ 为游离气资源量；$S$ 为评价单元面积；$H$ 为含气泥页岩层段厚度；$\rho$ 为泥页岩密度；$G$ 为总含气量（吸附气含量与游离气含量之和）。其中，评价单元面积 $S$ 是常数，而厚度 $H$、总含气量 $G$ 两个参数都是在其参数总体中的一个随机抽样值。假设共有 $M$ 个评价单元，则总资源量 $Q$ 为

$$Q_{总} = \sum_{i=1}^{M} Q_i \tag{4-1-2}$$

式中：$Q_i$ 为第 $i$ 个评价单元的总资源量。

**1. 含气泥页岩层段厚度**

在评价单元划分的基础上，确定含气泥页岩层段厚度，统计每口井含气泥页岩层段（系统）的厚度，并绘制含气泥页岩厚度等厚图。

在中高勘探程度区，根据钻井资料来标定有效厚度，有效厚度以烃源岩的开始和结束作为系统划分的主要依据，同时可结合测井曲线、气测数据、TOC 数据等。

纵向上，在有页岩气钻井的情况下，可先根据钻井岩心和岩屑等录井资料来确定黑色页岩厚度，然后通过 TOC 数据和测井资料划分富有机质页岩层段的厚度，再根据页岩含气性、气测异常和测井资料综合确定含气泥页岩层段的厚度，最终作为参与页岩气资源评价的厚度。平面上可考虑结合泥页岩有效层段的厚度与 TOC 等值线图来共同确定泥页岩厚度。本节以地质调查井的数据为主，TOC 和总含气量均以实测为主。

**2. 评价单元面积**

通过沉积相带、构造特征、保存条件和泥页岩埋深等多项指标优选出页岩气远景区、有利区，每个独立的选区作为一个独立的评价单元，将选区评价成果图件矢量化后，导入

资源评价软件可直接读出评价单元面积。本节对寒武系牛蹄塘组、志留系龙马溪组、石炭系天鹅坪组三个主要含气页岩层分别做远景区和有利区的面积计算。

**3. 泥页岩密度**

吸附气主要赋存在泥页岩中，利用含气饱和度、含水饱和度法计算含气量需要岩石的密度，因此确定泥页岩的密度参数十分必要。一般可采用实测、测井曲线、地震或类比方法获取泥页岩密度。

泥页岩的密度一般取 2.5～2.8 g/cm³，如果有实测值，尽量用实测值进行计算，实测中有真密度和视密度两种，一般采用视密度较为准确，二者差异不大，原因是泥页岩孔隙度较小。

**4. 总含气量**

含气量数据的确定需进行可靠性分析，按照数据的可靠性程度来选择确定含气量的方法。岩石中的总含气量等于吸附气含量、游离气含量和溶解气含量之和，总含气量计算公式为

$$G_{总} = G_{吸} + G_{游} + G_{溶}$$

式中：$G_{溶}$ 为溶解气含气量。由于岩石中所含的溶解气含气量极少，故岩石的总含气量可近似表示为吸附气含量与游离气含量之和，即

$$G_{总} \approx G_{吸} + G_{游}$$

在实际调查工作中，主要通过现场解吸的方法获得页岩的总含气性参数，具体参照《页岩含气量测定方法》（SY/T 6940—2020）执行，其中标准状态下的解吸气体积 $V_{ds}$ 和标准状态下的残余气体积 $V_{rs}$ 分别为

$$V_{ds} = \frac{293.15 P_m V_d}{0.101325 \times (273.15 + T_m)} \tag{4-1-3}$$

$$V_{rs} = \frac{293.15 P_m V_r}{0.101325 \times (273.15 + T_m)} \tag{4-1-4}$$

式中：$P_m$ 为大气压力；$T_m$ 为环境温度；$V_d$ 为解吸气体积；$V_r$ 为残余气体积。

解吸气含量和残余气含量为

$$G_{ds} = V_{ds}/m_t, \quad G_{rs} = V_{rs}/m_r \tag{4-1-5}$$

式中：$G_{ds}$ 为解吸气含量；$m_t$ 为解吸气测定样品质量；$G_{rs}$ 为残余气含量；$m_r$ 为残余气测定样品质量。

# 二、页岩气远景区评价

## （一）评价参数确定

不同层系页岩气资源的宏观分布主要受控于残余页岩展布。寒武系牛蹄塘组页岩气主要分布于雪峰隆起西缘，志留系页岩气分布在雪峰隆起北缘更北的位置，石炭系页岩气分布于涟源凹陷的中部。页岩气远景区基于沉积环境、地层、构造等研究，采用类比、多项因素叠合、综合评价等技术，选择具有页岩气成藏条件的区域，即页岩气远景区。参考

自然资源部中国地质调查局《1：25 万页岩气基础地质调查工作指南》的远景区指标，结合调查区不同层系页岩地质条件，综合给出的不同层系页岩气远景区评价指标见表 4-1-1。寒武系牛蹄塘组和志留系龙马溪组页岩气 TOC 指标下限为 2%，石炭系天鹅坪组 TOC 指标下限设置为 1%。考虑天鹅坪组富含碳酸盐岩，对碳酸盐岩烃源岩的 TOC 下限要求一般低于泥岩，同时天鹅坪组页岩厚度较大，故其 TOC 下限较低。富有机质页岩厚度下限都设置为 20 m，$R_o$ 值都设置为 1.0%～3.5%。页岩埋深牛蹄塘组和龙马溪组都设置为 500～3 500 m；天鹅坪组设置上限为 3 000 m，目前主要工区的埋深都在 3 000 m 以浅，更深的没有实际数据支撑，另外湘中地区风化层一般较厚，故将埋深的下限设置为 800 m。龙马溪组和天鹅坪组页岩的总含气量下限设置为 1 $m^3/t$，寒武系牛蹄塘组时代较老，但是页岩厚度大，故下限设置为 0.5 $m^3/t$。构造保存条件是南方页岩气富集的重要控制因素，一般时代越老，页岩气藏受到的构造破坏影响时间越长，保存条件越差，因此天鹅坪组对构造保存条件的要求没有牛蹄塘组和龙马溪组高。牛蹄塘组、龙马溪组页岩气有利区划分应该避开规模较大的断裂。

表 4-1-1　不同层系页岩气远景区评价指标

| 指标 | 寒武系牛蹄塘组 | 志留系龙马溪组 | 石炭系天鹅坪组 |
|---|---|---|---|
| TOC/% | ≥2 | ≥2 | ≥1 |
| 厚度/m | ≥20 | ≥20 | ≥20 |
| $R_o$/% | 1.0～3.5 | 1.0～3.5 | 1.0～3.5 |
| 埋深/m | 500～3 500 m | 500～3 500 m | 800～3 000 |
| 总含气量/($m^3$/t) | ≥0.5 | ≥1 | ≥1 |
| 对构造保存条件要求 | 高 | 高 | 一般 |

### （二）页岩气远景区优选

页岩气远景区优选主要针对雪峰隆起周缘地区展开，北部大致以常德市临澧县、石门县为界，东部以娄底市一线为界，西部以吉首市、麻阳县为界，南部以邵阳市新邵县为界。分区分层系，采用多因素叠加方法优选出页岩气远景区 3 个，其中寒武系远景区（吉首—张家界页岩气远景区）1 个，位于雪峰隆起西缘，面积为 3 935 $km^2$；志留系远景区 3 个，位于雪峰隆起南缘、西缘和北缘，但资料有限，仅对北缘桃源页岩气远景区（面积为 411 $km^2$）进行评价；石炭系远景区（冷水江—涟源页岩气远景区）1 个，位于雪峰隆起南缘，面积为 1 016.72 $km^2$。

**1. 吉首—张家界页岩气远景区**

1）页岩气地质条件

雪峰隆起西缘吉首—张家界页岩气远景区构造位置主要处于雪峰隆起西缘武陵段弯褶皱单元内北东向展布的狭长向斜带，西起吉首四路溪东至张家界沅古坪。区内早寒武世处于华南深水海相沉积环境中，牛蹄塘组以深水陆棚-盆地相沉积的暗色碳质页岩、硅质页岩为主，厚度较大且分布稳定；页岩埋深主要分布在 1 000～5 000 m，自西向东呈逐渐加深趋势。牛蹄塘组黑色页岩富含有机质，TOC 普遍大于 2.0%，主体分布于 3.0%～5.0%，有机质类型主要为 I 型，少量 $II_1$ 型，$R_o$ 在 2.0%～3.5%，处于过成熟演化阶段。区内已部署实施的湘桃地 1 井、湘张地 1 井和湘吉地 1 井均在寒武系牛蹄塘组获得页岩气发现，尤其是位于沅麻盆地西缘草堂凹陷的湘吉地 1 井在牛蹄塘组钻探过程中气测录井全烃值最大值达到 16.66%，现场解吸气含量最高达 4.93 $m^3/t$。

2）资源潜力

据远景区内页岩气勘探资料，地质资源量计算可采用体积法，计算公式如式（4-1-1）所示。

富有机质页岩（TOC>2.0%）连续厚度≥20 m，$R_o$ 为 1.0%～3.5%，泥页岩埋深 500～3 500 m，远离正断层 2 km，现场解吸气含量大于 0.5 $m^3/t$，为页岩气远景区选区参数。上述边界圈定雪峰隆起西缘寒武系页岩气远景区面积为 3 935 $km^2$（图 4-1-1）。区内牛蹄塘组富有机质页岩厚度在 180～220 m，考虑页岩气显示多位于牛蹄塘组中下段，页岩厚度取值为 100 m；页岩密度取湘张地 1 井和湘吉地 1 井的页岩密度实测平均值 2.73 $g/cm^3$；总含气量采用湘张地 1 井和湘吉地 1 井中下部含气页岩总含气量的平均值 1.42 $m^3/t$。

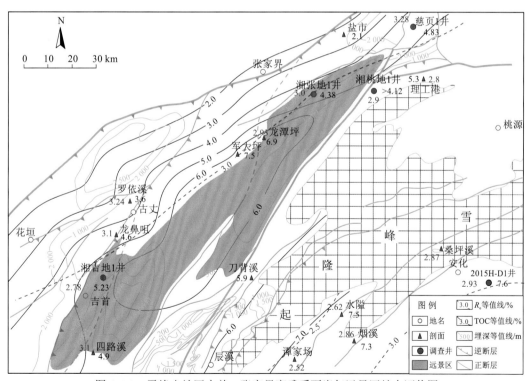

图 4-1-1　雪峰山地区吉首—张家界寒武系页岩气远景区综合评价图

根据上述确定的关键地质参数，采用体积法计算得出吉首—张家界寒武系远景区页岩气地质总资源量 $Q=0.01\times3\,935\times100\times2.73\times1.42=15\,254.4\times10^8\ m^3$，资源丰度为 $3.9\times10^8\ m^3/km^2$。

**2. 桃源页岩气远景区**

1）页岩气地质特征

湖南桃源页岩气远景区构造位置处于雪峰隆起北缘太阳山凸起西侧，区域内构造相对稳定，为宽缓向斜区，地层产状平缓，页岩气地质条件优越。区内已部署实施的地质调查井湘桃地 2 井和湘常地 1 井调查显示五峰组—龙马溪组富有机质页岩厚度均超过 20 m，富有机质页岩 TOC 含量均大于 2.0%，$R_o$ 介于 1.5%~2.2%。湘桃地 2 井和湘常地 1 井成功揭示了五峰组—龙马溪组富有机质页岩具有较好的页岩气成藏条件，但受断裂活动及构造抬升较早等负面作用影响，两口钻井页岩含气性相对较低，现场解吸气含量未达到 1 m³/t；测井解释湘桃地 2 井页岩总含气量介于 1.1~2.63 m³/t，平均为 1.65 m³/t，湘常地 1 井页岩总含气量介于 0.83~1.45 m³/t，平均为 1.2 m³/t。

2）资源潜力

资源量计算采用体积法，以富有机质（TOC>2%）页岩连续厚度≥20 m、$R_o$ 为 1.0%~3.5%、泥页岩埋深 500~3 500 m 为页岩气资源量计算范围。上述边界圈定雪峰隆起北缘志留系页岩气远景区面积为 411 km²（图 4-1-2）。五峰组富有机质页岩厚度变化 8~40 m，采用其算术平均值 24 m；龙马溪组页岩厚度采用远景区中部湘桃地 2 井实钻结果，为 35 m。页岩密度、总含气量采用湘桃地 2 井实测平均值，分别为 2.66 t/m³ 和 1.47 m³/t。

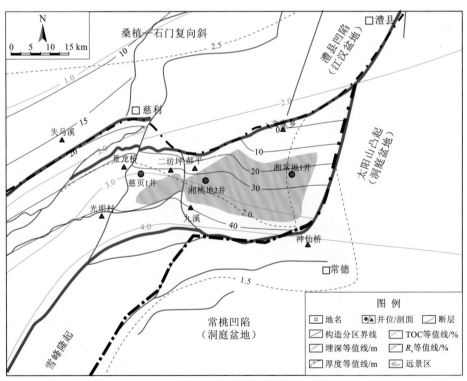

图 4-1-2　雪峰隆起北缘湖南桃源志留系页岩气远景区综合评价图

根据上述确定的关键地质参数，采用体积法计算得出桃源志留系远景区页岩气地质总资源量 $Q=0.01×411×(35+24)×2.66×1.47=948×10^8$ m³，资源丰度为 $2.3×10^8$ m³/km²。考虑湘桃地 2 井底部发育滑脱构造，五峰组页岩断失同时，造成含气量降低，向斜内部页岩的厚度和总含气量有可能偏离取值，今后需要进一步加强物探勘探工作，确定五峰组—龙马溪组页岩的真实厚度。

### 3. 涟源—冷水江页岩气远景区

1）页岩气地质特征

冷水江—涟源页岩气远景区构造位置处于涟源凹陷中部构造带，区域内构造稳定，为宽缓向斜区，地层产状平缓，保存有石炭系天鹅坪组富有机质泥岩，页岩气地质条件优越。区内石炭系天鹅坪组页岩厚度在60~100 m，页岩TOC高值区位于涟源凹陷的中部车田江向斜的中南部和桥头河向斜的西部地区，分布在1.5%~2.0%；$R_o$分布在1.78%~2.90%，埋深范围为800~3 000 m。区内已实施的湘新地4井在石炭系天鹅坪组获得好的页岩气显示，现场解吸气含量在1.639~4.29 m³/t，平均2.69 m³/t（不含残余气）。

2）资源潜力

资源量计算采用体积法，以区富有机质（TOC>1.0%）页岩连续厚度≥20 m、$R_o$为1.0%~3.5%、页岩埋深 800~3 000 m、总含气量≥1.0 m³/t 为页岩气资源量计算范围。上述边界圈定涟源地区天鹅坪组页岩气远景区面积为1 514 km²（图4-1-3）。天鹅坪组富有机质页岩厚度采用区域厚度平均值75 m，页岩密度、总含气量采用湘新地4井实测平均值，分别为2.65 t/m³和2.69 m³/t。

根据上述确定的关键地质参数，采用体积法计算得出冷水江—涟源石炭系远景区页岩气地质总资源量 $Q=0.01×1 514×75×2.65×2.69=8 094×10^8$ m³，资源丰度为$5.34×10^8$ m³/km²。

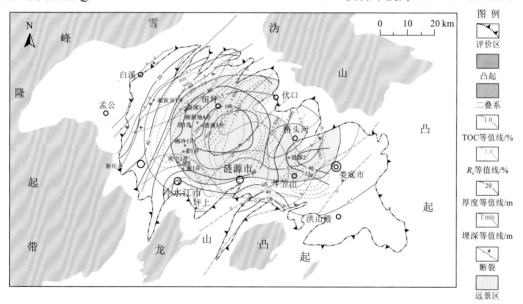

图4-1-3　涟源凹陷冷水江—涟源石炭系页岩气远景区综合评价图

# 三、有利区评价

## （一）吉首和张家界页岩气有利区

有利区是指在远景区明确的条件下，进一步应用地震、钻井、岩石样品试验测试等数据资料，研究页岩沉积条件、构造格架、分布发育、地球化学指标、储集物性特点，利用页岩气显示或少量含气性参数优选出来、经过进一步钻探能够或可能获得页岩气工业气流的区域。

中国地质调查局武汉地质调查中心在雪峰隆起及周缘地区持续进行页岩气地质调查工作，针对寒武系牛蹄塘组钻探实施了湘吉浅 1 井、2015H-D1 井、2015H-D5 井、湘吉地 1 井、湘张地 1 井、湘桃地 1 井、湘临地 1 井等页岩气调查井，其中湘吉地 1 井和湘张地 1 井在牛蹄塘组获得较好的页岩气显示，表明雪峰隆起西缘下寒武统牛蹄塘组具备一定的页岩气资源潜力。寒武系评价范围主要包括沅麻盆地及周缘地区，其西北以慈利—保靖断裂（$F_1$）为界，与湘鄂西褶皱带相隔，东南以溆浦—安化断裂（$F_4$）为界，与湘中拗陷分开，西南至凤凰—怀化一带，东北延伸至慈利—桃源一带，与洞庭盆地相接（图 4-1-4）。

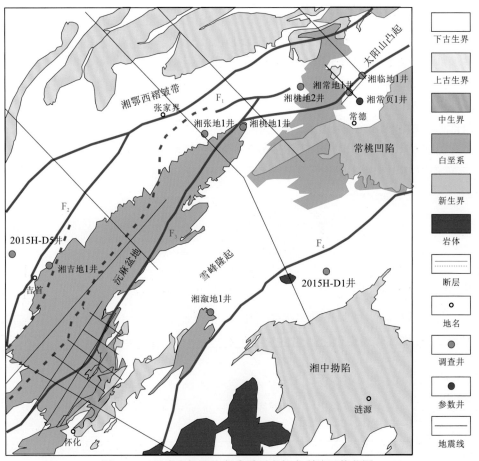

图 4-1-4　雪峰隆起周缘寒武系页岩气有利区评价范围

**1. 选区参数**

针对页岩气有利区的优选，主要参照《1∶25 万页岩气基础地质调查工作指南》拟定的标准开展选区工作；考虑区内多期构造演化叠加的特征，增加构造条件作为选区评价参数之一，并对与构造保存相关的埋深参数予以调整（表 4-1-2）。

表 4-1-2　雪峰隆起沅麻盆地页岩气有利区优选参考标准

| 标准名称 | 评价级别 | 评价参数 | | | | | | | | | |
| --- | --- | --- | --- | --- | --- | --- | --- | --- | --- | --- | --- |
| | | 构造位置 | 构造样式 | 埋深 /m | 连片分布面积/km² | 距区域性断裂距离/km | 页岩厚度/m | 干酪根类型 | TOC /% | $R_o$ /% | 总含气量/ (m³/t) |
| 有利区 | I | 古隆起边缘、残留盆地 | 稳定斜坡带或宽缓凹陷 | 1 000～3 500 | >500 | >10 | >50 | I | >3.0 | 1.3～2.7 | >2.0 |
| | II | 盆缘、推覆构造带后缘 | 隔挡式褶皱或对冲构造中的向斜 | 3 500～5 000 | >1 000 | 5～10 | 30～50 | II₁ | 2.0～3.0 | 2.7～3.5 | 1.0～2.0 |
| | III | 推覆构造带前缘、造山带 | 逆冲断层下盘 | >5 000 或500～1 000 | >1 500 | <5 | 20～30 | II₂ | 1.0～2.0 | >3.5 或<1.3 | <1.0 |

根据对区域地质调查结果、钻井资料的分析及页岩样品采集测试，获取页岩 TOC、$R_o$、埋深、厚度、断层发育等关键参数，拟定了区内下寒武统牛蹄塘组页岩气有利区选区评价参数体系：TOC≥2.0%，页岩埋深 1 000～4 500 m，$R_o$ 为 1.0%～3.5%，页岩厚度≥40 m，总含气量≥1.0 m³/t。此外，有利区构造特征以古隆起边缘、残留盆地中的稳定斜坡带或宽缓凹陷最为有利，其次为盆缘、推覆构造带后缘中的隔挡式褶皱或对冲构造中的向斜，推覆构造带前缘、造山带的逆冲断层下盘最差。

**2. 选区结果**

根据多信息叠合法对雪峰山地区进行页岩气有利区划分，优选出吉首和张家界两个页岩气有利区，面积分别为 1 208.3 km² 和 1 216.5 km²，共计 2 424.8 km²（图 4-1-5）。有利区构造位置主要位于雪峰隆起西缘武陵段弯褶皱单元内北东向展布的狭长向斜带，其中吉首有利区主要位于沅麻盆地草堂凹陷，张家界有利区为主体位于逆冲断层之间的稳定带上。区内已实施的湘张地 1 井和湘吉地 1 井在寒武系牛蹄塘组获得较好的含气显示，其中湘张地 1 井牛蹄塘组录井气测全烃值分布在 1%～7%，中段（井深 1 909.2～1 982.4 m）含气性最好，解吸气含量为 0.12～1.59 m³/t，含气量超过 0.5 m³/t 的连续泥岩段厚度达到 32 m（井深 1 933～1 965 m）；湘吉地 1 井牛蹄塘组气测录井全烃值分布在 0.24%～16.66%，解吸气含气量为 0.01～4.93 m³/t，主要含气层段位于该组下部 2 000.6～2 042 m，平均含气量为 1.78 m³/t。

两个有利区寒武系牛蹄塘组页岩厚度介于 180～220 m，且在该区相对稳定，下部优质页岩段厚度为 50～100 m；TOC 普遍大于 2.0%；干酪根为 I 型腐泥型，具有较好的生烃潜力；$R_o$ 整体处于 2.5%～3.0%；页岩埋深主要在 1 000～3 000 m，以沅麻盆地草堂凹陷向斜中心区埋深最大，向北西与南东逐渐变浅。此外，张家界页岩气有利区位于叠瓦逆冲断层之间的稳定带，地层上倾方向存在反向断裂遮挡，由该井井钻探效果可知，挤压背景下的逆断裂具有较好的屏蔽性，有利于气体保存，且上下层封盖性强，确保了牛蹄塘组页岩的含气性良好。

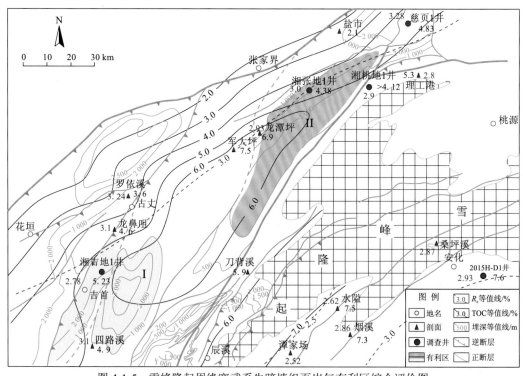

图 4-1-5 雪峰隆起周缘寒武系牛蹄塘组页岩气有利区综合评价图

区内现有针对寒武系牛蹄塘组目的层的地质调查井 2 口（湘张地 1 井和湘吉地 1 井），部分地区已开展二维地震勘探及地面地质调查等工作，适宜采取概率统计法进行资源量计算。概率统计法的基本原理与体积法基本原理类似：页岩气资源量为泥页岩质量与单位质量泥页岩所含天然气（含气量）的概率乘积。但概率统计法考虑了页岩气聚集机理的特殊性，应用参数概率取值的方式，能够有效地描述地质参数的不确定性。

利用分析计算、实验测试、统计分析等手段，获取资源量计算所需的具有代表性特征的各项参数，对参数进行合理分析，剔除异常、无效、无意义参数值。页岩密度实测结果变化范围较小，取其平均值 2.73 $cm^3/g$。在考虑研究区地质条件的基础上对其他参数进行概率赋值，采样用蒙特卡罗法进行样本抽样计算，得到不同概率条件下的页岩气资源量。结果显示，吉首有利区牛蹄塘组页岩气地质总资源量 F50 为 3 755.88×$10^8$ $m^3$；张家界有利区牛蹄塘组页岩气地质总资源量 F50 为 2 446.67×$10^8$ $m^3$（表 4-1-3）。

表 4-1-3　雪峰隆起沅麻盆地及周缘牛蹄塘组页岩气有利区资源量汇总表

| 有利区 | 参数 | F95 | F75 | F50 | F25 | F5 |
|---|---|---|---|---|---|---|
| 吉首页岩气有利区 | 面积/$km^2$ | 535.4 | 647.8 | 764.5 | 891.9 | 1 055.3 |
| | 厚度/m | 41.8 | 55.3 | 67.4 | 82.6 | 95.2 |
| | 密度/（$cm^3/g$） | 2.73 | 2.73 | 2.73 | 2.73 | 2.73 |
| | 总含气量/（$m^3/t$） | 1.78 | 2.13 | 2.67 | 3.35 | 4.29 |
| | 地质总资源量/（×$10^8 m^3$） | 1 087.52 | 2 083.09 | 3 755.88 | 6 737.58 | 11 766.11 |

| 有利区 | 参数 | F95 | F75 | F50 | F25 | F5 |
|---|---|---|---|---|---|---|
| 张家界页岩气有利区 | 面积/km² | 426.5 | 537.6 | 678.9 | 864.2 | 1 046.1 |
| | 厚度/m | 35.2 | 48.5 | 61.4 | 73.2 | 87.6 |
| | 密度/（cm³/g） | 2.73 | 2.73 | 2.73 | 2.73 | 2.73 |
| | 总含气量/（m³/t） | 1.05 | 1.56 | 2.15 | 2.62 | 3.15 |
| | 地质总资源量/（×10⁸m³） | 430.34 | 1 110.42 | 2 446.67 | 4 524.69 | 7 880.44 |

## （二）湖南涟源和湖南冷水江页岩气有利区

中国地质调查局武汉地质调查中心在湘中地区持续进行页岩气地质调查工作，但针对石炭系测水组和天鹅坪组部署的钻探工作较少，主要有调查井 2 口（2015H-D6 井和湘新地 4 井）、参数井 1 口（湘涟页 1 井）。其中 2015H-D6 井在测水组获得较好的页岩气显示，表明涟源凹陷下石炭统测水组具备一定的页岩气资源潜力。但由于基于该井的参数井湘涟页 1 井在测水组页岩气含气性效果不及预期，作为海陆过渡相的测水组不作为本次评价的目的层系。湘新地 4 井在天鹅坪组获得较好的页岩气显示，且早期多口油气钻井在该层系获得油气显示，故将该组作为评价目的层系。本小节主要基于页岩气调查井的钻探发现开展页岩气有利区评价，因此评价范围主要以涟源凹陷作为主体，以中部构造带作为有利勘探区进行评价（图 4-1-6）。

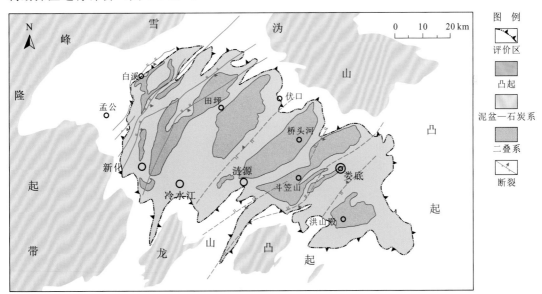

图 4-1-6　涟源凹陷石炭系页岩气有利区评价范围

### 1. 选区参数

考虑区内多期构造演化叠加的特征，增加构造条件作为选区评价参数之一，并对与构造保存相关的埋深参数予以调整（表 4-1-4）。

表 4-1-4　湘中涟源凹陷页岩气有利区优选参考标准

| 标准名称 | 评价级别 | 评价参数 | | | | | | | | | |
|---|---|---|---|---|---|---|---|---|---|---|---|
| | | 构造位置 | 有利构造样式 | 地层倾角/(°) | 埋深/m | 连片分布面积/km² | 厚度/m | TOC/% | $R_o$/% | 孔隙度/% | 总含气量/(m³/t) |
| 有利区带 | I | 拗陷内 | 宽缓向斜 | 10~20 | 500~4 500 | >1 000 | >50 | >1.5 | 1.0~3.5 | >3 | >2 |
| | II | | 对冲构造/斜坡构造 | 20~30 | 2 000~3 000 | 500~1 000 | 30~50 | 1.0~2.0 | 1.0~3.0 | 1~3 | 1~2 |
| | III | 隆起/凸起边缘 | 单斜构造 | >30 | 1 000~2 000 | <500 | <30 | <1.0 | 2.5~3.5 | <1 | <1 |

据已钻井资料、区域地质调查资料、野外露头样品采集和分析测试，以及分析整理前人成果资料，获取页岩 TOC、$R_o$、埋深，厚度、储层特征、断层发育情况等关键参数，拟定区内下石炭统天鹅坪组页岩气有利区选区评价参数体系：页岩埋深 500~3 000 m，TOC≥1.0%，$R_o$ 为 1.0%~3.5%，页岩厚度≥20 m，总含气量≥1.0 m³/t。此外，在充分考虑页岩埋深、厚度、TOC、$R_o$ 等指标的同时，选择生烃演化过程与保存条件较有利的涟源凹陷开展评价。

**2. 选区结果**

根据多信息叠合法对涟源凹陷进行页岩气有利区评价单元划分，优选出湖南冷水和湖南涟源 2 个页岩气有利区，面积分别为 396 km² 和 264 km²，共计 660 km²（图 4-1-7）。新化有利区构造位置主要处于涟源凹陷中部褶皱带内的车田江宽缓向斜区；涟源有利区构造位置主要处于涟源凹陷桥头河向斜南部，构造样式为对冲式构造。目前在新化有利区内已实施的湘新地 4 井在石炭系天鹅坪组获得较好的含气显示，钻探过程中气测录井全烃值最大值达到 11.66%，现场解吸气含量最高达 4.29 m³/t。

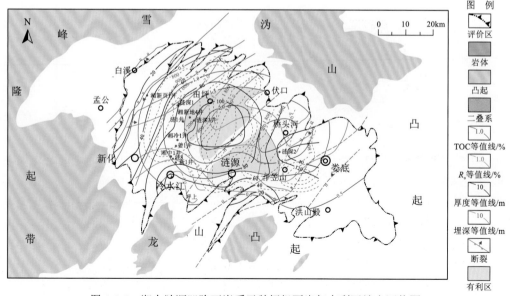

图 4-1-7　湘中涟源凹陷石炭系天鹅坪组页岩气有利区综合评价图

两个有利区石炭系天鹅坪组页岩厚度介于 80~120 m，且在该区相对稳定，下部优质页岩段厚度为 30~50 m；TOC 普遍大于 1.0%；干酪根为 II$_1$ 型，具有较好的生烃潜力；$R_o$ 整体处于 1.5%~3.0%；页岩埋深主要在 1 000~3 000 m，向斜中心埋深大。此外，两个页岩气有利区位于石炭系测水组煤系滑脱层之下，地层较滑脱层之上平缓，构造变形弱，有利于气体保存，且上下层封盖性强，确保了天鹅坪组页岩的含气性。

据资料情况，区内现有针对石炭系天鹅坪组目的层的地质调查井 1 口（湘新地 4 井），部分地区已开展二维地震勘探及地面地质调查等工作，适宜采取概率统计法进行资源量计算。

利用分析计算、实验测试、统计分析等手段，获取资源量计算所需的具有代表性特征的各项参数，在考虑研究区本身地质条件的基础上，对参数进行概率赋值，应用蒙特卡罗法进行样本抽样计算。结果显示，石炭系天鹅坪组页岩气有利区地质资源量（P50）为 3 528.61×10$^8$ m$^3$（表 4-1-5）。

**表 4-1-5　湘新地 4 井及周缘天鹅坪组页岩气有利区资源量汇总表**

| 参数 | | P95 | P75 | P50 | P25 | P5 |
|---|---|---|---|---|---|---|
| 体积参数 | 面积/km$^2$ | 660 | | | | |
| | 有效厚度/m | 22 | 38 | 75 | 83 | 94 |
| 含气量参数 | 总含气量/(m$^3$/t) | 0.95 | 1.25 | 2.69 | 3.02 | 4.29 |
| 其他参数 | TOC/% | 0.78~2.84 | | | | |
| | 页岩密度/(t/m$^3$) | 2.65 | | | | |
| 地质总资源量/(×10$^8$ m$^3$) | | 365.54 | 830.77 | 3 528.61 | 4 384.04 | 7 053.02 |
| 地质资源丰度/(×10$^8$ m$^3$/km$^2$) | | 0.55 | 1.25 | 5.34 | 6.40 | 10.68 |

# 第二节　技术经济可行性评价

## 一、勘查开发技术

### （一）钻井工程

以中石化和中石油为代表，目前国内在钻井工程技术方面不断进步，特别是水平井技术获得了极大进展，并逐步形成页岩气钻井、钻井液、定向和固井技术系列。涪陵焦石坝地区页岩气勘探示范基地拥有国内先进的轮轨式钻机、步进式钻机等移动便捷的钻井设备、地面设备的配套和布局方案及"井工厂"施工工艺流程，大大缩短口井搬迁时间，最大地利用钻井液、钻头、钻具组合和地面设备等，施工效率显著提高。"一趟钻"钻井技术日趋成熟，实现了造斜段—水平段进尺最高达 2 407 m 的目标（邹才能 等，2021），建井周期大幅缩短，钻井成本明显降低。拥有长水平段页岩气井定向、油基钻井液、固井等方面的设计、人员和装备配套，施工、技术服务能力。

（二）井下特种作业

目前国内已经形成了页岩气开发大型压裂、试气施工的配套技术，在工艺技术、施工组织、质量控制、安全管理等方面积累了成熟的经验，具备了埋深 4 000 m、水平段长逾 2 100 m 的页岩气压裂试气能力；通过大量的钻井作业，相应的成本都在逐渐下降。

（三）测录井工程

目前国内已经形成了测录井项目优化设计、精细采集和解释评价三大技术系列。特别是针对页岩储层的特殊测井和随钻测井技术逐渐成熟，相关技术也逐步实现了国产替代。

（四）环保工程

在新的发展理念下，人们的生态保护意识不断增强，在页岩气勘探开发中，形成了一整套的资源节约、环境友好的技术手段，包括低成本、低伤害、清洁环保压裂液的使用（张金发 等，2021），油基岩屑回收利用技术、油基泥浆回收技术、无固相清洁钻井技术、污水处理与回用技术、网电钻机技术、泥浆不落地处理技术、天然气放喷节能减排技术等一批环保特色技术。未来少水、无水压裂将是重要的发展方向（张金发 等，2021）。

（五）人工智能化

在地下光纤监测、人工智能大数据和数字化井场等新技术的支持下，页岩气的开发成本会逐渐降低。中国石油天然气集团公司和中国石化集团公司在四川盆地页岩气开发过程中采用光纤监测技术，用于评价页岩气人造气藏开发效果并用于优化工程技术。基于页岩气勘探开发工作流程长、工作量大、数据量大的特点，各公司已经逐步将人工智能大数据分析纳入工程的实施过程，通过深度挖掘有效参数，提高页岩气开发的效益。通过地质和工程数字化、信息化建设，实现"数据共享、专业分析、综合利用、辅助决策"。页岩气数字化开发管理实现了井场的无人值守，大幅度降低页岩气钻探现场工作强度，有效降低了页岩气井开发管理成本（邹才能 等，2021）。

（六）地质工程一体化

围绕提高页岩气平均单井产能这个关键性问题，以三维地质模型为核心，以页岩气地质储层综合研究为基础，针对页岩气藏勘探开发不同阶段遇到的技术挑战，以有效的资质管理和作业实施为依托，对钻井、测井、录井、固井、压裂、试气和生产等多学科知识和工程作业经验进行系统性、针对性地梳理总结，在实施过程中不断调整和完善工程技术方案。地质工程一体化可以在区块、平台和单井三种尺度，分层次、动态地优化工程效率与开发效益，从而实现单井增产和区块增产增效的中长期目标，在多个页岩气田获得成功（谢军 等，2017）。地质工程一体化在公益性油气勘探的鄂宜页 1 井也有成功的应用。

## （七）技术趋势

目前的页岩气开发主要集中在 2 500～3 500 m。随着技术发展，勘探深度会进一步加大。四川盆地及其邻区埋深介于 2 500～3 500 m 的中浅层海相超压页岩气区已建成 $200×10^8$ m³/a 的产气规模，未来以稳产为主，是页岩气产业发展的基石。埋深介于 3 500～4 000 m 的海相页岩气开发技术基本成熟，是"十四五"期间主要的建产领域。埋深 4 000～4 500 m 的页岩气开发技术突破之后，将进一步释放产能潜力。埋深超过 4 500 m 的超深层海相页岩气资源可作未来保持稳产的接替领域（邹才能 等，2021）。

## （八）经济评价技术

国内外开展页岩气开发项目经济性评价大都采用净现值法。评估页岩气开发经济性面临的难点是关键经济参数，如开发成本、经营成本、单井产量和页岩气价格等难以确定。以马忠玉 等（2018）的研究为基础，页岩气的开发成本包括：①矿权占地成本，单井 40 050 元；②勘探成本，单井 270 万元；③开发成本钻完井 5 000 万～7 000 万元；④经营成本，79 660+0.367×页岩气产量/元；⑤税收=销售额×16.39%。在页岩气开发收益方面，按照平均初始产量为 32.99 万 m³/日，以气价 1.68 元/m³ 为例，在单井日产能 10 万 m³/日时，只有单井开发成本小于 5 000 万元才有开发价值。显然，在页岩气地质条件确定情况下，页岩气的经济价值是一个动态变化过程，将随着勘探、开发成本的下降和气价的上升而升高。此外，虽然目前的研究认为压力系数介于 0.8～1.2 的页岩气不具有经济开发价值（邹才能 等，2021），但随着技术的进步，常压页岩气的勘探价值也将会逐步显现。

# 二、市场管网布局

根据《湖南省国民经济和社会发展第十四个五年规划和二〇三五年远景目标纲要》，在未来将健全区域协调发展新机制，构建以中心城市和都市圈为核心的动力系统，优化形成"一核两副三带四区"区域经济格局，充分发挥枢纽、通道、县域和特殊类型地区比较优势，实现联动协调发展。

以长株潭三市主城区为核心、一小时通勤距离为半径，提升长株潭整体产业集聚和人口集聚能力，打造长江经济带最具增长潜力、具有国际影响力的现代化都市圈。加快"3+5"环长株潭城市群联动发展，推动形成长岳、长益常、长韶娄等经济走廊，高标准建设长株潭衡"中国制造 2025"示范城市群，将益阳、娄底建设成为长株潭都市圈的拓展区和辐射区，形成经济上紧密联系、功能上分工合作的城市聚合体。打造京广高铁经济带，以南北深入对接、整体融通互动为方向，对外加强与京津冀、中原城市群、武汉都市圈和粤港澳大湾区的纵深联系。打造沪昆高铁经济带，以横贯东西节点、提升带动功能为重点，建设促进东中西部经济循环畅通的大通道，密切与长三角的经济联系和往来。打造渝长厦高铁经济带，以打通通道、集聚优势为目标，建设东接海上丝绸之路、西联成渝地区双城经济圈、南通粤港澳大湾区的新高铁经济带。

雪峰隆起周缘调查区页岩气的分布主要在渝长厦城镇发展带和沪昆城镇群发展带，靠近"3+5"环长株潭城市群，资源分布靠近消费区，远离武陵山—雪峰山脉生态屏障区。

一方面有利于降低勘探开发的成本，另一方面有利于推进城市低碳发展。不利的因素是湖南地区目前天然气管网密度整体较低，后期投入相对较大。

## 三、地形地貌条件

湘中地区地貌具有明显的分区性，可划分为湘西北山原山地区、湘西山地区、湘南山丘区、湘东山丘区、湘中丘陵区、湘北平原区。雪峰隆起周缘调查区地貌主要以丘陵为主，对页岩气的勘探开发有利。

### （一）湘西北山原山地区

湘西北山原山地区位于湖南省西北部，处于云贵高原东北边缘与湘、鄂、渝山地交汇的地带。地壳上升强烈，武陵山脉呈北东向斜穿其境。总面积 26 770 km²。区内山体、山原高耸，岩溶发育，山峦连绵，河谷深切。海拔最高为壶瓶山 2 099 m，海拔最低为东北部石门县易市，在 100 m 以下。地面坡度大于 25°以上面积占 54%，小于 15°面积占 18.5%。

### （二）湘西山地区

湘西山地区位于湖南省西部，包括沅麻谷地和雪峰山地及云贵高原的东部边缘部分，面积 56 223.9 km²。地貌以褶皱断裂为主要特征，包括两个不同的构造地貌明显的构造带，即西北部为沅陵—麻阳构造盆地，呈现低山丘岗地貌特征；东部为雪峰山复式背斜，形成长达 200 多公里、宽达数十公里的雪峰山地，海拔在 1 000 m 以上，为中山地貌景观特征。境内海拔最高为雪峰山苏宝顶 1 934.4 m，最低为沅麻盆地，在 200 m 以下。坡度大于 25°的面积占 50%以上，小于 15°的面积占 15%。

### （三）湘南山丘区

湘南山丘区位于湖南省南部，总面积 36 554.6 km²。区内南岭山地横亘，罗宵山山脉高耸，东南山峦起伏，山峰海拔 1 500 m 以上。西北为湘江河谷平原，中部为丘岗盆地。境内具有以花岗岩、变质岩形成的中山为主体，其间分布有灰岩峰林溶蚀盆地组合的山地地貌特征。该区海拔最高为桂东、资兴交界处的八面山 2 042.1 m，丘陵和平原海拔则多在 300~200 m 及以下，全区最大高差为 1 880 m。坡度大于 25°的面积占 35%，小于 15°的面积占 40%。

### （四）湘东山丘区

湘东山丘区位于湖南省东部，与湖北、江西接壤，总面积 21 455 km²，山地面积占 50.7%，山丘岗地占 36.78%。山地由千枚岩、板岩和花岗岩组成陡坡地形，相对高差较大。丘陵除部分由砂页岩、灰岩组成外，其余大多为沉积岩。坡度大于 25°的面积占 50.75%。小于 15°的面积占 28.55%。

### （五）湘中丘陵区

湘中丘陵区位于湖南省中部地区，西达雪峰山东麓，北临洞庭湖平原，总面积

$43\ 831\ km^2$。该区地貌受燕山运动影响，形成西、南、东山地环绕，向北开口的大型盆地景观。盆中堆积厚达 $200\sim500\ m$ 的红色陆相碎屑沉积，盆缘出露有泥盆系、二叠系和石炭系。丘陵海拔在 $200\sim300\ m$ 及以下，岗地在 $100\ m$ 左右。海拔最高为南岳祝融峰 $1\ 268\ m$，最低为望城高塘岭 $32.6\ m$。由于岩浆侵入形成了衡山、沩山、紫云山、大云山大面积花岗岩体。该区地势平坦，坡度大于 $25°$ 的面积占 $16.83\%$，小于 $15°$ 的面积占 $42.23\%$。

### （六）湘北平原区

湘北平原区为湖南省马蹄形盆地的北面出口，总面积 $26\ 432.68\ km^2$。地貌上以平原为主，地势低平，纯湖区海拔在 $24\sim45\ m$，滨湖区海拔在 $150\ m$ 以下，环湖区丘陵区海拔一般小于 $250\ m$。坡度大于 $25°$ 的面积占 $4.84\%$，小于 $15°$ 的面积占 $68.27\%$。

## 四、水源条件

调查区内降雨充沛，地表水资源丰富，地表水与浅层地下水之间水力联系密切，具有季节性变化特点。

湖南全省以中、低山与丘陵为主，面积约为 $14.9$ 万 $km^2$，占全省面积的 $70.2\%$；岗地与平原约为 $52$ 万 $km^2$，占全省面积的 $24.5\%$；河流湖泊水域面积约为 $1$ 万 $km^2$，占全省面积的 $5.3\%$。湖南省东、南、西三面山地环绕。中部和北部地低平，呈马蹄形的丘陵盆地。西北有武陵山脉，西南有雪峰山脉，南部为五岭山脉（南岭山脉)，东面为湘赣交界诸山，湘中地区大多为丘陵、盆地和河谷冲积平原。除衡山高达千米以外，其他均为海拔 $500\ m$ 以下，湘北为洞庭湖与湘、资、沅、澧四水的河湖冲积平原，地势很低，一般在海拔 $50\ m$ 以下，因此，湖南的水系呈扇形汇入洞庭湖。

湘江又称湘水，为长江主要支流之一。湘江发源于广西壮族自治区桂林市临桂区海洋坪的海洋河，从湖南永州市东安县的瀑端口头向北流入湖南省，永州区域内先后纳入紫水、石期河、潇水、应水、白水等支流，在衡阳汇蒸水和耒水，衡山纳洣水，渌口汇入渌水，湘潭汇入涟水，长沙市区汇入浏阳河和捞刀河，于望城的新康纳沩水，至湘阴的濠河口分左右两支汇入洞庭湖。湘江是湖南省最大的河流，流域面积 $9.46$ 万 $km^2$，全长 $856\ km$，历年平均径流量 $722$ 亿 $m^3$。

资江又称资水，湖南的四水之一，长江的主要支流，资江分南源与西源，南源大夷水，源于广西壮族自治区资源县越城岭北麓，流经广西的资源、湖南的新宁、邵阳等地；西源赧水源于城步县青界山黄马界，流经武冈、隆回等地；两水在邵阳县双江口汇合后称为资水；流经邵阳、新邵、冷水江、新化县、安化县、桃江县等，至益阳市甘溪港注入洞庭湖；干流长 $653\ km$，流域面积 $282\ 142\ km^2$，其中在湖南 $26\ 738\ km^2$，多年平均径流量 $217.4\ m^3$。

沅江又称沅水，是湖南的第二大河流，有南北两个源头。其中南源龙头江，发源于贵州省都匀的云雾山，北源头重安江，发源于贵州省麻江县的大山，两源汇合后称为清水江，从銮山流入湖南省芷江县，在黔城与舞水汇合称为沅江，向北东方向流经会同、洪江、溆浦、辰溪、泸溪、沅陵、桃源和常德等地，于常德德山汇入洞庭湖；干流全长 $1\ 033\ km$，其中湖南省内 $568\ km$；流域总面积 $89\ 163\ km^2$，其中位于湖南省 $51\ 066\ km^2$，多年平均径流量 $393.3\ m^3$。

澧水是湖南省四大河流之一，澧水干流分北、中、南三源，以北源为主，北源的源头位于湖南省桑植县杉木界，中源的源头位于桑植县八大公山东麓，南源的源头位于湖南永顺县龙家寨，三个源头的水在桑植县南岔汇合后向东流；沿途有溇水、道水和涔水等支流汇入，至津市市小渡口注入洞庭湖。澧水干流全长 388 km，流域面积 18 496 km²，其中湖南省内 15 505 km²，多年平均径流量 131.2 亿 m³。

调查区主要分布在澧水流域、沅水流域、资水流域，页岩气的开采需要大量的水资源，整体而言调查区水资源相对有利。

# 五、交通条件

湖南省内交通较为发达。迄今湖南全省基本形成内畅外联、城乡一体、治理先进、协同高效、绿色安全的交通发展新格局，湖南在国家综合交通枢纽中的地位进一步提升，形成"三纵五横"的运输大通道布局。

三纵包含京港澳通道、呼南通道和焦柳通道。①京港澳通道，对接京津冀、中原、粤港澳大湾区等城市群，省内串联岳阳、长株潭、衡阳、郴州等地区；重点推进京港澳高速扩容、适时启动许广高速拥堵路段扩容；建成长沙机场改扩建工程，改扩建岳阳、衡阳机场；研究建设京广铁路岳阳城区段外绕。②呼南通道，对接关中、粤港澳大湾区、北部湾等城市群和海南自贸港，省内串联常德、益阳、娄底、邵阳、永州等地区。尽早启动呼南高铁襄阳—常德、益阳—娄底、邵阳—永州等路段建设，推动呼南高铁连接长株潭，规划建设永清广铁路，研究推动洛洪铁路扩能改造；建设零陵至道县高速；提升常德港、益阳港能力；研究推进永州机场迁建，改扩建邵阳机场。③焦柳通道，对接关中、北部湾等城市群，省内串联张家界、湘西、怀化等地区，推动张吉怀高铁"北上南下"形成系统能力，融入西部陆海新通道，构建国际旅游走廊。谋划建设张吉怀高铁与呼南高铁联络线、怀化至桂林铁路；全线贯通呼北高速，建设安化至溆浦至洞口高速；建设沅水上游航道；建成湘西机场，加快张家界、怀化机场改扩建。

五横包括沪昆通道、渝长厦通道、杭瑞通道、湘桂通道和厦蓉通道。①沪昆通道，对接长三角，滇中、黔中等城市群，省内串联长株潭、娄底、邵阳、怀化等地区。研究建设长九高铁，利用既有铁路开通韶山至井冈山红色旅游铁路专线；实施沪昆高速拥堵路段扩容，研究建设江干高速东延等项目；新建娄底机场。②渝长厦通道，对接成渝地区双城经济圈、粤闽浙沿海城市群，省内串联湘西、张家界、常德、益阳、长株源等地区；加快建成常益长、长赣铁路，研究建设渝湘高铁黔江至吉首段；建成桑龙、益常高速扩容等。③杭瑞通道，对接长三角，滇中、黔中等城市群，融入长江经济带战略，省内串联岳阳、常德、湘西等地区。建设铜吉铁路，规划研究常岳九（昌）铁路；加快建设平益、安慈等高速，研究建设辰溪至凤凰高速公路；建设浪水、沅水、资水中下游高等级航道。④湘桂通道，对接北部湾城市群，延伸对接东盟，融入西部陆海新通道，省内串联衡阳、永州等地区，建成湘桂铁路永州地区扩能，实施衡柳铁路提速改造，推进衡阳铁路枢纽改造；建成衡阳至水州、永州至零陵、茶陵至常宁等高速。⑤厦蓉通道，对接粤闽浙沿海城市群、黔中城市群、成渝地区双城经济圈，省内串联郴州、水州等地区。建成郴州机场，谋划建设兴水郴赣铁路，规划建设桂东至新田（宁远）高速。

调查区有 2 纵（呼南通道、焦柳通道）3 横（沪昆通道、渝长厦通道、杭瑞通道）方向的大通道为页岩气勘探开发提供重要的交通条件。

# 第三节　环境影响评价

## 一、页岩气勘探开发对环境的影响

### （一）地震勘探过程对生态环境的影响

我国南方地区受地形制约，震源车的使用不广泛，目前的地震勘探会对勘探区域的地下水源造成不良影响，密集的钻井作业中产生的泥浆会造成地下水和地表水一定程度的污染，炸药爆炸作业中产生的有毒气体部分溶解于水中会导致一定范围地下水污染，炸药爆炸会对野生动物的正常生活活动造成影响。布线过程中砍伐植被会对植物造成一定的破坏。

### （二）钻井过程对生态环境的影响

页岩气钻井的密度往往高于常规油气勘探，泥浆类型与常规油气钻探也差别较大。钻前工程中临时性修路架桥会对植被、地质体结构造成影响。大量使用油基泥浆若造成漏失的污染性较大；钻井过程中排放出大量的跑冒滴漏的各种废液会破坏地表植被；井工厂占用土地较多，施工过程产生的大量固体废弃物，钻井废水、废气、噪声等都会对周围的生态环境造成一定的影响。

### （三）压裂过程对生态环境的影响

压裂作业中高分贝噪声是临时性的污染。压裂液的影响则具有长期性，压裂后一部分压裂液会返排到地表进行无害化处理，或者是作为新钻井的压裂液再次注入地下；部分压裂液将会长期保留在储层孔隙中。压裂液体系成分极为复杂，如果大量的带有各种添加剂和刺激性的压裂废液返排到地面发生渗漏，或是污水处理不当，会严重影响地表水、地下水质量，井场周围的生态环境也会遭到长时间的破坏，难以恢复。有些类型的添加剂会与压裂废液中的某些物质发生反应产生有毒物质，如果直接接触会对生物造成腐蚀性烧伤（徐洁，2019）。目前的压裂液设计无污染、低成本是重要的方向，进步较大。

### （四）生产运营期对生态环境的影响

生产运营阶段的试气过程、管道铺设过程，以及管道破裂等潜在的风险会对生态环境造成影响。为测定目的层的产能情况，以确定地面采气阶段是否已定产，在压裂后需要钻井进行喷放测试求产。在这个阶段，会有大量的天然气随着返排液逸出，需要采用放喷坑点火燃烧处置页岩气，部分储层页岩气中除了甲烷等烃类气体，还含有少量的其他有害气体，页岩气燃烧会对环境造成污染。管道铺设及维护阶段会有废气污染、废水污染、固废垃圾和噪声污染，以及施工过程会对地表地质环境造成破坏。

## 二、页岩气勘探开发的生态环境承载力

我国西南地区四川盆地环境条件与调查区具有相似性，西南地区页岩气开发的环境影响的研究成果（徐洁，2019）具有一定的参考价值。

根据各指标的权重和标准化结果，可计算出研究区域资源-环境承载力指标的值。从权重的确定可以看出，资源要素占的比重较大，起到了决定性影响，其次是环境要素。在资源要素组成中，水资源和页岩气资源的权重较高，从标准化的数据可看出页岩气资源达到一定的丰度，是长时间开采的前提。从权重的确定可以看出，影响该页岩气开发区域生态压力的主要因素为生态系统服务价值的受损害程度，在开发页岩气过程中占用的林地较多，生态系统服务价值的受损害程度也较大，因此在开垦作业的过程中应注意加大植被覆盖度和相应的修复工作，同时也应该增加工业用水的重复利用率，对页岩气大规模用水力压裂显得尤为重要。人口密度和经济的增长同样给生态系统带来一定的压力，即使页岩气资源丰富，也应该适度开采，并且开采过程中需要非常注意生态环境的保护，以避免生态系统承受较高的压力。

四川研究区的水资源匮乏，对页岩气的开采具有严重的影响，因此一方面要加强水的循环利用做到节约用水，另一方面在开采作业中要确实做好污水达标排放，减少对地下水、地表水的污染。该区域具有良好的气候和地形地貌条件，植被非常发育，页岩气开发会影响植被的覆盖。由于地貌因素的影响，开垦强度比较大，土壤侵蚀程度加大，在页岩气开发过程中应该加强修复植被工作，强化水土流失治理。研究区域页岩气资源相当丰富，具有长时间开采的资源基础。环境要素中大气环境与土壤环境质量整体较好，水环境质量相对较弱。在开发页岩气过程中道路和井场等设施占用的林地较多，生态系统服务价值的受损害程度也较大，在开垦作业的过程中应注意植被保护、加大植被覆盖率，同时也应注意工程用水的重复利用率。人口密度及经济的增长同样给生态系统带来一定的压力，特别是在生态较脆弱的区域，因此即使该区域页岩气资源丰富，也要有规划地适度开采，在勘探开发过程中注意保护生态环境，避免生态系统处于高承压状态。

与四川盆地相比较，雪峰隆起周缘页岩气资源丰度明显偏低，在获得相同资源量的条件下，需要动用更多的工程手段，启动更多的页岩体积，环境的承压更大。

## 三、调查区生态红线区的分布

根据《生态保护红线划定指南》（环办生态〔2017〕48 号）的规定，各地划定的自然保护区、风景名胜区、世界文化与自然遗产、地质公园、森林公园、珍稀濒危动植物栖息地等为生态保护红线内容，生态保护红线内禁止油气资源的开发。

湖南省建立自然保护区 124 个，总面积约 14 749 km$^2$，占湖南省总面积的 6.96%，其中：国家级自然保护区 23 个，面积约 6 697 km$^2$；省级自然保护区 29 个，面积约 4 477 km$^2$；县级自然保护区 72 个，面积约 3 575 km$^2$（表 4-3-1、表 4-3-2）。基本形成生物多样性就地保护网络。根据保护对象和目的，湖南省自然保护区分为 3 类，分别为内陆湿地生态系统

自然保护区、森林生态系统自然保护区、野生动物自然保护区。

表 4-3-1　湖南省国家级自然保护区

| 编号 | 自然保护区名称 | 编号 | 自然保护区名称 |
|---|---|---|---|
| 1 | 东洞庭湖自然保护区 | 13 | 莽山自然保护区 |
| 2 | 西洞庭湖自然保护区 | 14 | 南岳衡山自然保护区 |
| 3 | 壶瓶山自然保护区 | 15 | 六步溪自然保护区 |
| 4 | 大八公山自然保护区 | 16 | 鹰嘴界自然保护区 |
| 5 | 乌云界自然保护区 | 17 | 黄桑自然保护区 |
| 6 | 小溪自然保护区 | 18 | 借母溪自然保护区 |
| 7 | 炎陵桃源洞自然保护区 | 19 | 东安舜皇山自然保护区 |
| 8 | 高望界自然保护区 | 20 | 阳明山自然保护区 |
| 9 | 永州都庞岭自然保护区 | 21 | 八面山自然保护区 |
| 10 | 金童山自然保护区 | 22 | 九嶷山自然保护区 |
| 11 | 湖南白云山自然保护区 | 23 | 张家界大鲵自然保护区 |
| 12 | 湖南舜皇山自然保护区 | | |

表 4-3-2　湖南省省级自然保护区

| 编号 | 保护区名称 | 编号 | 保护区名称 |
|---|---|---|---|
| 1 | 江永源口自然保护区 | 16 | 芷江三道坑自然保护区 |
| 2 | 索溪峪自然保护区 | 17 | 天光山自然保护区 |
| 3 | 天子山自然保护区 | 18 | 湖南茶陵云阳山 |
| 4 | 湖南龙山罗塔自然保护区 | 19 | 湖南平江幕府山自然保护区 |
| 5 | 武冈市自然保护区 | 20 | 大义山自然保护区 |
| 6 | 江口鸟洲自然保护区 | 21 | 湖南芦溪天桥山自然保护区 |
| 7 | 康龙自然保护区 | 22 | 杨家界自然保护区 |
| 8 | 湖南沅江南洞庭湖自然保护区 | 23 | 湖南省安化红岩自然保护区 |
| 9 | 花岩溪省级自然保护区 | 24 | 大围山自然保护区 |
| 10 | 湖南华容集成麋鹿自然保护区 | 25 | 湖南桂阳南方红豆杉自然保护区 |
| 11 | 湖南凤凰两头羊自然保护区 | 26 | 湖南华容集成长江故道 |
| 12 | 湖南凤凰九重岩自然保护区 | 27 | 湖南临湘黄盖湖自然保护区 |
| 13 | 湖南湘阴横岭湖自然保护区 | 28 | 望阳山自然保护区 |
| 14 | 湖南祁阳小鲵自然保护区 | 29 | 万佛山地质公园 |
| 15 | 湖南龙山印家界自然保护区 | | |

# 第四节 "三位一体"综合评价

## 一、评价参数体系

在以往的页岩气地质调查中，页岩气资源潜力评价主要重点考虑地质条件，适当考虑工程技术条件，对页岩气进行地质资源评价。随着我国逐渐提倡绿色能源的发展，页岩气勘探开发对生态环境的影响也越来越受到重视，生态环境这一因素逐渐被纳入页岩气资源潜力评价过程中，并以国家规划的生态保护红线为核心依据，计算保护区以外的资源量，同时评估整个勘探开发过程的环境影响。另外技术经济条件在综合评价中也上升到了与资源、环境同等的权重，因此称为"三位一体"综合评价。为定量开展调查区"三位一体"资源评价，本节试图按照地质条件是基础、技术经济和环境条件是保障的思路及每一个条件由若干等同重要指标构成的思路，建立"三位一体"综合评价体系和参数赋值（表4-4-1）。地质条件、技术经济条件、环境条件的权重值分别设置为0.4、0.3、0.3。地质条件指标有厚度、TOC、$R_o$、埋深、气显，权重相同，分4个档赋值。技术经济条件指标有开发技术、市场管网、地形地貌、水源条件、交通，权重相同，分4个档赋值。环境条件指标有生态环境、资源丰度、生态功能区，权重值分别为0.3、0.4、0.3，分4个档赋值。基于上述标准，按照页岩气勘探开发前景良好、较好、一般和较差4个级别，分别给予1~0.75、0.75~0.50、0.50~0.25和0.25~0赋值进行综合评价。

**表4-4-1 雪峰隆起周缘页岩气选区评价体系和参数赋值**

| 参数类型（权值） | 名称 | 权值 | 赋值 | | | |
|---|---|---|---|---|---|---|
| | | | 1~0.75 | 0.75~0.50 | 0.50~0.25 | 0.25~0 |
| 地质条件（0.4） | 厚度/m | 0.2 | >60 | 60~40 | 40~20 | 20~10 |
| | TOC/% | 0.2 | >4 | 4~3 | 3~2 | 2~1 |
| | $R_o$/% | 0.2 | 2.8~2 | 1~2 | 2.8~3.5 | >3.5或<1 |
| | 埋深/m | 0.2 | 1 500~3 500 | 3 500~4 500 | >4 500 | 0~500 |
| | 气显/% | 0.2 | >5 | 5~4 | 4~3 | 3~2 |
| 技术经济条件（0.3） | 开发技术 | 0.2 | 国际领先 | 国际先进 | 国内领先 | 国内先进 |
| | 市场管网 | 0.2 | 已有管网 | 邻近管网 | 拟建管网 | 市场不发达 |
| | 地形地貌 | 0.2 | 平原 | 丘陵 | 山区 | 山原区 |
| | 水源条件 | 0.2 | 湖、海 | 干流 | 支流 | 溪流 |
| | 交通 | 0.2 | 村村通覆盖 | 县道覆盖 | 省道覆盖 | 国道覆盖 |
| 环境条件（0.3） | 生态环境 | 0.3 | 环境脆弱区 | 环境修复区 | 环境退化区 | 环境保养区 |
| | 资源丰度/（×10⁸/km²） | 0.4 | >5 | 5~4 | 4~3 | 3~2 |
| | 生态功能区 | 0.3 | 非功能区 | 拟规划功能区 | 拟建功能区 | 生态功能区 |

# 二、"三位一体"资源潜力评价

对雪峰隆起周缘重点调查区,包括西缘寒武系牛蹄塘组、北缘志留系龙马溪组和南缘石炭系天鹅坪组开展了"三位一体"初步评价。

## (一)雪峰隆起西缘寒武系牛蹄塘组

雪峰隆起周缘在早古生代时期处于扬子台地深水陆棚区,富有机质页岩气厚度大,TOC含量高,资源规模大,地质条件权值达到 0.36,区域整体上受到山地地貌及生态功能区定位的影响,技术经济、环境条件权值较低,"三位一体"综合评价权值为 0.625(表4-4-2)。页岩气总体勘探前景较好。

表4-4-2  雪峰隆起西缘寒武系牛蹄塘组"三位一体"页岩气资源潜力评价参数

| 参数类型(权值) | 名称 | 权值 | 单项赋值 | | 评价权值 |
|---|---|---|---|---|---|
| | | | 赋值说明 | 赋值 | |
| 地质条件(0.4) | 厚度/m | 0.2 | >60 | 0.2 | 0.360 |
| | TOC/% | 0.2 | 3~5 | 0.2 | |
| | $R_o$/% | 0.2 | 2~3.5 | 0.15 | |
| | 埋深/m | 0.2 | 1 000~5 000 | 0.15 | |
| | 气显/% | 0.2 | >5 | 0.2 | |
| 技术经济条件(0.3) | 开发技术 | 0.2 | 国内领先 | 0.1 | 0.195 |
| | 市场管网 | 0.2 | 邻近管网 | 0.15 | |
| | 地形地貌 | 0.2 | 山区 | 0.1 | |
| | 水源条件 | 0.2 | 干流 | 0.12 | |
| | 交通 | 0.2 | 村村通 | 0.15 | |
| 环境条件(0.3) | 生态环境 | 0.3 | 环境保养区 | 0.03 | 0.070 |
| | 资源丰度/($\times 10^8$/km²) | 0.4 | 3~4 | 0.2 | |
| | 生态功能区 | 0.3 | 生态功能区 | 0.03 | |
| 综合评价权值 | | | | | 0.625 |

## (二)雪峰隆起北缘志留系龙马溪组

志留系富有机质页岩的厚度为 10~40 m,气显也较差,地质条件的权值较低。地貌以平原为主,水源发育,交通便利,属于非生态功能区,技术经济和环境赋值较高,"三位一体"综合评价权值为 0.583(表4-4-3)。页岩气总体勘探前景较好。

**表 4-4-3　雪峰隆起北缘志留系龙马溪组"三位一体"页岩气资源潜力评价参数**

| 参数类型（权值） | 名称 | 权值 | 单项赋值 | | 评价权值 |
| --- | --- | --- | --- | --- | --- |
| | | | 赋值说明 | 赋值 | |
| 地质条件（0.4） | 厚度/m | 0.2 | 20～40 | 0.05 | 0.184 |
| | TOC/% | 0.2 | 2～3 | 0.1 | |
| | $R_o$/% | 0.2 | 1.5～2.2 | 0.12 | |
| | 埋深/m | 0.2 | 500～3 500 | 0.14 | |
| | 气显/% | 0.2 | 2～3 | 0.05 | |
| 技术经济条件（0.3） | 开发技术 | 0.2 | 国内领先 | 0.1 | 0.210 |
| | 市场管网 | 0.2 | 邻近管网 | 0.15 | |
| | 地形地貌 | 0.2 | 平原 | 0.15 | |
| | 水源条件 | 0.2 | 干流、湖泊 | 0.15 | |
| | 交通 | 0.2 | 村村通 | 0.15 | |
| 环境条件（0.3） | 生态环境 | 0.3 | 环境修复区 | 0.18 | 0.189 |
| | 资源丰度/（×10⁸/km²） | 0.4 | 2～3 | 0.2 | |
| | 生态功能区 | 0.3 | 非功能区 | 0.25 | |
| 综合评价权值 | | | | | 0.583 |

## （三）雪峰隆起南缘石炭系天鹅坪组

该区天鹅坪组富有机质页岩厚度大、含气量较高，但是页岩的 TOC 普遍小于 2%，地质条件权值较低。该区靠近管网区，地貌以丘陵为主，河流发育，交通便利，为非生态功能区，资源丰度较高，因此技术经济和环境条件赋值较高，"三位一体"综合评价权值为 0.707（表 4-4-4）。页岩气总体勘探前景较好。

**表 4-4-4　雪峰隆起南缘石炭系天鹅坪组"三位一体"页岩气资源潜力评价参数**

| 参数类型（权值） | 名称 | 权值 | 单项赋值 | | 评价权值 |
| --- | --- | --- | --- | --- | --- |
| | | | 赋值说明 | 赋值 | |
| 地质条件（0.4） | 厚度/m | 0.2 | >60 | 0.2 | 0.264 |
| | TOC/% | 0.2 | 1.5～2 | 0.05 | |
| | $R_o$/% | 0.2 | 1.78～2.9 | 0.12 | |
| | 埋深/m | 0.2 | 800～3 000 | 0.14 | |
| | 气显/% | 0.2 | 4～5 | 0.15 | |
| 技术经济条件（0.3） | 开发技术 | 0.2 | 国内领先 | 0.1 | 0.210 |
| | 市场管网 | 0.2 | 邻近管网 | 0.15 | |
| | 地形地貌 | 0.2 | 丘陵 | 0.15 | |
| | 水源条件 | 0.2 | 干流 | 0.15 | |
| | 交通 | 0.2 | 村村通 | 0.15 | |
| 环境条件（0.3） | 生态环境 | 0.3 | 环境脆弱区 | 0.225 | 0.233 |
| | 资源丰度/（×10⁸/km²） | 0.4 | 4～5 | 0.3 | |
| | 生态功能区 | 0.3 | 非功能区 | 0.25 | |
| 综合评价权值 | | | | | 0.707 |

# 第五章

# 雪峰隆起周缘页岩气勘查方向

## 第一节 页岩气勘探目的层系

### 一、富有机质页岩的分布层位与识别标志

在以往研究中，人们习惯把页岩的沉积环境与现代大洋深水盆地对比，基于生物生产力、底层水氧化还原环境和碎屑补给对页岩有机质富集的控制作用来开展页岩成因和有机质富集机理研究（Gallego-Torres et al.，2007；Mort et al.，2007；Sageman et al.，2003）。然而越来越多的研究发现，中扬子地区震旦系和古生界富有机质页岩主要分布在台内凹陷或古隆起边缘盆地内，页岩形成的构造古地理特点和水文地质条件等大多具有陆缘海特征（陈孝红 等，2021，2018a，2018b；Ma et al.,2021；Wei et al.，2018；Xiao et al.，2012；Jiang et al.，2011），而陆缘海盆地相页岩的有机质类型、TOC 及矿物类型和含量等可能对局部气候和物源变化影响较为敏感，相较深水陆棚相沉积表现出更明显的垂向和水平变化。

与现代大气氧含量高达 21%、氧化水体在海洋中占据主导范围、仅在少数构造背景特殊和物质供应异常地区发育缺氧或者硫化的水体不同，震旦纪和早寒武世时期大气含氧量较低，海洋具有广泛缺氧分层和硫化特点，海水化学特征可能与现代海洋陆架区沉积物孔隙水类比（李超 等，2015；Canfield et al.，2008），在海底沉积物乃至底层海水中发育有稳定的"甲烷层"（Chen，2021；Callow et al.，2009）。虽然寒武纪以来的海洋中氧化水体占有主导地位，但冰期形成对淡水的消耗及冰期消融对海洋淡水的补给，在一定时期内会引起冰缘海盆表层海水咸化或淡化，从而造成陆缘海海水分层，海底缺氧，甚至硫化（Armstrong et al.，2009）。硫化分层的海底大量积聚的有机质产甲烷作用同样可以在海底沉积物或海水中形成"甲烷层"。现代海洋调查结果发现大陆边缘海底沉积层中大量发育的甲烷在适当温压下可能就地在沉积物中汇聚，也可以沿断裂或其他通道运移到一定部位聚集形成甲烷水合物藏（陈忠 等，2006）。在通常情况下，这些甲烷水合物会稳定地保存在海底沉积物中。但当沉积盆地的海平面发生剧烈变化或遭受构造-岩浆活动影响、海底温度和压力发生改变时，聚集在海底沉积物中的甲烷水合物就会失稳和分解，并在短时期内释放出大量甲烷，形成"甲烷事件"（王家生 等，2015）。分解产生的甲烷部分返回沉积物，部分进入海水甚至大气，发生缺氧甚至有氧氧化，可能会引起海水硫化、分层和大气二氧化碳浓度升高等环境效应（Meister et al.，2019；Dickens，2004；Heilig，1994），进而影响气候变化，并促进海洋表层初级生产者的繁盛和有机质在海底沉积物中的大量埋藏保存

（Wei et al.，2018），促进富有机质页岩的形成。

全球气候变冷，海平面下降，不仅影响海洋生物生产力水平，而且还会促进陆缘海底和永久冻土甲烷水合物的富集保存（Collett et al.，2014）。而生物生产力的下降及陆地和海洋甲烷水合物的大量存储，又共同促进了海水中 $^{12}C$ 含量的下降，同化到海底沉积物，势必造成海底碳酸盐 $\delta^{13}C$ 的升高，出现正偏移。与此相反，气候变暖，生物生产力升高，以及海平面上升引起的海底温度压力改变所产生的海底甲烷释放，又会给海水提供丰富的 $^{12}C$，同化到海底沉积物，将造成海水中 $\delta^{13}C$ 的下降，出现负偏移。碳酸盐碳同位素强烈正偏移之后，紧接着出现碳酸盐碳同位素的强烈负偏移，在一定程度上反映当时海底发生了从甲烷聚集到释放的转化过程。海底甲烷形成所需要的硫化分层的海底环境，以及甲烷集中释放所引起的海洋硫化分层环境正是富有机质页岩形成所需要的，因此碳酸盐岩台地上碳同位素组成的异常波动可以作为预测浅水台地凹陷盆地或台地边缘陆缘海盆富有机质页岩形成的重要标志之一，与碳酸盐岩台地 $\delta^{13}C$ 强烈正偏移和 $\delta^{13}C$ 强烈负偏移发育层段相当的层位是页岩气勘探的有利层段。这一点从中扬子地台碳酸盐岩碳同位素组成变化和富有机质页岩分布与全球主要冰期和生物事件的相互关系上得到充分印证（图 5-1-1）。

## 二、页岩气勘探目的层系

基于本书及以往有关中扬子台地碳酸盐岩碳同位素组成研究成果（刘安 等，2021b；闫春波 等，2019；陈孝红 等，2018a，2018b，2016a，2016b，2015；Buggisch et al.，2011）的综合分析，在中扬子地区震旦系—中三叠统海相碳酸盐地层中大致可以识别出 $\delta^{13}C$ 下降幅度超过 5% 的碳同位素组成异常负偏移事件 12 次（图 5-1-1，ICE1～ICE12）。由于上述 12 次碳同位素异常波动事件中，部分事件，如 ICE2 和 ICE7 的分布层位分别与新元古代的末次冰期（Gaskier 冰期）和奥陶纪 Hirnantian 冰期结束的位置对应（Chen et al.，2020a，2020b），ICE5 出现在早寒武世中期的一次气候变冷事件之中（陈孝红 等，2022a，2022b），而 ICE8～ICE10、ICE11 和 ICE2 的出现则与晚古生代的三次冰期相连（López-Gamundí et al.，2010）。这 12 次碳同位素组成的明显正偏移是全球气候异常波动引起的大气-海洋海碳循环变化结果在中扬子地区的表现。气候波动对陆缘盆地和台内凹陷盆地物源和水体结构会产生重要影响，使盆地水体分层，下部水体缺氧而成为富有机质页岩沉积形成的有利场所，这些层位理所当然地是重要的页岩气勘探层位。事实上，过去几年在中扬子地区实施的页岩气调查已经在宜昌地区震旦系陡山沱组（ICE1 前后）、寒武系水井沱组（ICE5）、奥陶系五峰组—志留系龙马溪组（ICE7）、泥盆系棋梓桥组、佘田桥组（ICE8）、石炭世天鹅坪组（ICE10）、二叠系茅口组、吴家坪组和大隆组（ICE11）获得了页岩气的重要发现或突破，证实上述气候剧烈波动有利于台内凹陷盆地富有机质页岩的形成，上述地层是中扬子地区页岩气调查评价和勘探开发需要重点关注的重要目的层系。类似的层系，还有泥盆系孟公坳组（ICE9）、二叠系栖霞组（IC11）。虽然目前孟公坳组和栖霞组下部页岩获得页岩气发现，但从上述碳同位素异常事件与当时气候异常波动紧密相关关联（图 5-1-1）来看，湘中凹陷孟公坳组和栖霞组下部页岩发育，TOC 高，它们应该是中扬子地区的下一步页岩气调查评价过程中需要重点关注的层系。

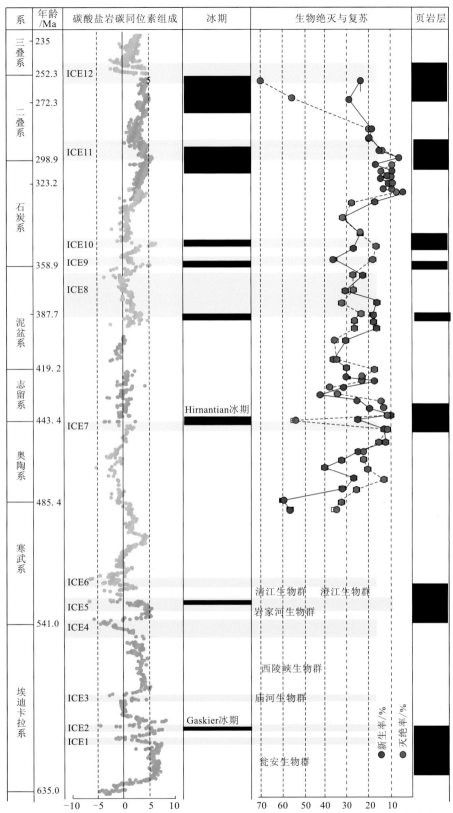

图 5-1-1　中扬子地台碳酸盐岩碳同位素组成变化与冰期和富有机质页岩分布关系

除了与目前已知的气候波动相关的碳同位素组成异常波动事件，还有部分碳同位素异常负偏移，如 ICE3 和 ICE4 的分布与硅质岩的出现紧密相关，而 ICE6 则出现在冈瓦纳大陆形成前后，这些碳同位素异常事件可能与超大陆离散和冈瓦纳大陆形成相关的构造活动有关。虽然这些碳同位素负偏移的出现同样和甲烷异常释放相关，甲烷事件也可能对气候产生重要影响，但由于强烈的构造活动不利于生物繁盛和有机质保存，这一时期的富有机质页岩可能并不是理想的烃源岩。这可能是迄今在湘中留茶坡组和鄂西地区陡山沱组第四段硅质页岩中尚未获得页岩气发现的重要原因。

# 第二节　页岩气勘探有利区带

## 一、雪峰隆起沅麻盆地寒武系牛蹄塘组勘查区域

寒武纪纽芬兰世—第二世早期中国大陆最为重要的缺氧事件形成了雪峰隆起周缘外陆架斜坡相牛蹄塘组黑色碳硅质页岩。受沉积古地理环境控制，富有机质页岩干酪根腐泥组母质以菌藻类低等水生生物等有机质输入为主，有机质类型为 I 型，富氢、富脂质，且随着沉积水体深度的增加，TOC 越大，生烃潜力越大。加里东晚期陆内造山及后期的叠合演化，牛蹄塘组页岩有机质成熟度均处于过成熟演化阶段，主要发育有机质孔隙、矿物基质孔隙和裂缝三类孔隙。牛蹄塘组富有机质页岩在加里东晚期进入生油高峰，海西期及之后处于生烃停滞阶段，印支期再次沉降并持续埋藏热演化，进入生干气及原油裂解二次生烃阶段，形成了轻质油及干气，在燕山期—喜山期，剧烈抬升，调整改造。

雪峰隆起沅麻盆地背冲断裂带，地层构造活动与变形强烈，断层-裂缝开启程度高，页岩气层地应力由于释放而减小，渗透率增大，保存条件差，页岩气逸散程度较大、页岩含气量低；而对冲断裂带构造相对稳定，下盘地层构造活动与变形强度弱于上盘，在区域断裂周边一定范围内，下盘的页岩层应力释放，会导致页岩层中水平、低角度裂缝发育，而高角度裂缝不发育，这些水平裂缝增加页岩地层的孔渗性及游离态页岩气聚集的源-储空间；页岩地层上倾方向存在反向逆冲断裂遮挡，具有屏蔽性效应，抑制了页岩气散失。此外，下寒武统牛蹄塘组页岩地层顶底板具有较强的封盖性，雪峰隆起及周缘下寒武统牛蹄塘组页岩气地层具有"断-盖控藏"特征，沅麻盆地的吉首向斜、龙潭坪对冲向斜是有利的成藏-保存单元，有利勘探面积大，地质资源量较大，是下寒武统牛蹄塘组页岩气有利的勘查方向。

## 二、雪峰隆起逆掩断裂下盘志留系龙马溪组勘查区域

雪峰隆起受周缘地块的影响而发生挤压导致晚奥陶世沉积盆地基底发生差异性隆升，中上扬子碳酸盐岩台地挠曲沉降并向陆内前陆盆地转化。雪峰隆起北缘在晚奥陶世—早志留世作为前陆盆地沉积区的一部分，在前陆盆地形成早期，区域上仍然以局限陆棚沉积为主，沉积了晚奥陶世—早志留世五峰组—龙马溪组黑色富有机质页岩，残存分布在

张家界—慈利—常德以北的区域，由南向北逐渐变薄的趋势，厚度最大的地方位于常德与慈利之间的景龙桥向斜区。五峰组—龙马溪组黑色富有机质页岩干酪根以 I 型为主，TOC 在平面上呈环状展布，具有凹陷中心高、往外变小的趋势。同宜昌地区相似，受古隆起抬升作用影响，靠近古隆起区域的热演化程度明显低于北部深埋地区，区域上由南向北，有机质成熟度逐渐增加，慈利—临澧以南的区域热演化程度较为有利。五峰组—龙马溪组储层物性较差，属于特低孔特低渗储层，页岩中的储集空间以次生孔隙为主，原生孔隙由于压实作用多已经被破坏。五峰组—龙马溪组黑色岩系顶板为龙马溪组上部、小河坝组、溶溪组等，岩性致密、平均孔隙度低、突破压力高，底板为奥陶系宝塔组—临湘组泥灰岩，非均质强，可以有效阻止五峰组—龙马溪组下部黑色岩系形成的页岩气向下逸散。页岩气由南向北以吸附气方式赋存向吸附气和游离气两种方式赋存过渡、变好。雪峰北缘志留系早石炭世晚期进入生油高峰期，中三叠世早期进入生湿气阶段，后经历了燕山期和喜山期构造两期构造抬升引起的逸散和调整，造成区内页岩气藏的破坏。由于雪峰北缘缺乏白垩系覆盖的逆冲推覆上盘或缺乏逆冲推覆体上盘覆盖的逆冲推覆体下盘，其页岩气藏已经遭受强烈破坏。

雪峰造山带存在大型逆冲推覆断层，逆掩断层下盘构造层存在三套明显的强反射，通过地震波组横向对比，判定为志留系底界面 $T_S$、寒武系底界面 $T_\epsilon$、震旦系底界面 $T_z$，由 1～3 个正负相位、反射频率较高、可连续追踪对比的地震反射波组组成。深部构造层反射波组整体呈现褶皱山型，为典型的双重构造，具有平整或缓弯的顶板断层。其中顶板断层之下的下盘不断地进行叠瓦式冲断，由于顶板断层上盘席体的重力限制，横向遭受强烈收缩作用时，沿连接断层容易发生斜向滑动更易调节总应变形，并形成规模巨大的构造圈闭。隐伏构造圈闭主要位于分界断层慈利—保靖—石门断裂以南雪峰隆起的主体区域，且构造高点由北西向南东逐渐抬高，由于雪峰隆起的二维地震勘探程度较低，目前仅有 3 条地震剖面穿雪峰隆起并发现隐伏构造圈闭，沅陵—桃源断裂以西雪峰隆起逆掩断层下盘志留系页岩埋深在 3 000～6 000 m，是常规与非常规深层风险勘查领域，勘查潜力巨大。

## 三、雪峰隆起西缘湘鄂西褶皱带寒武系"盐下"勘查区域

湘鄂西构造带主要沿着龙马溪组页岩、寒武系覃家庙组膏盐岩及基底拆离滑脱层表现为分层滑脱构造变形。其中寒武统覃家庙组膏盐岩作为滑脱层时，盖层滑脱断裂的下盘"盐下"发育牵引构造，"盐上"沿着滑脱断裂膏盐岩塑变、涂抹，使下组合天然气的保存条件较好，类似于被堵塞的"烟囱"，有利于形成下组合稳定的成藏-保存单元，特别是有利于天河板组、石龙洞组天然气的保存与成藏。这类型的气藏已被宜昌地区宜地 2 井所钻获。寒武系中断层发育良好，多条大规模逆冲断层的发育导致其上盘地层变形隆起，形成多排大规模的断背斜，为圈闭的闭合创造了十分有利的条件，也是烃源断裂，沟通了寒武系牛蹄塘组主力烃源岩，具备良好的源-断（运）条件，这一点对寒武系构造圈闭的气藏的形成至关重要。桑植—石门构造带寒武系"盐下"领域发育有利的成藏-保存单元，也是这种改造型气藏的有利勘探区带。

# 四、雪峰隆起南缘（后缘）湘中拗陷"煤下"勘查区域

加里东运动的结束，也是陆缘海盆地的发展历史结束，雪峰隆起及周缘从早泥盆期开始，形成了以浅水陆缘海为特征的沉积系列及向西南开口的陆缘海槽，随着构造的加剧及时代推移，逐渐演变为下石炭统独特的"台盆"相沉积格局。台地上沉积滨岸碎屑和浅水碳酸盐岩，厚度大，在台地边缘常常存在滩相沉积，台盆中沉积深水相的硅质岩、黑色泥岩和深水碳酸盐岩。石炭系杜内期中（即天鹅坪组沉积期），沉积了一套含碳灰质泥页岩与碳酸盐岩互层沉积地层，为一套浅海相钙泥质夹细碎屑沉积。在涟源凹陷一带，下石炭统天鹅坪组沉积厚度较大，其主要有机质类型为 $II_1$ 型，具有良好的生油生烃能力。天鹅坪组泥页岩属于较好烃源岩，不仅为页岩气大量生成提供了良好的物质基础，也为页岩气的吸附富集成藏提供了优质的载体。涟源凹陷天鹅坪组页岩 TOC 在平面上呈环状展布，具有凹陷中心高、往外变小的趋势，受近东西向和北部近北西向展布的岩体侵入的影响，具有凹陷中部低向外变高的展布特征。天鹅坪组泥页岩孔隙度分布较寒武系牛蹄塘组、志留系龙马溪组大，主要发育各类无机质孔隙，含气性较好。天鹅坪组上部覆盖有二叠系和三叠系地层。其中对下伏天鹅坪组页岩气具有直接封盖能力的地层主要有下石炭统测水煤系，由于其亲水性特征，有效地阻滞了地表水的下渗对下石炭统天鹅坪组页岩气的保存的影响。

湘中拗陷下石炭统天鹅坪组富有机质页岩至中三叠世达到最大埋深时由生油高峰向生湿气阶段转化，晚三叠世—早侏罗世时期，大规模的岩浆侵入，页岩中的干酪根及部分未运移出的原油裂解，与此同时燕山运动产生的叠合在印支期构造行迹之上逆冲推覆构造，使得这些裂解的油气重新分配或散失。雪峰造山带在深部和浅部运动学耦合，深部向东俯冲导致湘中拗陷作为后缘浅层整体上推覆向东南湘中拗陷扩展，使湘中乃至桂中中生代—古生代盆地具有双重叠覆结构，下石炭统测水煤系地层作为顶板滑脱层深刻影响了涟源乃至整个湘中桂北"煤下""宽台窄盆"型油气、页岩气的成藏与保存，是雪峰隆起周缘上古生界下一步有利的勘查方向。

# 参 考 文 献

白俊, 2015. 雪峰山西侧地区下古生界构造演化与油气保存条件研究. 成都: 成都理工大学.

柏道远, 钟响, 贾朋远, 等, 2015. 雪峰造山带北段地质构造特征: 以慈利—安化走廊剖面为例. 地质力学学报, 21(3): 93-105.

毕华, 彭格林, 杨明慧, 1996. 涟源地区测水组、龙潭组煤热演化史及生烃特征. 华东地质学院学报, 19(2): 17-161.

陈代钊, 汪建国, 严德天, 2011. 扬子地区古生代主要烃源岩有机质富集的环境动力学机制与差异术. 地质科学, 46(1): 9-12.

陈葛成, 吴翔, 吴先文, 等, 2019. 秭归盆地周缘牛蹄塘组地层沉积特征及页岩气储层分析. 中国煤炭地质, 31(Z1): 29-32, 117.

陈国辉, 卢双舫, 刘可禹, 等, 2020. 页岩气在孔隙表面的赋存状态及其微观作用机理. 地球科学, 45(5): 1782-1790.

陈吉, 肖贤明, 2013. 南方古生界3套富有机质页岩矿物组成与脆性分析. 煤炭学报, 38(5): 822-826.

陈林, 张保民, 陈孝红, 等, 2021. 湘中拗陷邵阳凹陷余田桥组泥岩岩相及其成因演化. 地球科学, 46(4): 1282-1294.

陈卫锋, 陈培荣, 黄宏业, 等, 2007. 湖南白马山岩体花岗岩及其包体的年代学和地球化学研究. 中国科学: 地球科学(7): 873-893.

陈孝红, 王传尚, 刘安, 2017. 湖北宜昌地区寒武系水井沱组探获页岩气. 中国地质, 44(1): 188-189.

陈孝红, 张国涛, 胡亚, 2016a. 鄂西宜昌地区震旦系陡山沱组页岩沉积环境及其页岩气地质意义. 华南地质与矿产, 32(2): 106-116.

陈孝红, 程龙, 王传尚, 等, 2016c. 中上扬子地区三叠纪海生爬行动物群及其环境协同演化. 北京: 地质出版社.

陈孝红, 李海, 苗凤彬, 等, 2022a. 中扬子古隆起周缘寒武页岩气赋存方式与富集机理. 华南地质, 38(3): 394-407.

陈孝红, 罗胜元, 李海, 等, 2022b. 中扬子高演化页岩气赋存机理与富集规律. 北京: 科学出版社.

陈孝红, 罗胜元, 李海, 等, 2022c. 宜昌地区震旦系和下古生界天然气页岩气富集成藏与勘探实践. 北京: 科学出版社.

陈孝红, 石万钟, 田巍, 等, 2022d. 湘中拗陷石炭系天鹅坪组富有机质页岩的形成与页岩气富集机理. 中国地质: 1-20[2022-11-30]. http://kns.cnki.net/kcms/detail/11.1167.P.20220111.1730.003.html.

陈孝红, 王传尚, 刘安, 等, 2018a. 宜昌地区寒武系页岩气富集成藏与勘探实践. 北京: 科学出版社.

陈孝红, 危凯, 张保民, 等, 2018b. 湖北宜昌寒武系水井沱组页岩气藏主控地质因素和富集模式. 中国地质, 45(2): 207-226.

陈孝红, 张保民, 陈林, 等, 2018c. 鄂西宜昌地区晚奥陶世—早志留世页岩气藏的主控地质因素与富集模式. 地球学报, 39(3): 257-268.

陈孝红, 周鹏, 张保民, 等, 2015. 峡东震旦系陡山沱组稳定碳同位素记录其年代地层意义. 中国地质,

42(1): 207-223.

陈孝红, 周鹏, 张保民, 等, 2016b. 峡东地区上震旦系岩石、生物、层序和碳同位素地层及其年代学意义. 华南地质与矿产, 32(2): 85-105.

陈悦, 罗明没, 毛娇艳, 等, 2021. 反硝化型甲烷厌氧氧化作用研究进展. 应用与环境生物学报, 27(6): 1686-1693.

陈忠, 颜文, 陈木宏, 等, 2006. 海底天然气水合物分解与甲烷归宿研究进展. 地球科学进展, 21(4): 394-400.

程顺波, 付建明, 马丽艳, 等, 2016. 桂东北越城岭岩体加里东期成岩作用: 锆石 U-Pb 年代学、地球化学和 Nd-Hf 同位素制约. 大地构造与成矿学, 40(4): 853-872.

程顺波, 付建明, 崔森, 等, 2018. 湘桂边界越城岭岩基北部印支期花岗岩锆石 U-Pb 年代学和地球化学特征. 地球科学, 43(7): 2330-2349.

丁道桂, 郭彤楼, 刘运黎, 等, 2007. 对江南—雪峰带构造属性的讨论. 地质通报(7): 801-809.

董云超, 严涛, 刘红林, 等, 2016. 滇东寒武系下统筇竹寺组页岩含气性分析. 天然气勘探开发, 9(1): 17-22.

樊茹, 邓胜徽, 张学磊, 2011. 寒武系碳同位素漂移事件的全球对比性分析. 中国科学: 地球科学, 41(12): 1829-1839.

方朝合, 黄志龙, 王巧智, 等, 2015. 页岩气藏超低含水饱和度形成模拟及其意义. 地球化学, 44(5): 267-274.

冯洪真, ERDTMANN B D, 王海峰, 2000. 上扬子早古生代全岩 Ce 异常与海平面长缓变化. 中国科学: 地球科学, 30(1): 66-72.

冯向阳, 孟宪刚, 邵兆刚, 等, 2003. 华南及邻区有序变形及其动力学初探. 地球学报, 24(2): 115-120.

郭彤楼, 李国雄, 曾庆立, 2005. 江汉盆地当阳复向斜当深 3 井热史恢复及其油气勘探意义. 地质科学, 40(4): 570-578.

何登发, 鲁人齐, JOHN S, 2010. 龙门山与四川盆地过渡带构造变形几何学、运动学及其对地震风险评估的影响. 国际地震动态(6): 4-5.

何红生, 2004. 湘中涟源凹陷测水煤系顺层构造与滑脱构造研究. 湘潭师范学院学报(自然科学版), 26(2): 32-36.

何晶, 何生, 刘早学, 等, 2020. 鄂西黄陵背斜南翼下寒武统水井沱组页岩孔隙结构与吸附能力. 石油学报, 41(1): 27-42.

何勇, 钱程, 涂振鹏, 等, 2020. 湖北松滋刘家场—杨林市远景区页岩气调查评价及有利区优选项目成果报告.

胡亚, 陈孝红, 2017. 三峡地区前寒武纪—寒武纪转折期黑色页岩地球化学特征及其环境意义. 地质科技情报, 36(1): 61-71.

黄籍中, 1988. 干酪根的稳定碳同位素分类依据. 地质地球化学(3): 66-68.

黄汲清, 姜春发, 1962. 从多旋回构造运动观点初步探讨地壳发展规律. 地质学报(2): 105-152.

贾宝华, 1994. 湖南雪峰隆起区构造变形研究. 中国区域地质(1): 65-71.

金宠, 李三忠, 王岳军, 等, 2009. 雪峰山陆内复合构造系统印支—燕山期构造穿时递进特征. 石油与天然气地质, 30(5): 598-607.

金之钧, 张金川, 王志欣, 2003. 深盆气成藏关键地质问题. 地质论评, 49(4): 100-107.

李斌, 胡博文, 罗群, 等, 2018. 湘西地区构造层序地层及沉积环境演化特征. 海相油气地质, 23(1): 4-7.

李斌, 罗群, 胡博文, 等, 2016. 湘西地区叠加型前陆盆地沉积环境演化模式研究. 中国石油勘探, 21(6): 83-86.

李才, 谢尧武, 蒋光武, 等, 2008. 藏东吉塘地区冈瓦纳相冰海杂砾岩的特征及其意义. 地质通报, 27(10): 1654-1658.

李超, 程猛, ALGEO T J, 等, 2015. 早期地球海洋水化学分带的理论预测. 中国科学: 地球科学, 45: 1829-1838.

李春昱, 汤耀庆, 1983. 亚洲古板块划分以及有关问题. 地质学报(1): 1-10.

李海波, 朱巨义, 郭和坤, 2008. 核磁共振 $T_2$ 谱换算孔隙半径分布方法研究. 波谱学杂志, 25(2): 274-276.

李启桂, 燕继红, 闻涛, 等, 2016. 沅麻盆地牛蹄塘组页岩气勘探前景分析. 石油地质与工程, 29(5): 6-11.

李倩文, 唐令, 庞雄奇, 2020. 页岩气赋存动态演化模式及含气性定量评价. 地质论评, 66(2): 457-465.

李三忠, 李玺瑶, 赵淑娟, 等, 2016. 全球早古生代造山带(III): 华南陆内造山. 吉林大学学报(地球科学版), 46(4): 1005-1025.

李天义, 何生, 何治亮, 2021. 中扬子地区当阳复向斜中生代以来的构造抬升和热史重建. 石油学报, 33(2): 213-224.

李忠雄, 陆永潮, 王剑, 等, 2004. 中扬子地区晚震旦世—早寒武世沉积特征及岩相古地理. 古地理学报, 6(2): 156-157.

梁狄刚, 郭彤楼, 陈建平, 等, 2008. 中国南方海相生烃成藏研究的若干新进展(一): 南方四套区域性海相烃源岩的分布. 海相油气地质, 13(2): 1-16.

梁峰, 朱焱铭, 漆麟, 等, 2016. 湖南常德地区牛蹄塘组富有机质页岩成藏条件及含气性控制因素. 天然气地球科学, 27(1): 180-188.

梁新权, 范蔚茗, 王岳军, 等, 1999. 论雪峰山构造带中生代变形. 湖南地质(4): 225-228.

梁兴, 叶熙, 张介辉, 等, 2011. 滇黔北坳陷威信凹陷页岩气成藏条件分析与有利区优选. 石油勘探与开发, 38(6): 693-699.

林拓, 张金川, 包书景, 等, 2015. 湘西北下寒武统牛蹄塘组页岩气井位优选及含气性特征: 以常页1井为例. 天然气地球科学, 26(2): 312-319.

林拓, 张金川, 李博, 等, 2014. 湘西北常页1井下寒武统牛蹄塘组页岩气聚集条件及含气特征. 石油学报, 35(5): 839-846.

林治家, 陈多福, 刘芊, 2008. 海相沉积氧化还原环境的地球化学识别指标. 矿物岩石地球化学通报, 27(1): 72-80.

刘安, 蔡全升, 陈孝红, 等, 2021a. 湘西沅麻盆地印支期以来古流体特征及其对寒武系页岩气勘探方向的指示. 地球科学, 46(10): 3615-3628.

刘安, 陈林, 陈孝红, 等, 2021b. 湘中坳陷泥盆系碳氧同位素特征及其古环境意义. 地球科学, 46(4): 1269-1281.

刘安, 陈孝红, 李培军, 等, 2020. 宜昌天阳坪断裂两侧页岩气保存条件对比研究. 地质科技通报, 39(2): 10-19.

刘安, 周鹏, 陈孝红, 等, 2021c. 运用方解石脉包裹体和碳氧同位素评价页岩气保存条件: 以中扬子地区寒武系为例. 天然气工业, 41(2): 47-55.

刘辰生, 王辉, 史乐, 等, 2020. 湖南雪峰山前陆盆地沉积特征及页岩气勘探潜力. 西南石油大学学报(自然科学版), 42(2): 61-74.

刘恩山, 李三忠, 金宠, 等, 2010. 雪峰陆内构造系统燕山期构造变形特征和动力学. 海洋地质与第四纪地质, 30(5): 63-74.

刘建清, 谢渊, 赵瞻, 等, 2013. 湖南雪峰山地区白马山花岗岩年代学特征及构造意义. 地学前缘, 20(5): 25-35.

刘可顺, 丰勇, 王斌, 等, 2020. 跃进地区一间房组流体包裹体特征及油气成藏期次. 新疆地质, 38(2): 217-221.

刘力, 唐书恒, 郗兆栋, 2018. 涟源凹陷下石炭统测水组页岩有利层段优选. 科学技术与工程, 18(30): 50-57.

刘艳姣, 2020. 湘西北下寒武统牛蹄塘组黑色页岩有机地球化学特征研究. 北京: 中国石油大学(北京).

刘宇峰, 刘迪仁, 彭成, 等, 2022. 中国页岩气勘探开发现状及关键技术进展. 现代化工, 42(1): 16-20.

罗胜元, 陈孝红, 李海, 等, 2019. 鄂西宜昌下寒武统水井沱组页岩气聚集条件与含气特征. 地球科学, 44(11): 3598-3615.

罗志立, 李景明, 李小军, 等, 2005. 试论郯城—庐江断裂带形成、演化及问题. 吉林大学学报(地球科学版)(6): 21-28.

马文璞, 1999. 当前造山带研究的几个重要问题. 地学前缘, 6(3): 103-111.

马文璞, 丘元禧, 何丰盛, 1995. 江南隆起上的下古生界缺失带: 华南加里东前陆褶冲带的标志. 现代地质, 9(3): 320-324.

马永生, 陈洪德, 王国力, 2009. 中国南方构造-层序岩相古地理图集: 震旦纪—新近纪. 北京: 科学出版社.

马忠玉, 温志超, 2018. 页岩气开发经济性评价与经济社会环境影响研究: 以重庆页岩气开发为例. 北京: 中国环境出版社.

孟凡洋, 陈科, 包书景, 等, 2018. 湘西北复杂构造区下寒武统页岩含气性及主控因素分析: 以慈页1井为例. 岩性油气藏, 30(5): 29-39.

孟宪武, 田景春, 张翔, 等, 2014. 川西南井研地区筇竹寺组页岩气特征. 矿物岩石, 34(2): 96-105.

苗凤彬, 彭中勤, 王传尚, 等, 2019. 雪峰隆起西缘湘张地1井牛蹄塘组页岩含气性特征及控制因素. 地球科学, 44(11): 3662-3677.

苗凤彬, 彭中勤, 汪宗欣, 等, 2020. 雪峰隆起西缘下寒武统牛蹄塘组页岩裂缝发育特征及主控因素. 地质科技通报, 39(2): 31-42.

苗凤彬, 谭慧, 王强, 等, 2016. 湘中涟源凹陷石炭系测水组页岩气保存条件. 地质科技情报, 25(6): 90-97.

聂海宽, 张金川, 李玉喜, 2011. 四川盆地及其周缘下寒武统页岩气聚集条件. 石油学报, 32(6): 961-963.

彭善池, 2008. 华南寒武系年代地层系统的修订及相关问题. 地层学杂志, 32(3): 239-245.

彭中勤, 田巍, 苗凤彬, 等, 2019. 雪峰古隆起边缘下寒武统牛蹄塘组页岩气成藏地质特征及有利区预测. 地球科学, 44(10): 3512-3528.

全国地层委员会, 2018. 中国地层表(2014)说明书. 北京: 地质出版社.

任东超, 郭士玉, 孙超亚, 等, 2016. 川南威远地区筇竹寺组产气页岩微观孔隙特征. 天然气技术与经济, 10(2): 9-12.

任东超, 王晓飞, 刘冬冬, 等, 2017. 威远地区筇竹寺组选区评价标准及有利勘探区预测. 非常规油气, 4(5): 38-43.

任纪舜, 牛宝贵, 刘志刚, 1999. 软碰撞、叠覆造山和多旋回缝合作用. 地学前缘(3): 85-93.

尚培, 陈红汉, 胡守志, 等, 2020. 塔里木盆地于奇西地区奥陶系原油特征及油气充注过程. 地球科学, 45(3): 1013-1026.

舒良树, 2012. 华南构造演化的基本特征. 地质通报, 31(7): 1035-1053.

苏喜立, 唐书恒, 羡法, 1999. 煤层气的赋存运移机理及产出特征. 河北建筑科技学院院报, 16(3): 67-71.

谭正修, 朱伦杰, 任晓华, 等, 1994. 论孟公坳组. 中国区域地质(2): 165-171.

田巍, 彭中勤, 白云山, 等, 2019a. 湘中涟源凹陷石炭系测水组页岩气成藏特征及勘探潜力. 地球科学, 44(3): 939-952.

田巍, 王传尚, 白云山, 等, 2019b. 湘中涟源凹陷上泥盆统佘田桥组页岩地球化学特征及有机质富集机理. 地球科学, 44(11): 3794-3811.

汪建国, 陈代钊, 王清晨, 等, 2007. 中扬子地区晚震旦世—早寒武世转折期台-盆演化及烃源岩形成机理. 地质学报, 81(8): 1104-1105.

汪凯明, 何希鹏, 许玉萍, 等, 2021. 湘中坳陷涟源凹陷湘页 1 井大隆组页岩气地质特征. 中国石油勘探, 26(1): 86-98.

汪啸风, 倪世钊, 曾庆銮, 等, 1987. 长江三峡地区生物地层学(2), 早古生代分册. 北京: 地质出版社.

汪啸风, 陈孝红, 张仁杰, 等, 2002. 长江三峡地区珍贵地质遗迹保护和太古宙-中生代多重地层划分与海平面升降变化. 北京: 地质出版社.

王超, 张柏桥, 舒志国, 等, 2018. 四川盆地涪陵地区五峰组—龙马溪组海相页岩岩相类型及储层特征. 石油与天然气地质, 39(3): 488-489.

王传尚, 曾雄伟, 李旭兵, 等, 2013. 雪峰山西侧地区寒武系地层划分与对比. 中国地质, 40(2): 439-448.

王红岩, 刘玉章, 董大忠, 等, 2013. 中国南方海相页岩气高效开发的科学问题. 石油勘探与开发, 40(5): 574-579.

王鸿祯, 1995. 全球构造研究的简要回顾. 地学前缘(1): 37-42.

王家生, 林杞, 李清, 等, 2015. 海洋沉积物中 AOM 成因的自生矿物及其对深时地球古海洋甲烷事件的启示. 第四纪地质, 35(6): 1383-1392.

王濡岳, 胡宗全, 杨滔, 等, 2019. 黔东南岑巩地区下寒武统黑色页岩孔隙结构特征. 石油实验地质, 41(2): 207-214.

王同, 熊亮, 董晓霞, 等, 2021. 川南地区筇竹寺组新层系页岩储层特征. 油气藏评价与开发(3): 443-451.

王宪峰, 彭军, 于乐丹, 等, 2020. 陆相地层古盐度地球化学研究方法综述. 四川地质学报, 40(2): 301-308.

王玉满, 黄金亮, 王淑芳, 等, 2016. 四川盆地长宁、焦石坝志留系龙马溪组页岩气刻度区精细解剖. 天然气地球科学, 27(3): 423-432.

王玉满, 李新景, 陈波, 等, 2018. 海相页岩有机质炭化的热成熟度下限及勘探风险. 石油勘探与开发, 45(3): 385-395.

危凯, 李旭兵, 刘安, 等, 2015. 湖南溪口剖面埃迪卡拉系陡山沱组碳酸盐岩微量元素特征及其古环境意义. 古地理学报, 17(3): 297-308.

魏志红, 2015. 四川盆地及其周缘五峰组—龙马溪组页岩气的晚期逸散. 石油与天然气地质, 36(4): 659-665.

沃玉进, 周雁, 肖开华, 2007. 中国南方海相层系埋藏史类型与生烃演化模式. 沉积与特提斯地质, 27(3): 94-100.

吴蓝宇, 胡东风, 陆永潮, 等, 2016. 四川盆地涪陵气田五峰组—龙马溪组页岩优势岩相. 石油勘探与开发,

43(2): 189-197.

向磊, 舒良树, 2010. 华南东段前泥盆纪构造演化: 来自碎屑锆石的证据. 中国科学: 地球科学, 40(10): 1377-1388.

肖七林, 刘安, 李楚雄, 等, 2020. 高演化页岩纳米孔隙在过熟阶段的形成演化特征及主控因素: 中扬子地区寒武系水井沱组页岩含水模拟实验. 地球科学, 45(6): 2160-2171.

肖贤明, 刘德汉, 傅家谟, 1991. 沥青反射率作为烃源岩成熟度指标的意义. 沉积学报, 9(Z): 138-146.

谢军, 张浩淼, 佘朝毅, 等, 2017. 地质工程一体化在长宁国家级页岩气示范区中的实践. 中国石油勘探, 22(1): 21-28.

徐洁, 2019. 页岩气开发生态环境承载力评价研究: 以我国西南某页岩气开发区为例. 温州: 温州大学.

阎春波, 张保民, 杨博, 2019. 滇西保山熊洞村栗柴坝组牙形石的发现及其地质意义. 地质通报, 38(6): 922-929.

颜丹平, 邱亮, 陈峰, 等, 2018. 华南地块雪峰山中生代板内造山带构造样式及其形成机制. 地学前缘, 25(1): 1-13.

杨俊, 柏道远, 王先辉, 等, 2015. 加里东期白马山岩体锆石 SHRIMP U-Pb 年龄、地球化学特征及形成构造背景. 华南地质与矿产, 31(1): 48-56.

杨绍祥, 1998. 湘西花垣—张家界逆冲断裂带地质特征及其控矿意义. 湖南地质, 17(2): 96-100.

易海霞, 2010. 湘中下石炭统测水组煤层气储层特性研究. 中国煤炭地质, 22(11): 22-25.

余江浩, 周世卿, 王亿, 等, 2016. 中扬子长阳地区寒武系牛蹄塘组页岩气成藏地质条件. 油气地质与采收率, 23(5): 9-15.

张伯声, 1962. 镶嵌的地壳. 地质学报(3): 275-288.

张德玉, 陈穗田, 王冠荣, 等, 1992. 马里亚纳海槽热液硅质烟囱矿物学及地球化学研究. 海洋学报, 14(4): 61-68.

张国伟, 郭安林, 董云鹏, 等, 2009. 深化大陆构造研究 发展板块构造 促进固体地球科学发展. 西北大学学报(自然科学版), 39(3): 345-349.

张号, 胡磊, 肖明宏, 等, 2012. 湖北鹤峰走马—铁炉远景区页岩气调查评价及有利区优选项目成果报告.

张金川, 金之钧, 袁明生, 2004. 页岩气成藏机理和分布. 天然气工业, 24(7): 15-16.

张金发, 管英柱, 陈菊, 等, 2021. 页岩气压裂技术进展及发展建议. 能源与环保, 43(10): 102-109.

张进, 马宗晋, 杨健, 等, 2010. 雪峰山西麓中生代盆地属性及构造意义. 地质学报, 84(5): 631-650.

张恺, 1995. 论板块构造旋回与油气壳-幔深部成因说. 新疆石油地质(1): 1-9.

张恺, 罗志立, 张清, 等, 1980. 中国含油气盆地的划分和远景. 石油学报(4): 1-18.

张茜, 王剑, 余谦, 等, 2018. 扬子地台西缘盐源盆地下志留统龙马溪组黑色页岩硅质成因及沉积环境. 地质论评, 64(3): 610-622.

张文佑, 李荫槐, 钟嘉猷, 1973. 弧形构造的力学成因及其与浅源地震的关系. 科学通报(2): 80-82.

赵建华, 金之钧, 金振奎, 等, 2016. 四川盆地五峰组—龙马溪组页岩岩相类型与沉积环境. 石油学报, 37(5): 572-586.

赵文智, 何登发, 2002. 中国含油气系统的基本特征与勘探对策. 石油学报(6): 1-11.

赵文智, 李建忠, 杨涛, 等, 2016. 中国南方海相页岩气成藏差异性比较与意义. 石油勘探与开发, 43(4): 499-510.

赵小明, 吴年文, 牛志军, 等, 2019. 中华人民共和国地质图(中南)(1: 1500000)说明书. 北京: 地质出版社.

赵宗举, 朱琰, 邓红婴, 等, 2003. 中国南方古隆起对中、古生界原生油气藏的控制作用. 石油实验地质, 25(1): 8-15.

钟太贤, 2012. 中国南方海相页岩孔隙结构特征. 天然气工业, 32(9): 1-4.

周鹏, 李志宏, 魏运许, 2010. 峡东寒武纪三叶虫化石新材料. 华南地质与矿产(4): 72-76.

周小康, 郭建华, 2014. 湘中涟源凹陷油气成藏与保存条件. 地质力学学报(3): 8.

朱夏, 陈焕疆, 1982. 中国大陆边缘构造和盆地演化. 石油实验地质(3): 153-160.

邹才能, 董大忠, 王社教, 等, 2010. 中国页岩气形成机理、地质特征及资源潜力. 石油勘探与开发, 37(6): 641-653.

邹才能, 赵群, 丛连铸, 等, 2021. 中国页岩气开发进展、潜力及前景. 天然气工业, 41(1): 1-14.

ABOUELRESH M O, SLATT R M, 2012. Lithofacies and sequence stratigraphy of the Barnett Shale in east-central Fort Worth Basin, Texas. AAPG Bulletin, 96(1): 1-22.

ALGEO T J, TIMOTHY W L, 2006. Mo-total organic carbon covariation in modern anoxic marine environments: Implications for analysis of paleoredox and paleohydrographic conditions. Paleoceanography, 21(1): PA1016.

ALGEO T J, MEYERS P A, ROBINSON R S, et al., 2014. Icehouse–greenhouse variations in marine denitrification. Biogeosciences 11: 1273-1295.

ARMSTRONG H A, ABBOTT G D, TURNER B R, et al., 2009. Black shale deposition in an Upper Ordovician–Silurian permanently stratified, peri-glacial basin, southern Jordan. Palaeogeography, Palaeoclimatology, Palaeoecology, 273: 368-377.

BARONI R I, VAN HELMOND N A G M, TSANDEV I, et al., 2015. The nitrogen isotope composition of sediments from the proto-North Atlantic during Oceanic Anoxic Event 2. Paleoceanography and Paleoclimatology, 30(7): 923-937.

BEAL E J, HOUSE CH, ORPHAN V J, 2009. Manganese and iron-dependent marine methane oxidation. Science, 325(5937): 184-187.

BRADY M P, TOSTEVIN R, TOSCA N J, et al., 2022. Marine phosphate availability and the chemical origins of life on Earth. Nature Communications, 3: 5162.

BREZINSKIA D K, CECILB C B, SKEMAC V W, et al., 2008. Late Devonian glacial deposits from the eastern United States signal an end of the mid-Paleozoic warm period. Palaeogeography, Palaeoclimatology, Palaeoecology, 268: 143-151.

BRUCKSCHEN P, VEIZER J, 1997. Oxygen and carbon isotopic composition of Dinantian brachiopods: Paleoenvironmental implications for the Lower Carboniferous of western Europe. Paleogeography, Paleoclimatology, Paleoecology, 132: 243-264.

BUGGISCH W, JOACHIMSKI M M, SEVASTOPULO G, et al., 2008. Mississippian $\delta^{13}C_{carb}$ and conodont apatite $\delta^{18}O$ records: Their relation to the Late Palaeozoic Glaciation. Palaeogeography, Palaeoclimatology, Palaeoecology, 268(3-4): 273-292.

BUGGISCH W, WANG X, ALEKSEEV A S, et al., 2011. Carboniferous-Permian carbon isotope stratigraphy of successions from China (Yangtze platform), USA (Kansas) and Russia (Moscow Basin and Urals). Paleogeography, Paleoclimatology, Paleoecology, 301: 18-38.

CALLOW R H T, BRASIER M D, 2009. Remarkable preservation of microbial mats in Neoproterozoic siliciclastic settings: Implications for Ediacaran taphonomic models. Earth-Science Reviews, 96 : 207-219.

CANFIELD D E, POULTON S W, KNOLL A H, et al., 2008. Ferruginous conditions dominated later Neoproterozoic deep-water chemistry. Science, 321: 949-952.

CHALMERS G R L, BUSTIN R M, 2007.The organic matter distribution and methane capacity of the Lower Cretaceous strata of Northeastern British Columbia, Canada. International Journal of Coal Geology, 70(1-3): 223-239.

CHEN C, FENG Q, 2019. Carbonate carbon isotope chemostratigraphy and U-Pb zircon geochronology of the Liuchapo Formation in South China: Constraints on the Ediacaran-Cambrian boundary in deep-water sequences. Palaeogeography, Palaeoclimatology, Palaeoecology, 535(2019): 109361.

CHEN C, WANG J, ALGEO T J, et al., 2020a. Variation of chemical index of alteration (CIA) in the Ediacaran Doushentuo Formation and its environment implication. Precambrian Research, 347: 105829.

CHEN C, WANG J, ALGEO T J, et al., 2020b. New evidence for compaction-driven vertical fluid migration into the upper Ordovician (Hirnantian) Guanyinqiao bed of South China. Palaeogeography, Palaeoclimatology, Palaeoecology, 550: 109746.

CHEN M, KANG Y, LI X, et al., 2016. Investigation of multi-scale gas transport behavior in organic-rich shale. Journal of Natural Gas Science and Engineering, 36(2016): 1188-1198.

CHEN X, LUO S, TAN J, et al., 2021. Assessing the gas potential of the lower paleozoic shale system in the Yichang Area, Middle Yangtze Region. Energy and Fuel, 35(7): 5889-5907.

CHENG K, ELRICK M, ROMANIELLO S J, 2019. Early Mississippian ocean anoxia triggered organic carbon burial and late Paleozoic cooling: Evidence from uranium isotopes recorded in marine limestone. Geology, 48(4): 363-367.

CHU Y, FAURE M, LIN W, et al., 2012. Tectonics of the Middle Triassic intracontinental Xuefengshan Belt, South China: New insights from structural and chronological constraints on the basal decollement zone. International Journal of Earth Sciences, 101(8): 2125-2150.

COLLETT T S, BOSWELL R, COCHRAN J R, et al., 2014. Geologic implications of gas hydrates in the offshore of India: Results of the National Gas Hydrate Program Expedition 01. Marine and Petroleum Geology, 58(4): 3-28.

COX R, LOWE D R, CULLERS R L, 1995. The influence of sediment recycling and basement composition on evolution of mudrock chemistry in the southwestern Unites State. Geochemical et Cosmochimica Acta, 59(14): 2919-2940.

CREMONESE A L, SHIELDS-ZHOU G, STRUCK U, et al., 2013. Marine biogeochemical cycling during the early Cambrian constrained by a nitrogen and organic carbon isotope study of the Xiaotan section, South China. Precambrian Research, 225: 148-165.

CULLERS R L, PODKOVYROV V N, 2002. Geochemistry of the Mesoproterozoic Lakhanda shale in southestern Yakutia, Russia: Implications for mineralogical and provence control, and recycling. Precambrian Research, 104(1-2): 77-93.

CURTIS J B, 2002. Fractured shale-gas systems. AAPG Bulletin, 86(11): 1921-1938.

DICKENS G R, 2004. Hydrocarbon-driven warming. Nature, 429: 513-515.

DOUVILLE E, BIENVENU P, CHARLOU J L, et al., 1999. Yttrium and rare earth elements in fluids from various deep-sea hydrothermal systems. Geochimica et Cosmochimica Acta, 63: 627.

FRIMMEL H E, 2009. Trace element distribution in Neoproterozoic carbonates as palaeoenvironmental indicator. Chemical Geology, 258: 338-353.

GALE J F W, REED R M, HOLDER J, 2007. Natural fractures in the Barnett Shale and their importance for hydraulic fracture treatments. AAPG Bulletin, 91(4): 603-622.

GALLEGO-TORRES D, MARTÍSEZ-RUIZ F, PAYTAN A, et al., 2007. Pliocene-Holocene evolution of depositional conditions in the eastern Mediterranean: Role of anoxia vs. productivity at time of sapropel deposition. Palaeogeography, Palaeoclimatology, Palaeoecology, 246(2-4): 424-439.

GARZANTI E, SCIUNNACH D, 1997. Early carboniferous onset of Gondwanian glaciation and Neo-Tethyan rifting in South Tibet. Earth and Planetary Science Letters, 148: 359-365.

GUO Q J, SHIELDS G A, LIU C Q, 2007. Trace element chemostratigraphy of two Ediacaran-Cambrian successions in South China: Implications for organosedimentary metal enrichment and silicification in the early Cambrian. Palaeogeography, Palaeoclimatology, Palaeoecology, 254: 194-216.

HANCE L, HOU, H F, VACHARD D, 2011. Upper famennian to visean foraminifers and some carbonate microproblematica from South China-Hunan, Guangxi and Guizhou. 北京: 地质出版社.

HANCE L, MUCHEZ P H, COEN M, et al., 1993. Biostratigraphy and sequence stratigraphy at the Devonian-Carboniferous transition in southern China (Hunan Province) Comparsion with southern Belgium. Annales de la Societe Geologique de Belgigue, 116(2): 359-378.

HATCH J R, LEVENTHAI J S, 1992. Relationship between inferred redox potential of the depositional environment and geochemistry of the Upper Pennsyvanian (Missorian)Stark shale Member of the Dennis limestone, Wabaunsee County, Kansas, U S A. Chemical Geology, 99: 65-82.

HEILIG G K, 1994. The greenhouse gas methane (CH4): Sources and sinks, the impact of population grown, possible interventions. Population and Environment, 16(2): 109-137.

HIGGINS M B, ROBINSON R S, HUSSON J M, et al., 2012. Dominant eukaryotic export production during ocean anoxic events reflects the importance of recycled $NH_4^+$. Proceedings of the National Academy of Sciences (U.S.A. ), 109: 2269-2274.

HILL D G, NELSON C R, 2000. Gas productive fractured shales: An overview and update. Gas TIPS, 6(2): 4-13.

HU Y, CHEN X, 2017. Geochemistry of black shale during the Prcambrian-Cambrian transition in Yangtze Gorges area and its implication for the paleoenvironment. Geological Science and Technology Information, 36(1): 61-71.

ISAACSON P E, DÍAZ-MARTÍSEZ E, GRADER G W, et al., 2008. Late Devonian-earliest Mississippian glaciation in Gondwanaland and its biogeographic consequences. Palaeogeography, Palaeoclimatology, Palaeoecology, 268: 126-142.

JARVIE D M, HILL R J, RUBLE T E, et al., 2007. Unconventional shale-gas systems: The Mississippian Barnett Shale of north-central Texas as one model for thermogenic shale-gas assessment. AAPG Bulletin, 91(4): 475-499.

JIANG G, KAUFMAN A J , CHRISTIE-BLICK N, et al., 2007. Carbon isotope variability across the Ediacaran Yangtze platform in South China: Implications for a large surface-to-deep ocean $\delta^{13}C$ gradient. Earth and Planetary Science Letters, 261: 303-320.

JIANG G, SHI X, ZHANG S, 2011. Stratigraphy and paleogeography of the Ediacaran Doushantuo Formation (ca. 635-551 Ma) in South China. Gondwana Research, 19: 831-849.

JIANG G, WANG X, SHI X, et al., 2012. The origin of decoupled carbonate and organic carbon isotope signatures in the early Cambrian (ca. 542-520 Ma) Yangtze platform. Earth and Planetary Science Letters, 317-318: 96-110.

LEE J S, 1973. Crustal structure and crustal movement. Scientia Sinica, 16(4): 519-558.

LI C, XIE Y W, JIANG G W, et al., 2008. Glacial-marine diamictite of Gondwana facies in the Gyitangana, eastern Tibet, China, and its significance. Geological Bulletin of China, 27(10): 1654-1658.

LI J, DONG S, CAWOOD A, et al., 2018. An Andean-type retro-arc foreland system beneath northwest South China revealed by Sinoprobe profiling. Earth and Planetary Science Letters, 490: 170-179.

LI J, DONG S , ZHANG Y , et al., 2016. New insights into Phanerozoic tectonics of South China: Part 1, polyphase deformation in the Jiuling and Lianyunshan domains of the central Jiangnan Orogen. Journal of Geophysical Research: Solid Earth, 121(4): 3048-3080.

LIU Y, LI C, FAN J, et al., 2020. Elevated marine productivity triggered nitrogen limitation on the Yangtze Platform (South China) during the Ordovician-Silurian transition. Palaeogeography, Palaeoclimatology, Palaeoecology, 554(2020): 109833.

LÓPEZ-GAMUNDÍ O R, BUATOIS L A, 2010. Introduction: Late Paleozoic glacial events and postglacial transgressions in Gondwana//LÓPEZ-GAMUNDÍ O R, BUATOIS L A. Late Paleozoic Glacial Events and Postglacial Transgressions in Gondwana. Geological Society of America.

LOUCKS R G, RUPPEL S C, 2007. Mississippian Barnett Shale: Lithofacies and depositional setting of a deep-water shale-gas succession in the Fort Worth Basin, Texas. AAPG Bulletin, 91(4): 579-601.

LOUCKS R G, REED R M, RUPPEL S C, et al., 2012. Spectrum of pore types and networks in mudrocks and a descriptive classification for matrix-related mudrock pores. AAPG Bulletin, 96(6): 1071-1098.

MA Y, LU Y, LIU X, et al., 2021. Depositional environment and organic matter enrichment of the Lower Cambrian Niutitang shale in western Hubei Province, South China. Marine and Petroleum Geology, 109: 381-393.

MEISTER P, REYES C, 2019. The carbon-isotope record of the sub-seafloor biosphere. Geoscience, 9: 507.

MII H, GROSSMAN E L, YANCEY T E, 1999. Carboniferous isotope stratigraphies of North America: Implications for Carboniferous paleoceanography and Mississippian glaciation. GSA Bulletin, 111(7): 960-973.

MORT H, JACQUAT O, ADATTE T, et al., 2007. The Cenomanian/Turonian anoxic event at the Bonarelli Level in Italy and Spain: Enhanced productivity and/or better preservation? Cretaceous Research, 28(4): 597-612.

MURRAY R W, BUCHHOLTZ TEN BRINK M R, GERLACH D C, et al., 1991. Rare earth, major, and trace elements in chert from the Franciscan Complex and Monterey Group, California: Assessing REE sources to fine grained marine sediments. Geochimica et Cosmochimica Acta, 55: 1875-1895.

NESBITT H W, YOUNG G M, 1982. Early Proterozoic climates and plate motions inferred from major element chemistry of lutites. Nature, 299(5885): 715-717.

NESBITT H W, YOUNG G M, 1989. Formation and diagenesis of weathering profiles. Journal of Geology, 97(2): 129-147.

OWEN A W, ARMSTRONG H A, FLOYD J D, 1999. Rare earth element geochemistry of upper Ordovician cherts from the Southern Upland of Scotland. Journal of the Geological Society of London, 156: 191-204.

PIPER D Z, 1994. Seawater as the source of minor elements in black shales, phosphorites and other sedimentary rocks. Chemical Geology, 117: 95-114.

QIE W K, ZHANG X H, DU Y S, et al., 2011. Lower Carboniferous carbon isotope stratigraphy in South China: Implications for the Late Paleozoic glaciation. Science China Earth Sciences, 54: 84-92.

QIE W, LIU J, CHEN J, et al., 2015. Local overprints on the global carbonate $\delta^{13}C$ signal in Devonian-Carboniferous boundary successions of South China. Palaeogeography, Palaeoclimatology, Palaeoecology, 418: 290-303.

RODRIGUEZ N D, PHILP R P, 2010. Geochemical characterization of gases from the Mississippian Barnett Shale, Fort Worth Basin, Texas. AAPG Bulletin, 94(11): 1641-1656.

RIVERA K T, PUCKETTE J, QUAN T M, 2015. Evaluation of redox versus thermal maturity controls on $\delta^{15}N$ in organic rich shales: A case study of the Woodford Shale, Anadarko Basin, Oklahoma, USA. Organic Geochemistry, 83-84: 127-139.

SAGEMAN B B, MURPHY A E, WERNE J P, et al., 2003. A tale of shales: the relative roles of production, decomposition, and dilution in the accumulation of organic-rich strata, Middle-Upper Devonian, Appalachian basin. Chemical Geology, 195(1-4): 229-273.

SALTZMAN M R, GONZÁLEZ L A, LOHMANN K C, 2000. Earliest Carboniferous cooling step triggered by the Antler orogen. Geology, 28(4): 347-350.

SAYEDA M A, AL-MUNTASHERIB G A, LIANG F, 2017. Development of shale reservoirs: Knowledge gained from developments in North America. Journal of Petroleum Science and Engineering, 157: 164-186.

SCHEFFLER A K, BUEHMANN D, SCHWARK L, 2006. Analysis of late Palaeozoic glacial to postglacial sedimentary successions in South Africa by geochemical proxies-response to climate evolution and sedimentary environment. Palaeogeography, Palaeoclimatology, Palaeoecology, 240: 184-203.

SKEI J M, 1988. Framvaren-Environment setting. Marine Chemistry, 23: 209-218.

SOEDER D J, 2018. The successful development of gas and oil resources from shales in North America. Journal of Petroleum Science and Engineering, 163: 399-420.

SONG W, YAO J, LI Y, et al., 2016. Apparent gas permeability in an organic-rich shale reservoir. Fuel, 181: 973-984.

SUN H, YAO J, CAO Y, et al., 2017. Characterization of gas transport behaviors in shale gas and tight gas reservoirs by digital rock analysis. International Journal of Heat and Mass Transfer, 104: 227-239.

TAYLOR S R, MCCLENNAN S M, 1985. The continental crustal: Its composition and evolution. Oxford: Blackwell.

TISSOT B P, WELTE D H, 1984. Petroleum Formation and Occurrence. Berlin: Springer.

WANG J, LI Z X, 2003. History of Neoproterozoic rift basins in South China: Implications for Rodinia breakup. Precambrian Research, 122: 141-158.

WANG Y J, FAN W M, ZHANG G W, et al., 2013. Phanerozoic tectonics of the South China Block: Key observations and controversies. Gondwana Research, 23(4): 1273-1305.

WANG Y J, ZHANG Y H, FAN W M, et al., 2005. Structural signatures and $^{40}Ar/^{39}Ar$ geochronology of the

Indosinian Xuefengshan tectonic belt, South China Block. Journal of Structural Geology, 27: 985-998.

WEI Z, WANG Y, WANG G, et al., 2018. Paleoenvironmental conditions of organic-rich upper permian Dalong Formation shale in the Sichuan Basin, southwestern China. Marine and Petroleum Geology, 91: 152-162.

WRIGHT J, SCHRADER H, HOLSER W T, 1987. Paleoredox variations in ancient oceans recorded by rare earth elements in fossil apatite. Geochimica et Cosmochimica Acta, 51: 631-644.

XIAO S, MCFADDENB A K, PEEK S, et al., 2012. Integrated chemostratigraphy of the Doushantuo Formation at the northern Xiaofenghe section (Yangtze Gorges, South China) and its implication for Ediacaran stratigraphic correlation and ocean redox models. Precambrian Research, 192-195: 125-141.

YAN D P, ZHOU M F, SONG H L, et al., 2003. A Mesozoic, thin-skinned to thick-skinned, multi-layer overthrust system within the Yangtze Block (South China). Tectonophysics, 361: 239-254.

YAN D, ZHANG B, ZHOU M, et al., 2009. Constraints on the depth, geometry and kinematics of blind detachment faults provided by fault-propagation folds: An example from the Mesozoic fold belt of south China. Journal of Structural Geology, 31(2): 150-162.

YAO D, TANG Y, SHEN X, et al., 2012. Prehistoric earthquakes in the Chishan segment of the Tancheng-Lujiang fault zone during the Mid-Late Pleistocene. Earthquake Research in China, 26(4): 491-498.

YAO L, QIE W, LUO G, et al., 2015. The TICE event: Perturbation of carbon-nitrogen cycles during themid-Tournaisian (Early Carboniferous) greenhouse-icehouse transition. Chemical Geology, 401: 1-14.

ZHAI G, WANG Y, LIU G, et al., 2019. The Sinian-Cambrian formation shale gas exploration and practice in southern margin of Huangling paleo-uplift. Marine and Petroleum Geology, 109: 419-433.

ZHANG T, ELLIS G S, RUPPEL S C, et al., 2012. Effect of organic-matter type and thermal maturity on methane adsorption in shale-gas systems. Organic Geochemistry, 47(6): 120-131.

ZHU M, BABCOCK L E, PENG S, 2006. Advances in Cambrian stratigraphy and paleontology: Integrating correlation techniques, paleobiology, taphonomy and paleoenvironmental Reconstruction. Palaeoworld, 15: 217-222.